Java编程从入门到精通

明日科技 ◎ 编著

人 民 邮 电 出 版 社
北 京

图书在版编目（CIP）数据

Java编程从入门到精通 / 明日科技编著. -- 北京 ： 人民邮电出版社, 2025. -- ISBN 978-7-115-65560-8

I. TP312.8

中国国家版本馆 CIP 数据核字第 20240ZZ104 号

内 容 提 要

本书从零基础用户自学 Java 的角度，通过通俗易懂的语言、精彩有趣的实例介绍使用 Java 进行程序设计需要掌握的知识。本书主要介绍了数据类型、运算符、流程控制语句、数组、面向对象编程、异常、字符串、常用类、泛型类、集合类和 Swing 程序设计等知识。本书结合具体实例讲解知识，代码有详细注释，使读者能够轻松领会 Java 程序设计的精髓，快速提高程序设计水平。

本书适合作为 Java 初学者、初级和中级程序员的自学用书，也适合作为大中专院校相关专业、软件开发培训机构的教材或参考用书。

◆ 编　　著　明日科技
　责任编辑　谢晓芳
　责任印制　陈　犇
◆ 人民邮电出版社出版发行　　北京市丰台区成寿寺路 11 号
　邮编　100164　　电子邮件　315@ptpress.com.cn
　网址　https://www.ptpress.com.cn
　涿州市京南印刷厂印刷
◆ 开本：787×1092　1/16
　印张：16.25　　　　　　2025 年 3 月第 1 版
　字数：442 千字　　　　 2025 年 3 月河北第 1 次印刷

定价：88.00 元

读者服务热线：(010)81055410　印装质量热线：(010)81055316
反盗版热线：(010)81055315

前　言

PREFACE

Java 语言（以下简称 Java）通俗易懂，它的语法与 C 语言和 C++ 语言的很接近。这成为很多 C 语言和 C++ 语言程序员选择学习并且使用 Java 的主要原因。Java 提供类、接口和继承等面向对象的特性。为了简单起见，Java 对这些面向对象的特性进行了设置，使得它们在使用时有规矩可循。此外，Java 还能够同时执行多个线程，并提供线程与线程之间的同步机制。综上所述，Java 是简单的，是面向对象的，是多线程的。让我们从阅读本书开始，走进 Java 的世界。

本书内容

本书共 12 章，首先介绍 Java 开发环境的搭建、数据类型、运算符、流程控制语句等基础知识，然后讨论数组、面向对象编程、异常、字符串，最后讲述常用类、泛型类、集合类和 Swing 程序设计。

本书特点

本书具有以下特点。

- **结构合理，符合自学要求。**本书所讲内容既避开了晦涩难懂的理论知识，又覆盖了编程所需的各方面技术，其中一些知识是非常实用的。
- **循序渐进，轻松上手。**本书内容的讲解从零起步，循序渐进，可全面提高读者的学、练、用能力。本书使用了大量实用的实例，可以使读者轻松上手，快速掌握所学内容。
- **实例经典，贴近实际。**本书介绍的内容和实例多数源于实际开发，实践性非常强，也非常经典，只需做少量修改，即可用于实际项目开发。此外，本书所选实例突出实用性，注重培养读者利用 Java 解决实际问题的能力。
- **学练结合，巩固知识。**本书每章后面都设置了“动手练一练”模块，可帮助读者巩固本章所学的理论知识，提升动手编程能力。

本书读者

本书的读者对象如下：

- 初学编程的自学者；
- 编程爱好者；
- 大中专院校的老师和学生；
- 相关培训机构的老师和学员；

- 初级和中级程序开发人员；
- 程序维护及管理人员。

技术支持

本书由明日科技组织编写，参加编写的有王小科、高春艳、赛奎春、王国辉、申小琦、赵宁、何平、张鑫、周佳星、李菁菁、李磊、冯春龙、庞凤、谭畅、刘媛媛、胡冬、宋磊、张宝华、杨柳等。由于编者水平有限，疏漏之处在所难免，请广大读者批评指正。

如果读者在使用本书时遇到问题，可以访问明日科技网站，我们将通过该网站全面为读者提供网上服务和支持。对读者反馈的错误和问题，我们承诺在 1 ~ 5 个工作日内给予回复。

服务网站：mingrisoft 网站。

服务邮箱：mingrisoft@mingrisoft.com。

服务电话：0431-84978981/84978982。

服务 QQ：4006751066。

祝您读书愉快！

明日科技

2024 年 9 月

目 录

CONTENTS

第 1 章

搭建 Java 开发环境

“兵马未动，粮草先行。”在学习 Java 之前，需要先做好准备工作。本章首先介绍 Java 的特点，然后分别介绍如何在 Windows 10 操作系统下安装、配置和测试已下载好的 JDK，接着分别介绍如何下载、启动 Eclipse，最后介绍 Java API（Application Program Interface，应用程序接口）及其使用方法。

1.1 Java 概述

Java 是一门简单易用、安全可靠的计算机语言。计算机语言是指人与计算机沟通时采用的语言。Java是1995年由Sun公司推出的一门极富创造力的计算机语言，由具有“Java之父”之称的詹姆斯·高斯林设计而成。Java 自诞生以来，经过不断发展和优化，一直流行至今。

1.1.1 Java 的两个常用版本

Java 当下有 Java SE 和 Java EE 两个常用版本，如图 1.1 所示。其中，Java SE 是 Java EE 的基础，用于桌面应用程序的开发；而 Java EE 用于 Web 应用程序的开发，Web 应用程序指的是用户使用浏览器即可访问的应用程序。

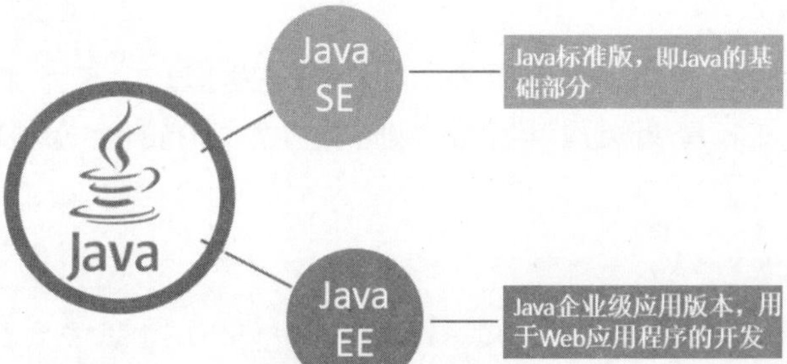

图 1.1　Java 的两个常用版本

1.1.2 Java 的主要特点及用途

Java 很简单。一方面，Java 的语法与 C 语言和 C++ 语言的很相近，这使学习过 C 语言或 C++ 语言的开发人员能够很容易地学习并使用 Java；另一方面，Java 丢弃了 C++ 语言中很难理解的指针，并提供了自动的垃圾回收机制，即当 CPU 空闲或内存不足时，自动进行垃圾回收，这使开发人员不必为内存不足而担忧。

Java 的一个主要特点是具有跨平台性。跨平台性是指同一个 Java 应用程序能够在不同的操作系统上执行。在 Windows 操作系统、Linux 操作系统和 macOS 上分别安装与各个操作系统相匹配的 Java 虚拟机后，同一个 Java 应用程序就能够在这 3 个不同的操作系统上执行，如图 1.2 所示。

说明

Java 虚拟机简称 JVM（Java Virtual Machine）。如果某个操作系统安装了与之匹配的 JVM，那么在这个操作系统上 Java 应用程序就能够执行。

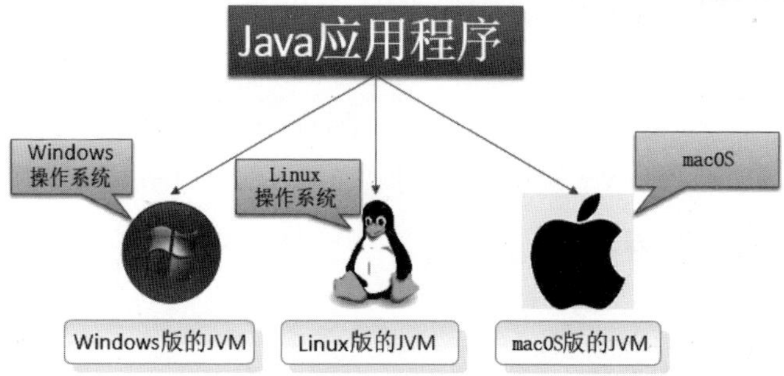

图 1.2 Java 的跨平台性

使用 Java 编写应用程序既能缩短开发时间，又能降低开发成本，这使 Java 的用途不胜枚举。例如，Java 可以用于桌面应用程序、电子商务系统、多媒体系统、分布式系统及 Web 应用程序等的开发。在揭开 Java 的神秘面纱之前，先来做一些准备工作。

1.2 JDK 和 Eclipse

要使用 Eclipse 编写 Java 应用程序，计算机中必须安装 JDK，因为 Eclipse 和 JDK 是相辅相成的，下面将分别予以介绍。

JDK 的英文全称为 Java Development Kit，即 Java 开发工具包。因为 JDK 提供了 Java 的开发环境和运行环境，所以 JDK 是 Java 应用程序的基础。换言之，所有的 Java 应用程序都是构建在 JDK 上的。

说明

Java 运行环境简称 JRE（Java Runtime Environment）。JRE 主要包含 JVM 和 Java 函数库。JDK、JRE、JVM 和 Java 函数库的关系如图 1.3 所示。

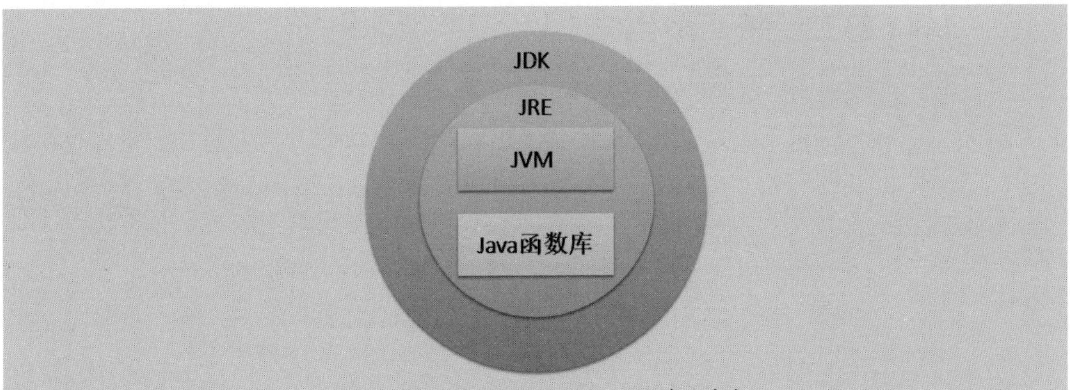

图 1.3　JDK、JRE、JVM 和 Java 函数库的关系

Eclipse 是 Java 应用程序的众多开发工具中的一种，但不是必需的。例如，开发人员还可以使用记事本、MyEclipse、IntelliJ IDEA 等开发工具编写 Java 应用程序。

1.2.1　JDK 的下载、配置与测试

本书使用的 JDK 版本是 Java SE 11。Java SE 11 需要在 OpenJDK 上进行下载。

1. 下载 JDK

下面介绍下载 Java SE 11 的方法，具体步骤如下。

（1）打开浏览器，进入 JDK Java 的官网，打开图 1.4 所示的 OpenJDK 主页面。OpenJDK 主页面展示着 JDK 的各个版本号。因为本书使用的是 Java SE 11，所以单击图 1.4 所示的页面中的超链接 11，即可进入 Java SE 11 详情页。

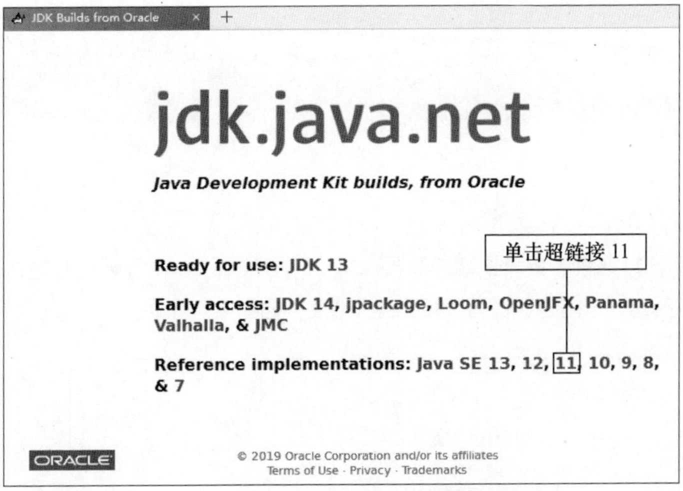

图 1.4　OpenJDK 主页面

（2）在图 1.5 所示的 Java SE 11 详情页中，找到并单击超链接 Windows/x64 Java Development Kit，弹出“新建下载任务”对话框。

（3）在图 1.6 所示的“新建下载任务”对话框中，先单击“浏览”按钮，选择 openjdk-11+28_windows-x64_bin.zip 的保存位置，再单击“下载”按钮。

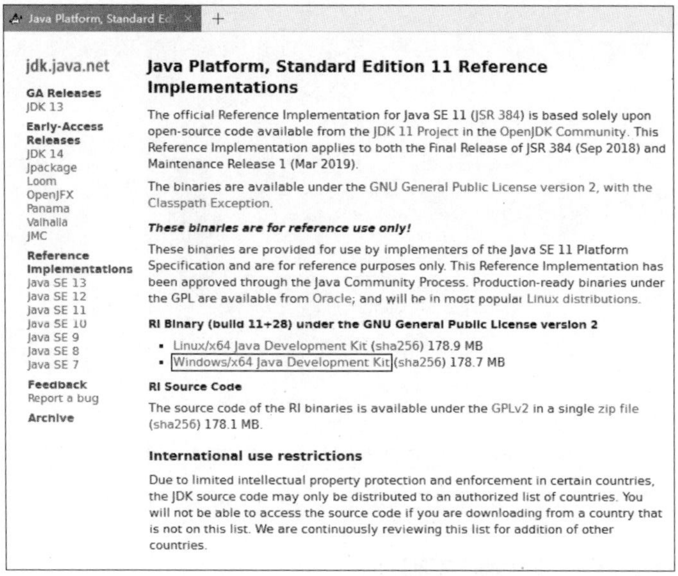

图 1.5　Java SE 11 详情页

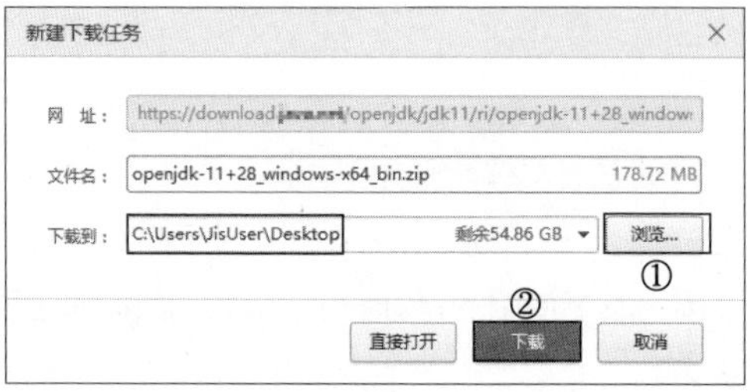

图 1.6　“新建下载任务”对话框

> **说明**
>
> 这里将压缩包下载到了桌面上。建议读者也先将压缩包下载到桌面上，以便于后续操作。

2. 配置 JDK

在配置 Java SE 11 之前，要先移动并解压 openjdk-11+28_windows-x64_bin.zip，步骤如下。

（1）在 D 盘下新建一个空的、名为 Java 的文件夹，如图 1.7 所示。

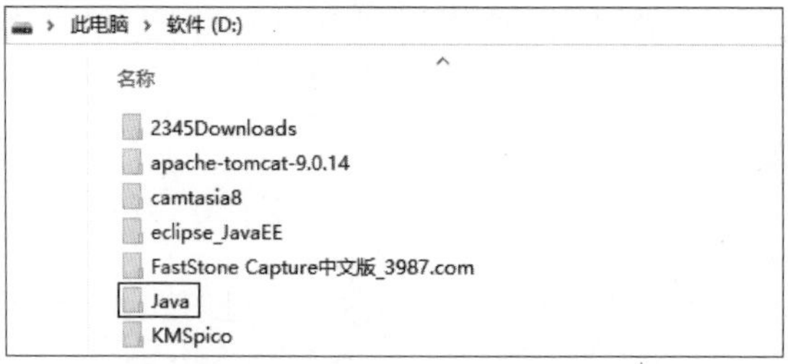

图 1.7　新建一个空的、名为 Java 的文件夹

（2）先单击桌面上已下载完成的 openjdk-11+28_windows-x64_bin.zip，按快捷键 Ctrl + X 将

其剪切；再双击打开 D 盘下已新建好的、名为 Java 的文件夹，按快捷键 Ctrl + V 将 openjdk-11+28_windows-x64_bin.zip 粘贴到 Java 文件夹下；最后对 openjdk-11+28_windows-x64_bin.zip 执行“解压到当前文件夹”操作，解压后的效果如图 1.8 所示。

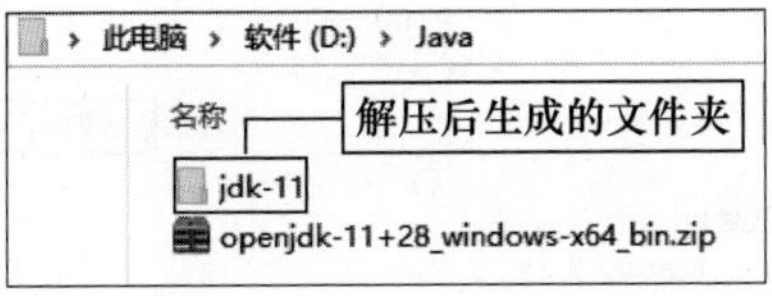

图 1.8　移动并解压 openjdk-11+28_windows-x64_bin.zip

移动并解压 openjdk-11+28_windows-x64_bin.zip 后，即可对 Java SE 11 进行配置。在 64 位的 Windows 10 操作系统下配置 Java SE 11 的步骤如下。

（1）右击桌面上的“此电脑”图标，选择快捷菜单中的“属性”选项，如图 1.9 所示。

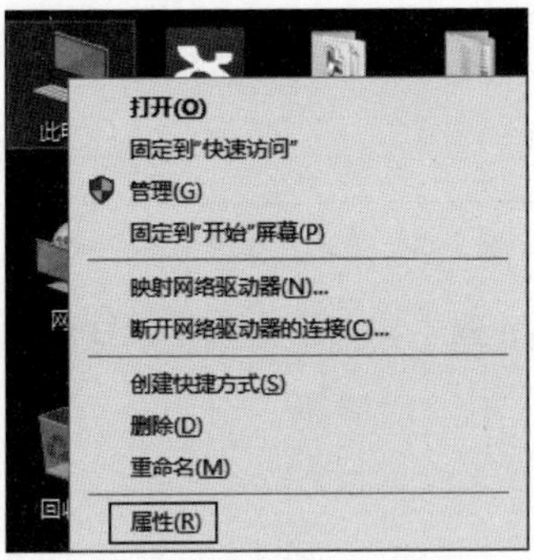

图 1.9　选择快捷菜单中的“属性”选项

（2）在弹出的界面中，单击“高级系统设置”，如图 1.10 所示。

图 1.10　单击“高级系统设置”

（3）弹出图 1.11 所示的“系统属性”对话框，在“高级”选项卡中，单击“环境变量”按钮。

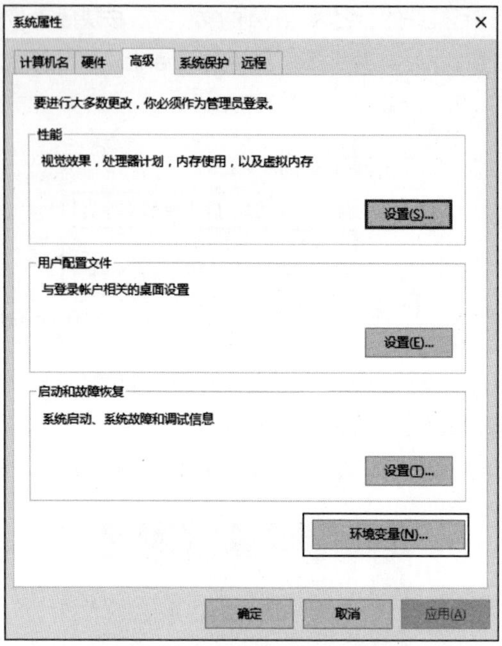

图 1.11　单击“环境变量”按钮

（4）弹出图 1.12 所示的“环境变量”对话框，单击对话框下方的“新建”按钮，创建新的环境变量。

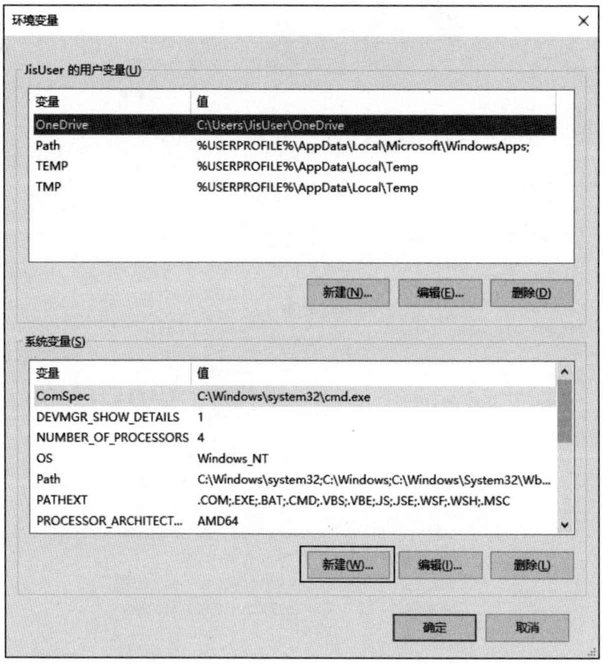

图 1.12　单击对话框下方的“新建”按钮

（5）弹出图 1.13 所示的“新建系统变量”对话框，在对话框中输入变量名和变量值后，单击“确定”按钮。变量名和变量值的设置具体如下。

- 变量名：JAVA_HOME。

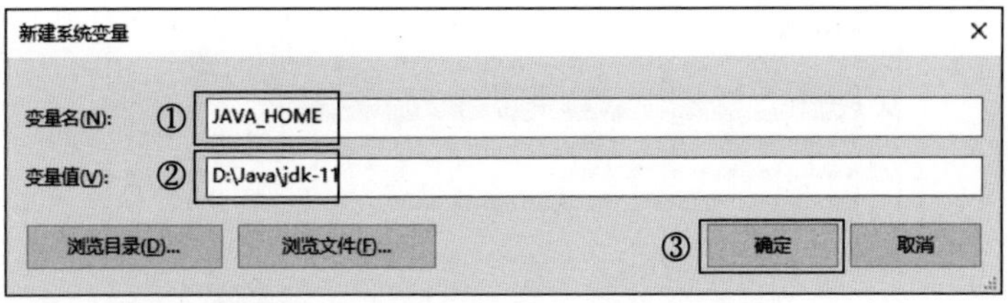

图 1.13 在对话框中输入变量名和变量值

- 变量值：D:\Java\jdk-11（图 1.14 所示是将 openjdk-11+28_windows-x64_bin.zip 解压后，jdk-11 文件夹中的内容）。

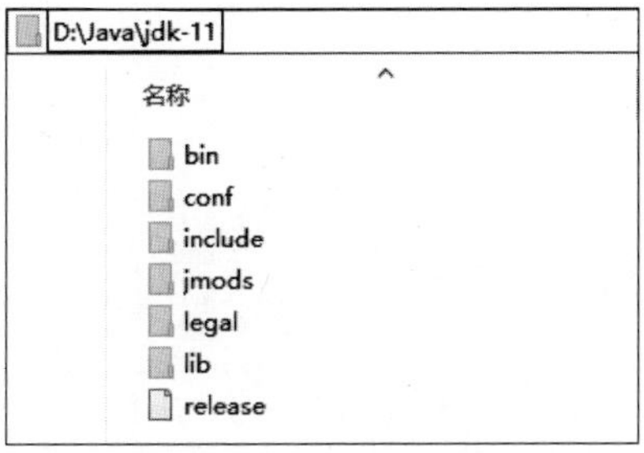

图 1.14 jdk-11 文件夹中的内容

（6）弹出“环境变量”对话框，在“系统变量”选项组中找到并单击 Path 变量，单击对话框下方的“编辑”按钮，如图 1.15 所示。

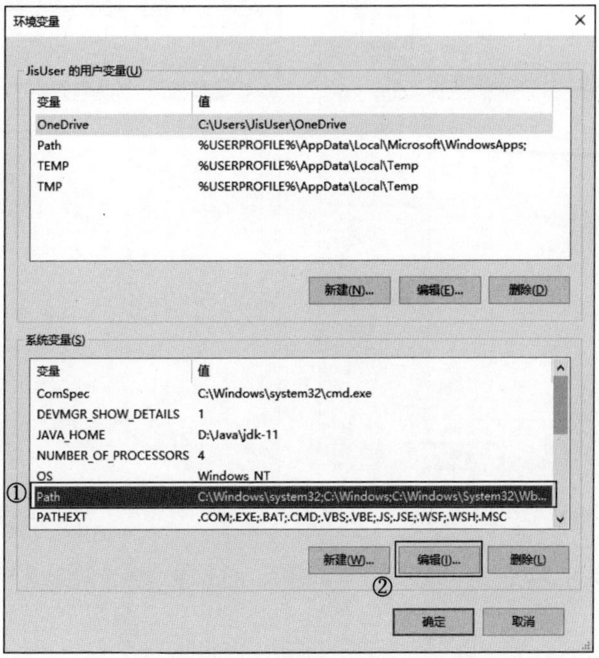

图 1.15 找到并单击 Path 变量后单击编辑按钮

（7）弹出图 1.16 所示的“编辑环境变量”对话框，单击对话框右侧的“新建”按钮。

（8）在列表中会增加一个空行。在空行中输入“%JAVA_HOME%\bin”，如图 1.17 所示。

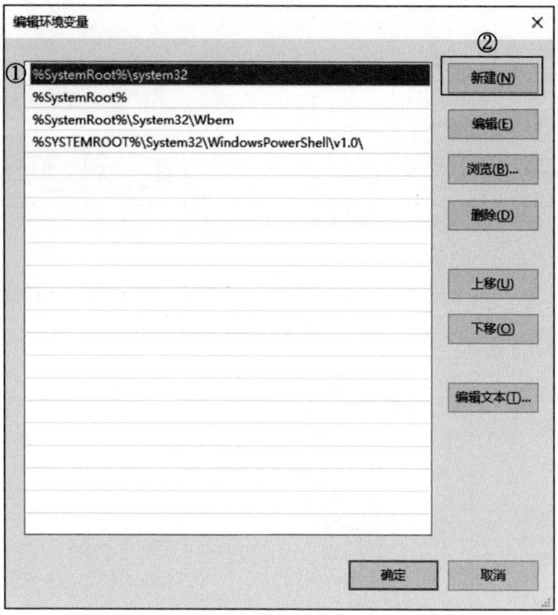

图 1.16　单击对话框右侧的“新建”按钮

（9）先单击“上移”按钮，将 %JAVA_HOME%\bin 上移至列表的第一行；再单击“确定”按钮，如图 1.18 所示。

图 1.17　输入“%JAVA_HOME%\bin”

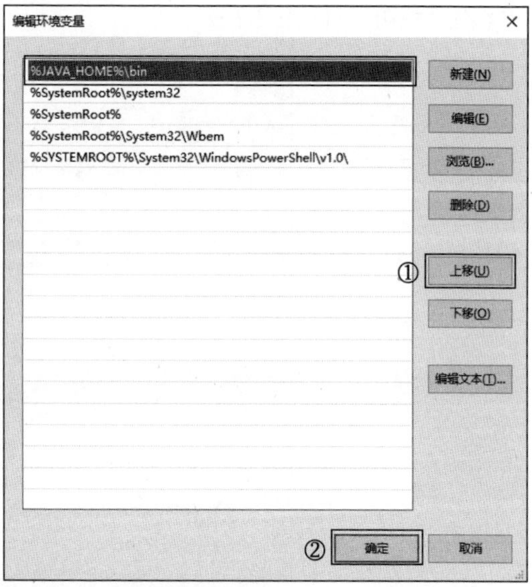

图 1.18　将 %JAVA_HOME%\bin 上移至列表的第一行

完成上述步骤，即可成功配置 Java SE 11。最后，依次单击各个对话框下方的“确定”按钮，关闭各个对话框。

3．测试 JDK

Java SE 11 配置完成后，需测试 Java SE 11 是否配置准确。测试 Java SE 11 的步骤如下。

（1）在 Windows 10 操作系统下测试 JDK 环境时，需要先单击桌面左下角的⊞图标，再直接输入

cmd，接着按 Enter 键，启动命令提示符窗口。输入 cmd 后的效果如图 1.19 所示。

（2）在已经启动的命令提示符窗口中输入 javac，按 Enter 键，将输出图 1.20 所示的 JDK 的编译器信息，其中包括修改命令的语法和参数选项等信息。这说明 JDK 配置准确。

图 1.19　输入 cmd 后的效果

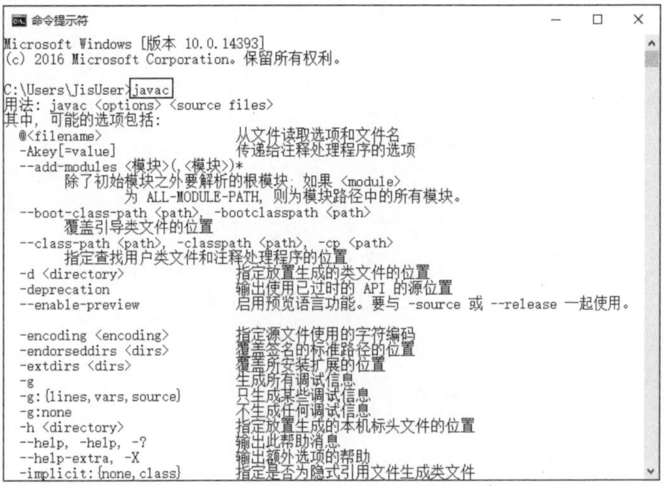

图 1.20　JDK 的编译器信息

1.2.2　Eclipse 的下载与启动

Eclipse 是主流的 Java 开发工具之一，是由 IBM 公司开发的集成开发工具。本节对 Eclipse 的下载与启动予以讲解。

1. 下载 Eclipse

Eclipse 的下载步骤如下。

（1）打开浏览器，进入 Eclipse 的官网首页，如图 1.21 所示，单击 Download Packages 超链接。

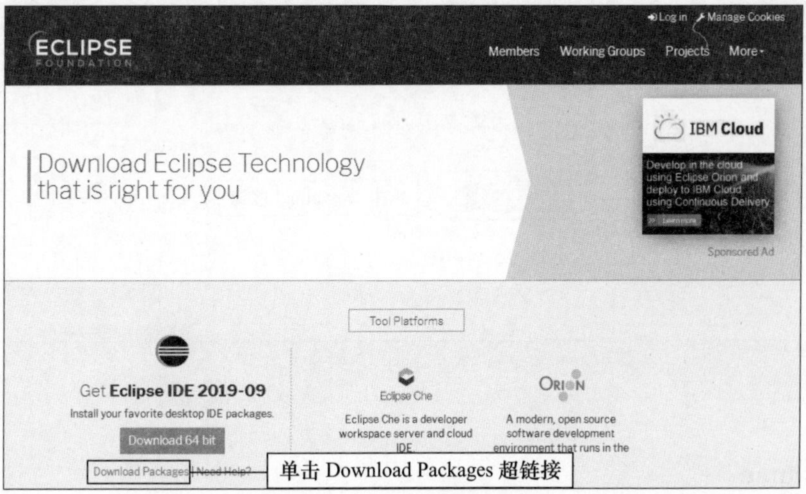

图 1.21　Eclipse 的官网首页

（2）进入 Eclipse Packages 页面。先在当前页面下方找到 Eclipse IDE for Java Developers，

再单击与其对应的 Windows 操作系统的 64-bit 超链接，如图 1.22 所示。

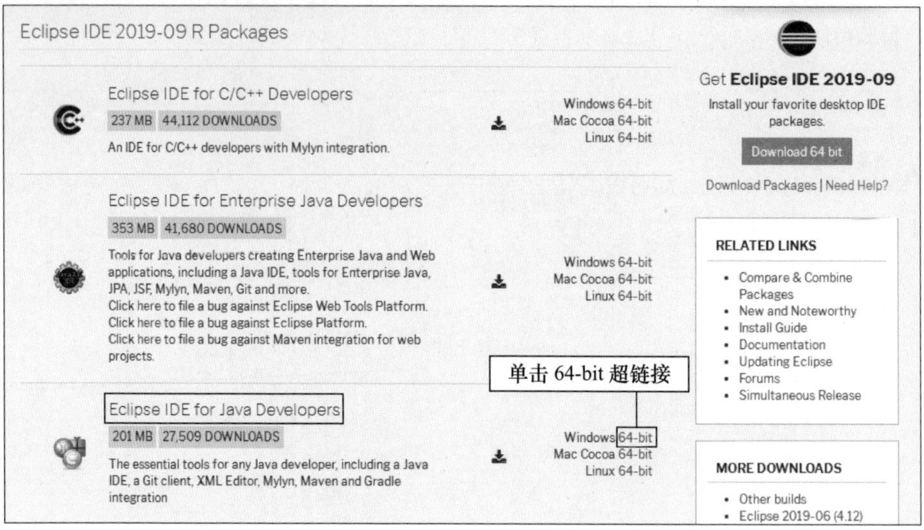

图 1.22　单击 Windows 操作系统的 64-bit 超链接

说明

（1）为了匹配 64 位 Windows 操作系统的 Java SE 11，需要下载 64 位 Windows 操作系统的 Eclipse。

（2）Eclipse 的版本更新速度比较快，因此读者在下载 Eclipse 时，如果没有 64 位的 Eclipse 2019-09 版本，可以直接下载最新版本的 64 位 Eclipse。

（3）单击与 Eclipse IDE for Java Developers 对应的 Windows 操作系统的 64-bit 超链接后，Eclipse 服务器会根据客户端所在的地理位置分配合理的下载镜像站点，读者只需单击 Download 按钮，即可下载 64 位 Windows 操作系统的 Eclipse。Eclipse 的下载镜像页面如图 1.23 所示。

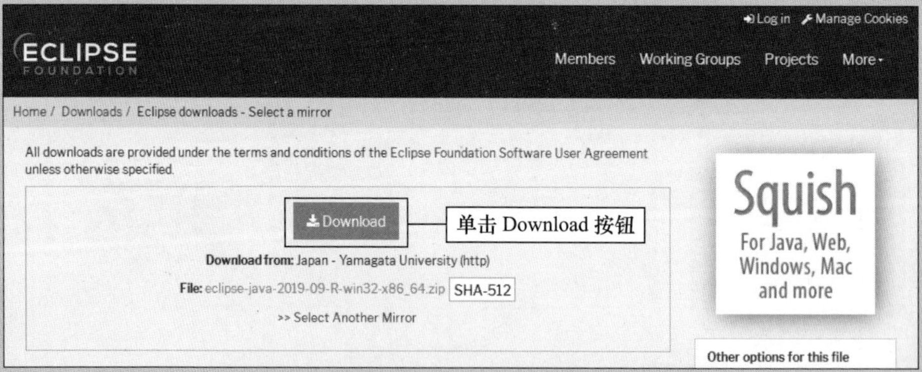

图 1.23　Eclipse 的下载镜像页面

2. 启动 Eclipse

将下载好的 Eclipse 压缩包解压后，就可以启动 Eclipse 了。启动 Eclipse 的步骤如下。

（1）在 Eclipse 解压后的文件夹中双击 eclipse.exe 文件。

（2）在弹出的 Eclipse IDE Launcher 对话框中，设置 Eclipse 的工作空间（用于保存 Eclipse 中建立的项目和相关设置），即在 Eclipse IDE Launcher 对话框的 Workspace 文本框中输入 .\workspace。

说明

.\workspace 指定的文件地址是 Eclipse 解压后的文件夹中的 workspace 文件夹。

（3）单击 Launch 按钮，即可进入 Eclipse 的工作台。Eclipse IDE Launcher 对话框如图 1.24 所示。

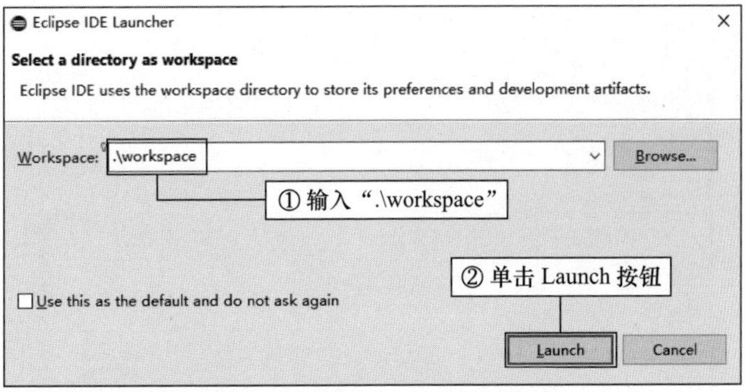

图 1.24　Eclipse IDE Launcher 对话框

注意

选中 Use this as the default and do not ask again 复选框可以将该地址设为默认工作空间，这样在启动 Eclipse 时就不会再询问工作空间的设置问题了。

首次启动时，Eclipse 会呈现图 1.25 所示的欢迎界面。

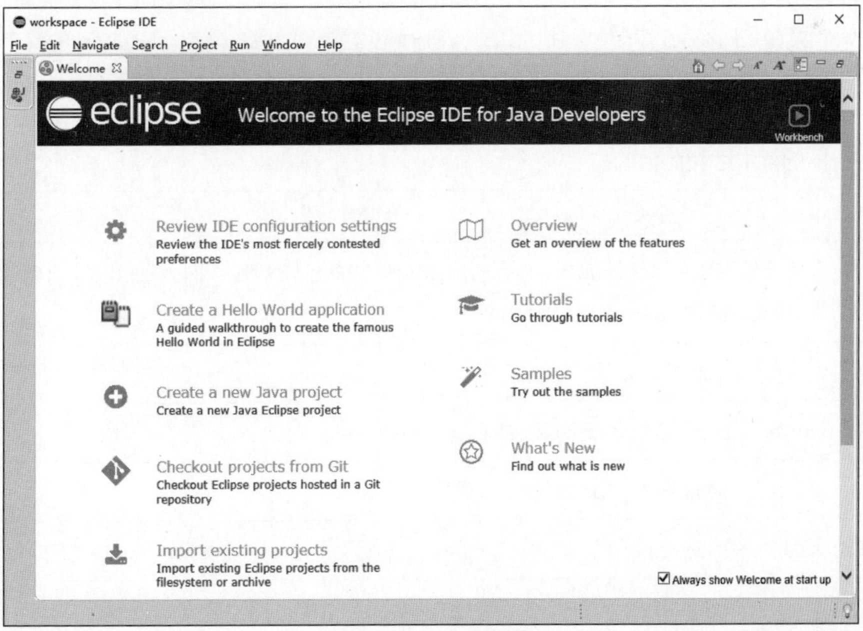

图 1.25　Eclipse 的欢迎界面

1.3 Eclipse 的窗口和菜单

关闭 Eclipse 的欢迎界面，即可进入 Eclipse 的工作台。Eclipse 的工作台是开发人员编写程序的主要场所。本节将介绍 Eclipse 工作台中的窗口和菜单。

Eclipse 工作台主要包括标题栏、菜单栏、工具栏、编辑器、透视图和相关的视图等，如图 1.26 所示。

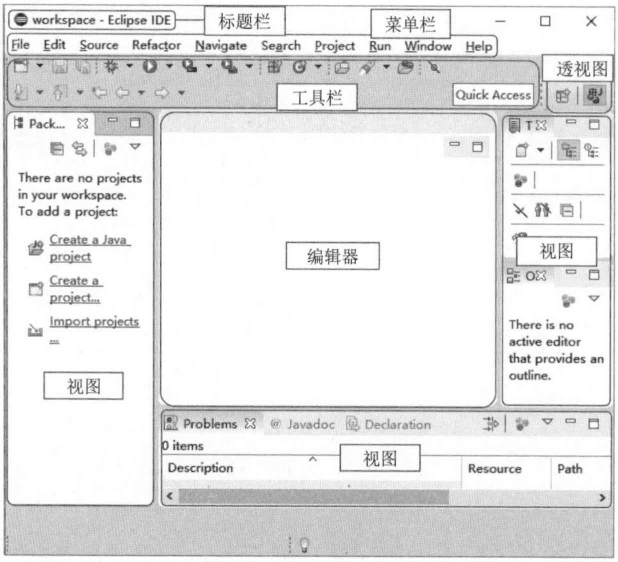

图 1.26　Eclipse 工作台

由图 1.26 可知，Eclipse 的菜单栏包含 File 菜单、Edit 菜单、Source 菜单、Refactor 菜单、Navigate 菜单、Search 菜单、Project 菜单、Run 菜单、Window 菜单和 Help 菜单。Eclipse 的菜单栏中的菜单如表 1.1 所示。

表 1.1　Eclipse 的菜单栏中的菜单

菜单	说明
File	用于打开文件、关闭编辑器、保存编辑的内容、重命名文件等，此外，还可以向工作区导入内容、导出工作区的内容和退出 Eclipse 等
Edit	有复制和粘贴等功能
Source	包含一些关于编辑 Java 源码的操作
Refactor	可用于自动检测类的依赖关系并修改类名
Navigate	包含一些快速定位到资源的操作
Search	可用于设置在指定工作区内对指定字符的搜索

续表

菜单	说明
Project	包含一些关于项目的操作
Run	包含一些关于代码执行模式与调试模式的操作
Window	允许同时打开多个窗口及关闭视图。Eclipse 的参数设置也在该菜单下进行
Help	包含显示帮助的窗口和 Eclipse 的描述信息，此外，还可以在该菜单下安装插件

1.4　编写 Java 应用程序的 5 个步骤

编写一个 Java 应用程序需要经过图 1.27 所示的 5 个步骤。

图 1.27　编写 Java 应用程序的 5 个步骤

1.4.1　新建项目

要编写一个 Java 应用程序，首先需要新建 Java 项目。在 Eclipse 中新建 Java 项目的步骤如下。

（1）从菜单栏中选择 File→New→Java Project 菜单项，打开 New Java Project 对话框。打开 New Java Project 窗口的步骤如图 1.28 所示。

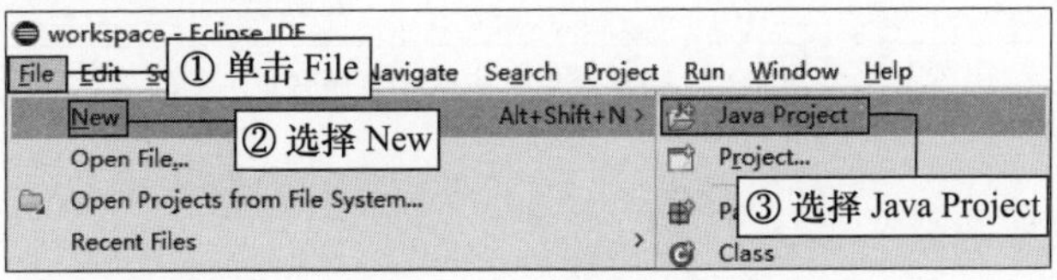

图 1.28　打开 New Java Project 窗口的步骤

（2）New Java Project 窗口如图 1.29 所示。首先在 Project name 文本框中输入 MyTest，然后在 Project layout 选项组中确认 Create separate folders for sources and class files（为源文件和类文件新建单独的文件夹）单选按钮被选中，最后单击 Finish 按钮，完成项目的新建。

（3）弹出图 1.30 所示的 New module-info.java（新建模块化声明文件）窗口，模块化开发是 JDK 9 新增的特性，但模块化开发过于复杂，并且新建的模块化声明文件也会影响 Java 项目的运行，因此需要单击该窗口中的 Don't Create 按钮。单击 Don't Create 按钮后，即可完成 Java 项目 MyTest 的创建。

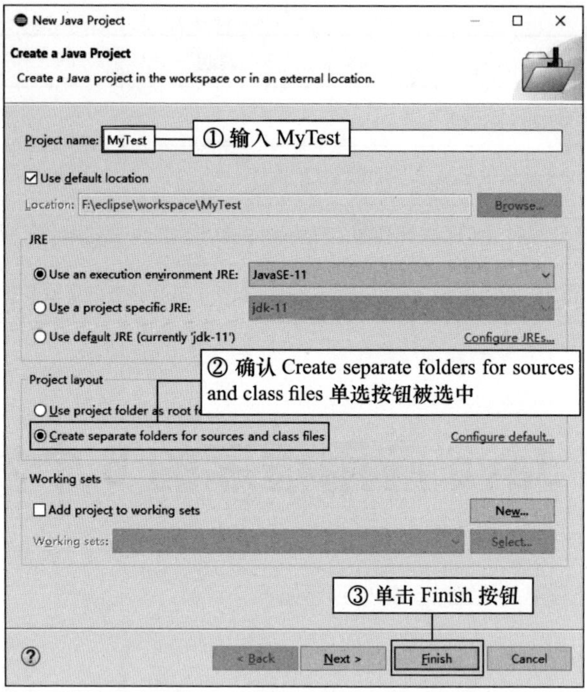

图 1.29　New Java Project 窗口

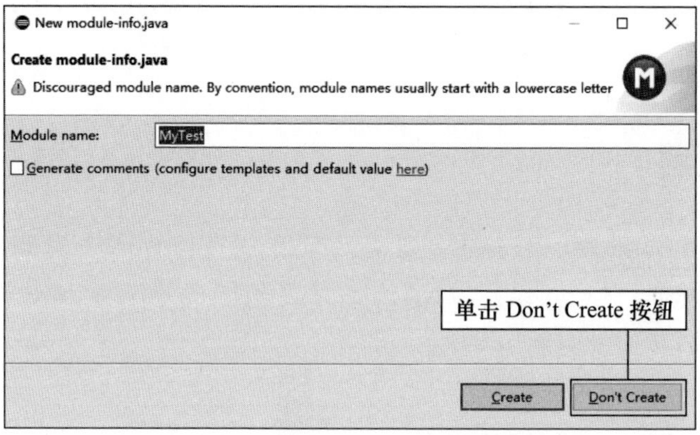

图 1.30　新建模块化声明文件的窗口

1.4.2　新建类

Java 类是存储 Java 代码的文件，文件扩展名是 .java。在 Eclipse 中新建 Java 类的步骤如下。

（1）右击新建的 Java 项目 MyTest，在弹出的快捷菜单中选择 New → Class 菜单项，如图 1.31 所示，打开 New Java Class 窗口。

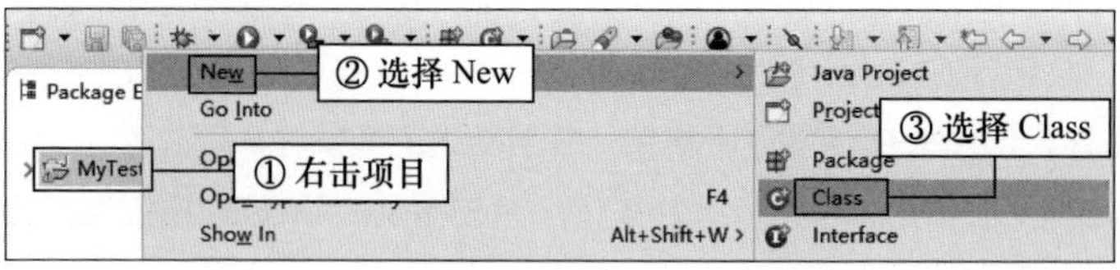

图 1.31　打开 New Java Class 窗口的步骤

（2）在 New Java Class（新建 Java 类）窗口中，首先在 Name 文本框中输入 First（Java 类的名称），表示第一个 Java 应用程序；然后选中复选框 public static void main(String[ ] args)；最后单击 Finish 按钮。新建 Java 类的步骤如图 1.32 所示。

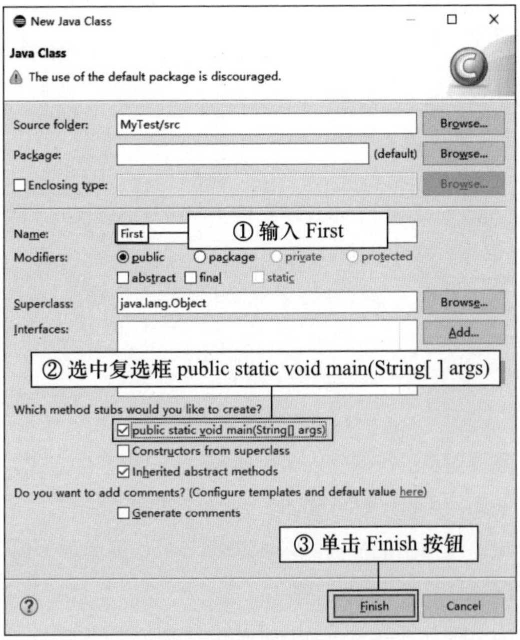

图 1.32　新建 Java 类的步骤

单击 Finish 按钮后，Eclipse 的工作台如图 1.33 所示。

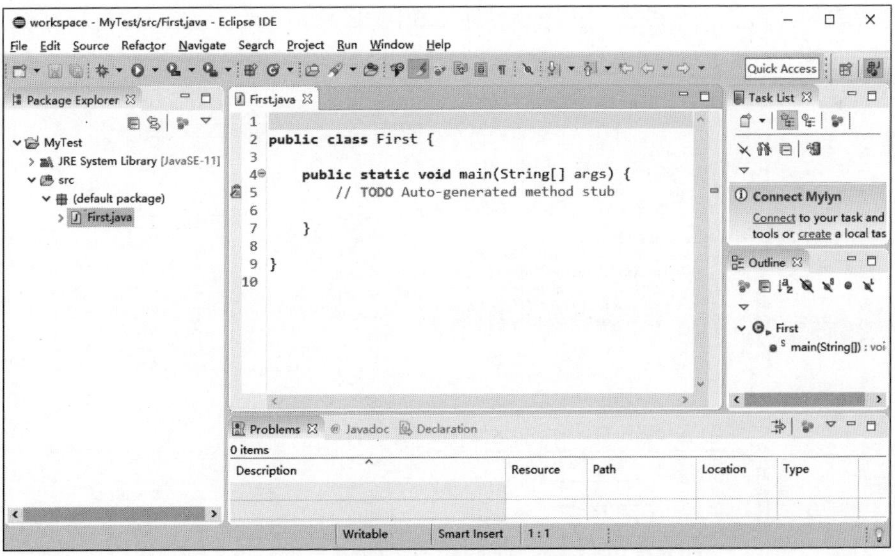

图 1.33　新建 First 类后 Eclipse 的工作台

注意

如果 Eclipse 显示的代码字号比较小，那么针对 64 位的 Eclipse 2019-09 版本，读者可以直接按快捷键 Ctrl + = 调大代码字号。

1.4.3 编写代码

实例1-1 输出金庸 14 部小说作品口诀。

新建 First 类后，就可以在 First 类中编写“输出金庸 14 部小说作品口诀”程序的代码。在图 1.33 所示的第 5 行代码后面输入如下代码。

```
System.out.println("飞雪连天射白鹿，");
System.out.println("笑书神侠倚碧鸳。");
```

> **注意**
>
> println 中的 l 不是数字 1，而是小写字母 l。
> 上述代码中的括号、双引号和分号均为英文格式下的标点符号。

1.4.4 保存代码

编写完 Java 代码后，需要对其进行保存。保存 Java 代码有 3 种方式。

- 在 Eclipse 中按快捷键 Ctrl +S 保存当前的 .java 文件。
- 在菜单栏中右击 File，在弹出的快捷菜单中选择 Save 菜单项（保存当前的 .java 文件）或者 Save All 菜单项（保存全部的 .java 文件）。
- 单击工具栏中的按钮（等价于 Save）或者按钮（等价于 Save All）。

1.4.5 运行程序

在代码编辑区的空白区域右击，在弹出的快捷菜单中选择 Run As→1 Java Application，即可运行 Java 应用程序。具体步骤如图 1.34 所示。

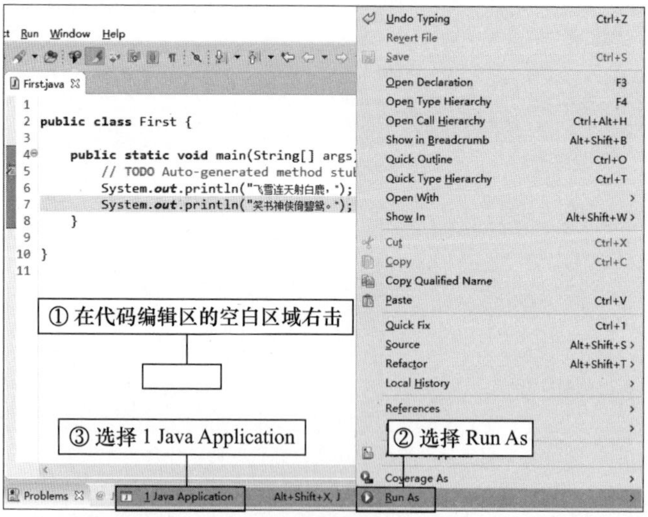

图 1.34 运行 Java 应用程序的具体步骤

上述代码的运行结果如图 1.35 所示。

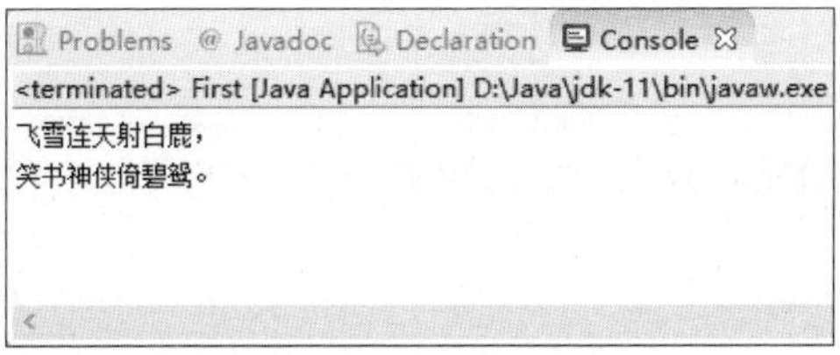

图 1.35　First 类的运行结果

1.5　Java 开发必备——API 文档

Java API 即 Java API 文档，记录了 Java 中海量的知识点，是 Java 应用程序设计人员即查即用的编程词典。Java API 对 Java 应用程序设计人员的重要性类似于《现代汉语词典》对高中生的重要性。

1.5.1　Java API 简介

API 的全称是 Application Program Interface，即应用程序接口，主要包括类的继承结构、成员变量、成员方法、构造方法、静态成员的描述信息和详细说明等内容。读者可以在 Oracle Help Center 网站中找到 JDK 11 的 API 文档，如图 1.36 所示。

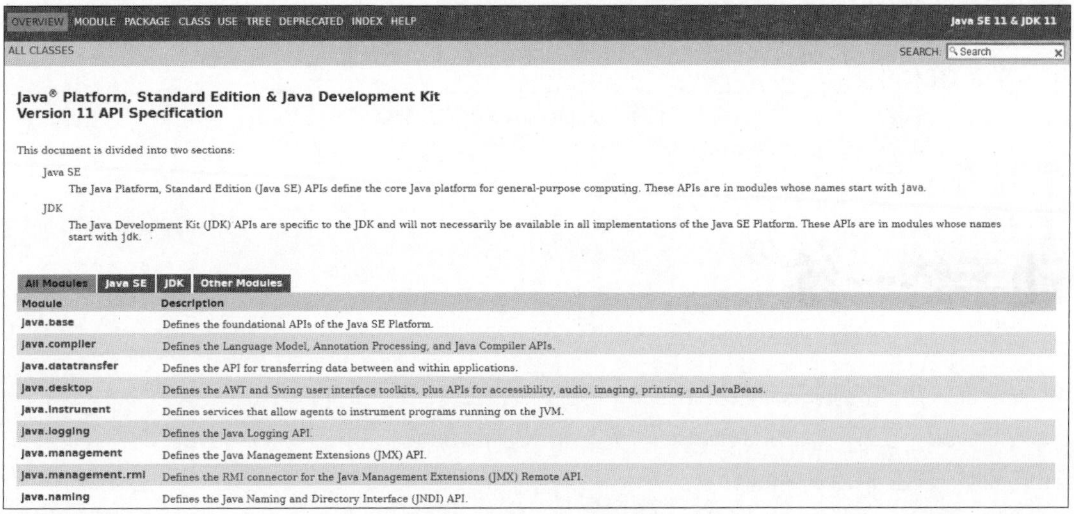

图 1.36　JDK 11 的 API 文档

> **说明**
>
> JDK 11 的 API 文档暂无中文版本，读者在查询知识点时，可以借助网上流行的英译汉词典进行学习。

1.5.2　Java API 的使用方法

本节将以 java.lang.String 为例，介绍 JDK 11 的 API 文档的使用方法。在 JDK 11 的 API 文档中

查询 java.lang.String 的操作步骤如图 1.37 所示。

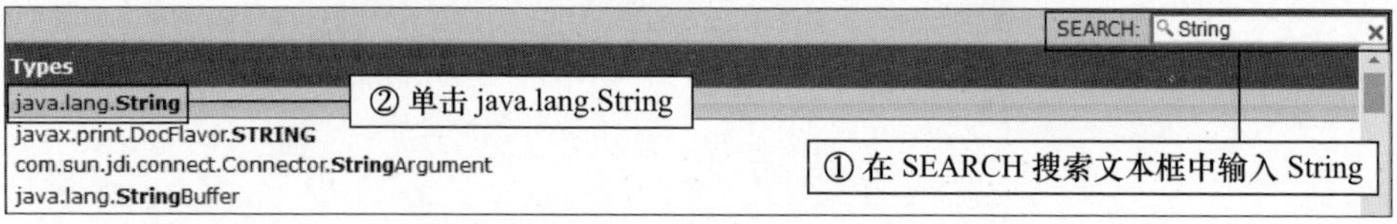

图 1.37　查询 java.lang.String 的操作步骤

单击 java.lang.String 后，页面即会显示 java.lang.String 的相应内容（类的继承结构、成员变量、成员方法、构造方法、静态成员的描述信息和详细说明等），如图 1.38 所示。

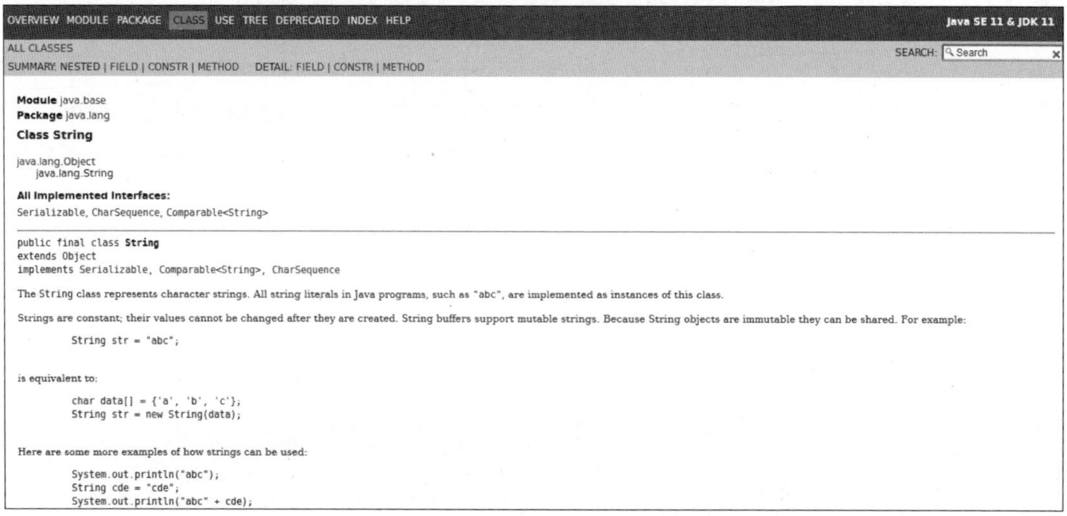

图 1.38　java.lang.String 的相应内容

动手练一练

1. 安装 JDK 后，下列哪一项不是 bin 目录下的主要开发工具？（　　）

   A. javac　　B. JVM　　C. javadoc　　D. java

2. 下列哪一项是 Java 的编辑器？（　　）

   A. javac.exe　　B. JDK　　C. JRE　　D. java.exe

3. 下列哪一项是编译 Java 程序的命令？（　　）

   A. jar　　B. javac　　C. javadoc　　D. java

4. 下列哪一项是运行 Java 程序的命令？（　　）

   A. jar　　B. javac　　C. javadoc　　D. java

5. 下列哪一项是正确的 main() 方法？（　　）

   A. static void main(String[ ] args)　　B. public void main(String[ ] args)

   C. public static void main(String args[ ])　　D. public void static main(String[ ] args)

第 2 章

走进 Java

在真正学习 Java 这门编程语言之前，应该对 Java 代码的组成部分有一个基本的了解。本章首先介绍 Java 代码的组成部分及语法结构，然后引入 Java 中变量和常量的相关知识，最后讲解如何在控制台中进行输入与输出。

2.1 Java 代码的组成部分及语法结构

Java 代码由类、主方法、关键字、标识符和注释等内容组成。本节将一一对其进行介绍。

2.1.1 类

类是 Java 程序的基本单位，是包含某些共同特征的实体的集合。例如，在某影视网站上，按照电影→科幻→中国→ 2019 的搜索方式能够搜索到《流浪地球》《疯狂的外星人》《上海堡垒》《最后的日出》等影视作品。

换言之，《流浪地球》《疯狂的外星人》《上海堡垒》《最后的日出》等影视作品可以被归纳为 2019 年上映的中国的科幻电影类。

在使用 Java 创建类时，需要使用 class 关键字。创建类的语法格式如下。

```
[修饰符] class 类名称{  }
```

在程序设计过程中，开发人员为了避免程序的重要部分被其他程序员访问，会采用修饰符。例如，当 class 被 public 修饰时，public 被称作公共类修饰符。如果一个类被 public 修饰，那么这个类被称作公共类，能够被其他类访问。此外，Java 还提供了其他修饰符，例如 private、protected 等。修饰符的相关内容详见后续章节。

注意

class 与类名称之间必须至少有一个空格，否则 Eclipse 会出现图 2.1 所示的错误提示。

“{” 和 “}” 之间的内容叫作类体，如图 2.2 所示。类体包含主方法、注释和 Java 语句等内容。

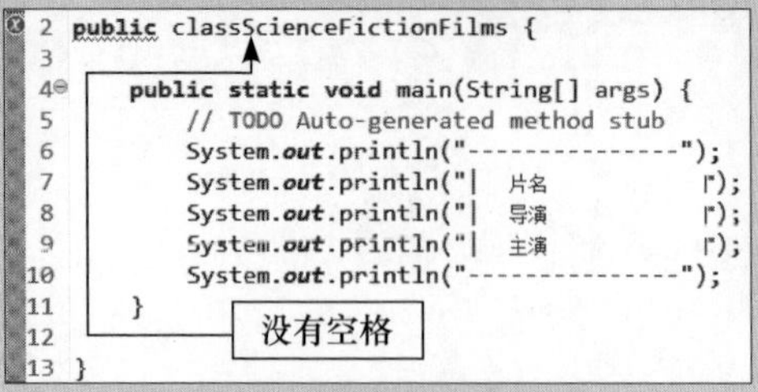

图 2.1　class 与类名称之间没有空格的错误提示

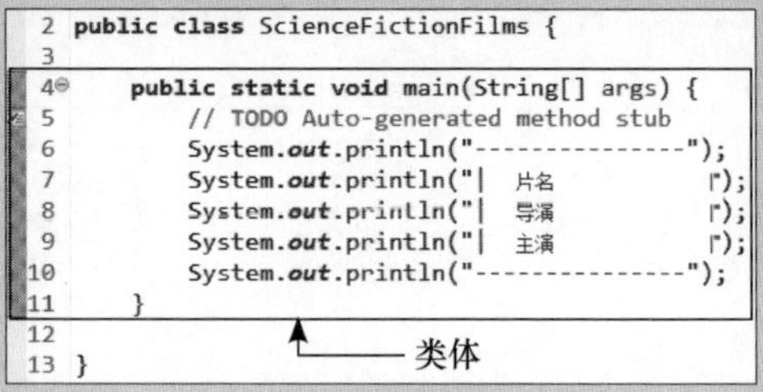

图 2.2　类体

2.1.2　主方法

主方法即 main() 方法，是 Java 程序的入口，用于指定程序从这里开始被执行。主方法的语法格式如下。

```
public static void main(String[] args){
    //方法体
}
```

主方法的各个组成部分的说明如下。

- public：当使用 public 修饰方法时，public 被称作公共访问控制符，能够被其他类访问。
- static：被译为“全局”或者“静态”。主方法被 static 修饰后，当 Java 程序运行时，会被 JVM（Java 虚拟机）第一时间找到。
- void：指定主方法没有具体的返回值（即什么也不返回）；关于返回值，如果把投篮看作一个方法，那么投篮方法将具有两个返回值，即篮球被投进篮筐和篮球没有被投进篮筐。
- main：能够被 JVM 识别的、不可更改的一个特殊的单词。
- String[ ] args：主方法的参数类型，参数类型是一个字符串数组，该数组的元素是字符串。有关数组和字符串的知识，读者可参阅本书第 6 章和第 9 章。

2.1.3　关键字

在 Java 中，关键字是指被赋予特定意义的一些单词，是 Java 程序重要的组成部分。凡是在 Eclipse 中显示为红色粗体的单词，都是关键字。在编写代码时，既要正确区分关键字的大小写，又要避免关键字拼写错误；否则，Eclipse 将出现图 2.3 和图 2.4 所示的错误提示。

注意

在使用 Java 中的关键字时，要注意以下两点。

- 表示关键字的英文单词都是小写的。
- 不要少写或者错写英文字母，如将 import 写成 imprt，将 super 写成 supre。

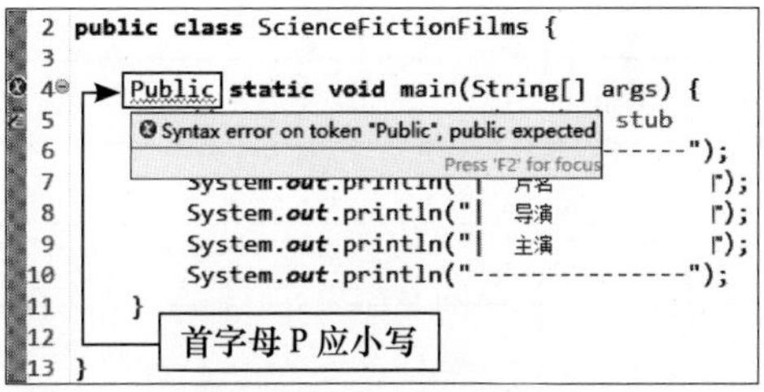

图 2.3　大小写错误的提示

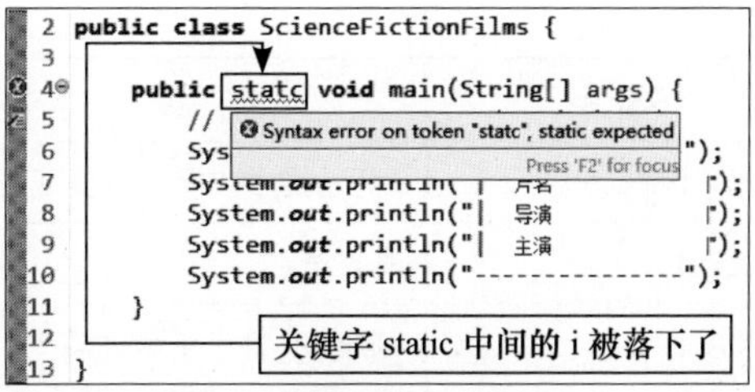

图 2.4　关键字拼写错误的提示

Java 中的关键字如表 2.1 所示，其中加粗的是 Java 程序中出现频率较高的关键字。

表 2.1　Java 中的关键字

关键字	说明
abstract	表明类或者成员方法具有抽象属性
assert	断言，用来进行程序调试
boolean	布尔类型
break	跳出语句，提前跳出一个代码块
byte	字节类型
case	用在 switch 语句之中，表示其中的一个分支
catch	用在异常处理中，用来捕捉异常
char	字符类型
class	用于声明类
const	保留关键字，没有具体含义
continue	回到一个代码块的开始处
default	默认值，例如，在 switch 语句中表示默认分支
do	do...while 循环结构使用的关键字
double	双精度浮点类型
else	用在条件语句中，表示当条件不成立时的分支
enum	用于声明枚举
extends	用于创建继承关系
final	用于声明不可改变的最终属性，例如常量
finally	声明异常处理语句中始终会被执行的代码块
float	单精度浮点类型
for	for 循环语句关键字
goto	保留关键字，没有具体含义
if	条件判断语句关键字

续表

关键字	说明
implements	用于创建类与接口的实现关系
import	导入语句
instanceof	判断两个类的继承关系
int	整数类型
interface	用于声明接口
long	长整数类型
native	用来声明一个方法是由与计算机相关的语言（如 C、C++、FORTRAN 语言）实现的
new	用来创建新实例对象
package	包语句
private	私有权限修饰符
protected	受保护权限修饰符
public	公有权限修饰符
return	返回方法结果
short	短整数类型
static	静态修饰符
strictfp	用来声明 FP_strict（单精度或双精度浮点数）表达式遵循 IEEE 754-2008 算术规范
super	父类对象
switch	分支结构语句关键字
synchronized	线程同步关键字
this	本类对象
throw	抛出异常
throws	将异常处理抛向外部方法
transient	声明不用序列化的成员域
try	尝试监控可能抛出异常的代码块
var	声明局部变量
void	表明方法无返回值
volatile	表明两个或者多个变量必须同步发生变化
while	while 循环语句的关键字

说明

Java 中的关键字不是一成不变的，而是随着新版本的发布而不断变化的。

Java 中的关键字不需要专门记忆，随着编写代码的熟练度的提高，自然就记住了。

2.1.4 标识符

什么是标识符呢？先来看一个生活实例，小王乘坐地铁时，偶遇了某位同事并随即喊出了这位同事的名字，这个名字就是这位同事的“标识符”。而在 Java 中，标识符是指开发者在编写程序时为类、方法等内容定义的名称。为了提高程序的可读性，在定义标识符时，要尽量遵循“见名知义”的原则。例如，当其他开发人员看到类名 ScienceFictionFilms 时，就会知道这个类表示的是科幻电影。

Java 标识符的具体命名规则如下。

首先，标识符由一个或多个字母、数字、下画线“_”和美元符号“$”组成，字符之间不能有空格。

【正例】a、B、name、c18、$table、_column3。

【反例】hi!、left<、n a m e。

错误示例如图 2.5 所示。

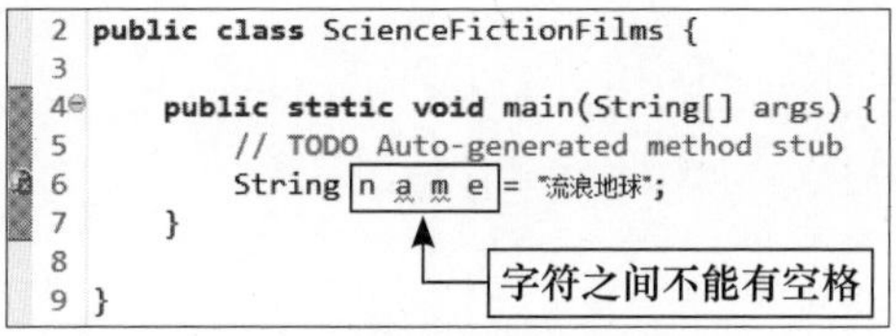

图 2.5　字符之间不能有空格

其次，一个标识符可以由几个单词连接而成，以提高标识符的可读性。

对于类名，每个单词的首字母均大写。

【正例】表示“科幻电影类”的类名称是 ScienceFictionFilms。

变量或者方法名称应采用驼峰式命名规则，即首个单词的首字母小写，其余单词的首字母大写。

【正例】表示“用户名”的变量名是 userName。

对于常量，每个单词的所有字母均大写；单词之间不能有空格，但可以用英文格式的下画线“_”进行连接。

【正例】表示“一天的小时数”的常量名是 HOURSCOUNTS，也可写作 HOURS_COUNTS。

【反例】表示“一天的分钟数”的常量名是 MINUTES COUNTS，如图 2.6 所示。

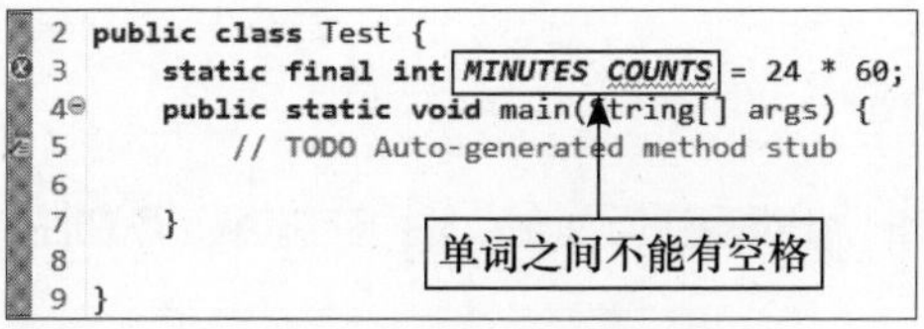

图 2.6　单词之间不能有空格

然后，标识符中的第一个字符不能为数字。

【反例】使用 24hMinutes 命名表示“24 小时的分钟数”的变量，如图 2.7 所示。

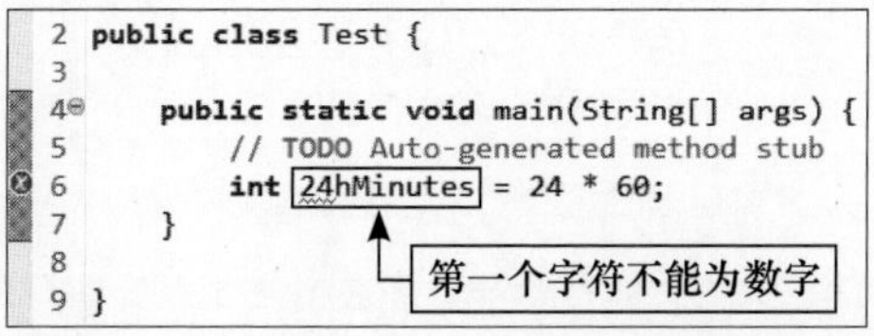

图 2.7　标识符中的第一个字符不能为数字

最后，标识符不能是关键字。

【反例】使用 class 命名表示“班级”的变量，如图 2.8 所示。

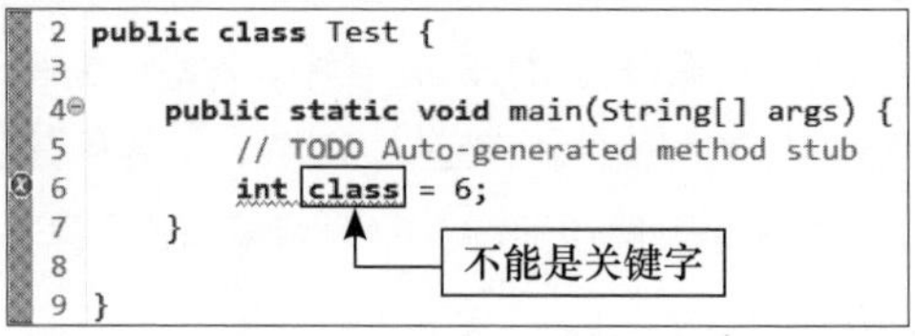

图 2.8　标识符不能是关键字

> **说明**
>
> Java 严格区分单词的大小写，同一个单词的不同形式所代表的含义是不同的。例如，Class 和 class 代表着两种完全不同的含义：Class 是一个类名，而 class 是用来修饰类的关键字。
>
> Java 可以用中文作为标识符，但中文标识符不符合开发规范。当 Java 代码的编译环境发生改变后，中文会变成乱码，这将导致 Java 代码无法通过编译。

2.1.5　注释

当我们遇到一个陌生的英文单词时，会借助英汉词典进行解惑，词典会给出这个单词的中文解释。Java 也具有如此贴心的功能，即“注释”。注释是一种对代码程序进行解释、说明的标注性文字，可以提高代码的可读性。在前面的代码中，“//”后面的内容就是注释。注释会被 Java 编译器忽略，不会参与程序的执行过程。

Java 提供了 3 种代码注释，分别为单行注释、多行注释和文档注释。

1. 单行注释

“//”为单行注释标记，从符号“//”开始直到换行为止的所有内容均作为注释而被编译器忽略。单行注释的语法格式如下。

```
//注释内容
```

例如，声明一个表示年龄的 int 类型变量 age，并为变量 age 添加注释。

```
int age;     // 声明一个表示年龄的int类型变量age
```

> **说明**
>
> int 是 Java 中的一种整数类型（第 3 章将详细介绍）。因为年龄是整数，所以需要用整数类型予以声明。

> **注意**
>
> 注释可以出现在代码的任意位置，但是不能分隔关键字或者标识符，错误示例如图 2.9 所示。

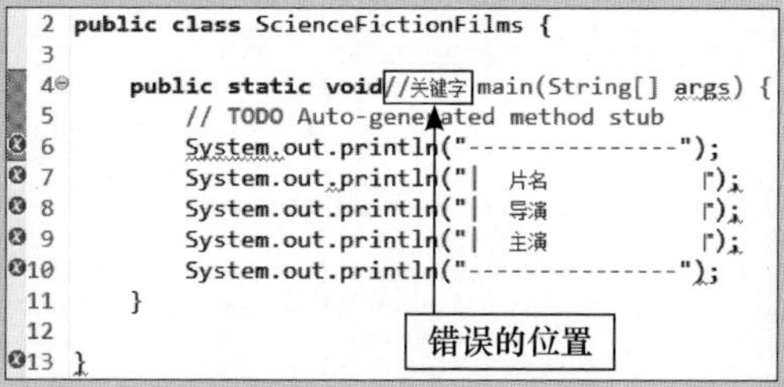

图 2.9　注释不能分隔关键字

2. 多行注释

“/*…*/”为多行注释标记，符号“/*”与“*/”之间的所有内容均为注释内容且可以换行。多行注释标记的作用有两个：为 Java 代码添加必要信息，将一段代码注释为无效代码。多行注释的语法格式如下。

```
/*
    注释内容1
    注释内容2
    ...
*/
```

例如，使用多行注释添加版权和作者信息的效果如图 2.10 所示，使用多行注释将一段代码注释为无效代码的效果如图 2.11 所示。

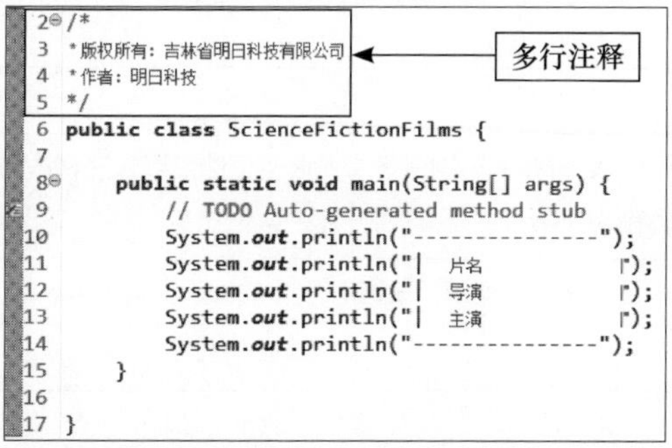

图 2.10　使用多行注释添加版权和作者信息的效果

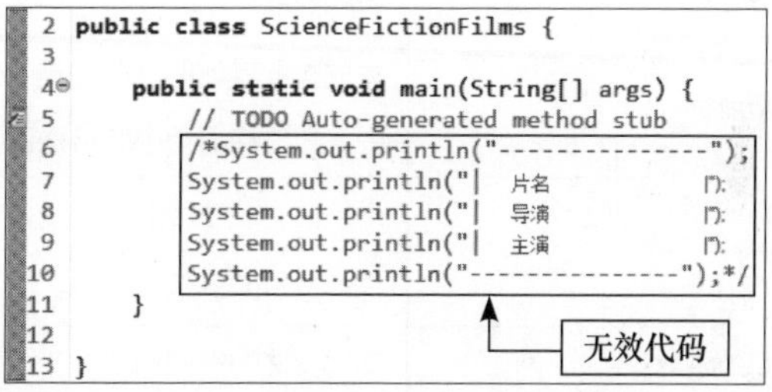

图 2.11　使用多行注释将一段代码注释为无效代码的效果

3. 文档注释

Java 还提供了一种借助 Javadoc 工具能够自动生成说明文档的注释，即文档注释。

> **说明**
>
> Javadoc 工具是由 Sun 公司提供的。待程序编写完成后，借助 Javadoc 工具就可以生成当前程序的说明文档。

“/**…*/”为文档注释标记，符号“/**”与“*/”之间的内容为文档注释内容。不难看出，文档注释与一般注释的最大区别在于它的起始符号是“/**”，而不是“/*”或“//”。

例如，使用文档注释为 main() 方法添加注释的效果如图 2.12 所示。

```
public class ScienceFictionFilms {
    /**
     * 主方法，程序入口
     * @param args-主方法参数
     */
    public static void main(String[] args) {
        // TODO Auto-generated method stub
        System.out.println("---------------");
        System.out.println("|  片名         |");
        System.out.println("|  导演         |");
        System.out.println("|  主演         |");
        System.out.println("---------------");
    }
}
```

文档注释

图 2.12　为 main() 方法添加文档注释的效果

说明

一定要养成良好的编码习惯。软件编码规范中提到“可读性第一，效率第二”，所以程序员必须在程序中添加适量的注释来提高程序的可读性和可维护性。建议程序中的注释总量占程序代码总量的 20% ~ 50%。

表 2.2 所示为文档注释的标签语法。

表 2.2　文档注释的标签语法

文档注释的标签	解释
@version	指定版本信息
@since	指定最早出现在哪个版本
@author	指定作者
@see	生成参考其他的说明文档的链接
@link	生成参考其他的说明文档，它和 @see 标签的区别在于 @link 标记能够嵌入注释语句中，为注释语句中的特殊词汇生成链接
@deprecated	用来注明被注释的类、变量或方法已经不提倡使用，在将来的版本中有可能被废弃
@param	描述方法的参数
@return	描述方法的返回值
@throws	描述方法抛出的异常，指明抛出异常的条件

说明

对注释的位置的具体要求如下。

- 单行注释应该写在被注释的代码的上方或右侧。
- 多行注释的位置和单行注释相同，虽然多行注释可以写在代码之内，但不建议这样写，因为这样写会降低代码可读性。
- 文档注释必须写在被注释代码的上方。

注释是代码的说明书，用于说明代码是做什么的、使用代码时需要注意的问题等内容。在编写注释时，既不要写代码中直观体现的内容，也不要写毫无说明意义的内容。

2.2　变量与常量

上一节讲解了 Java 代码的组成部分及语法结构，本节将介绍 Java 中两个重量级的概念——变量和常量。例如，某天美元兑换人民币的汇率为 6.7295，某天 92 号汽油的价格为 6.95 元 / 升等，这些可以改变数值的量称作变量；而 1 分等于 60 秒，一年有 12 个月等，这些不可以更改数值的量称作常量。下面将对变量和常量的异同进行讲解。

2.2.1　变量

在讲解变量前，先来解释声明的含义。声明用于向程序表明变量的类型和名称，但并没有给变量赋予具体的数值。那么，变量应该如何声明呢?

1. 声明变量

变量是用来存储数值的，但计算机并不聪明，无法自动分配指定大小的内存空间来存储这些数值。这时，需要借助 Java 提供的数据类型（第 3 章将详细介绍）予以实现。

声明变量的语法格式如下。

```
数据类型 变量标识符;
```

例如，某电商平台售卖后壳材质为玻璃的手机壳，售价为 49.9 元，如图 2.13 所示。声明表示手机壳售价的变量 shellPrice。

图 2.13　后壳材质为玻璃的手机壳

因为表示手机壳售价的变量 shellPrice 的值是一个小数，而在 Java 中，默认用表示浮点类型的 double 声明值为小数的变量，所以变量 shellPrice 的数据类型应为 double。因此，声明变量 shellPrice 的代码如下。

```
double shellPrice;
```

2. 为变量赋值

声明变量后，要为变量赋值，为变量赋值的过程称作定义、初始化或者赋初值。为变量赋值的语法如下。

```
数据类型 变量标识符 = 变量值;
```

例如，为上文中表示手机壳售价的变量 shellPrice 赋值，值为 49.9，代码如下。

```
double shellPrice = 49.9;
```

注意

选择正确的数据类型是至关重要的，否则 Eclipse 会出现图 2.14 所示的错误提示。

2 public class PhoneShell {
3 public static void main(String[] args) {
4 int shellPrice = 49.9;
5 }
6 }
int 用于表示整数

图 2.14　数据类型选择不当的错误提示

说明

int 是 Java 中的一种整数类型，它存储的是整数数值。而 49.9 是一个小数，这使等号左右两端的数据类型不匹配，因此需要使用 Java 中表示浮点类型的 double 予以存储。

3．同时声明多个变量

在声明变量时，对于相同数据类型的变量，可以同时声明多个。同时声明多个变量的语法格式如下。

```
数据类型 变量标识符1, 变量标识符2, ..., 变量标识符n;
```

例如，某超市特价销售 3 种水果，即苹果 4.98 元 /500 克，橘子 3.98 元 /500 克，香蕉 2.98 元 / 500 克；现同时声明表示苹果价格的变量 applePrice、表示橘子价格的变量 orangePrice 和表示香蕉价格的变量 bananaPrice。因为苹果价格、橘子价格和香蕉价格都是小数，所以这 3 个变量的数据类型均为 double，代码如下。

```
double applePrice, orangePrice, bananaPrice;
```

声明变量 applePrice、orangePrice 和 bananaPrice 后，要分别为这 3 个变量赋值，进而表示这 3 种特价水果的价格。赋值的方式有以下两种。

- 在声明时直接赋值，代码如下。

```
double applePrice = 4.98, orangePrice = 3.98, bananaPrice = 2.98;
```

- 先声明，再赋值，代码如下。

```
double applePrice, orangePrice, bananaPrice;
applePrice = 4.98;
orangePrice = 3.98;
bananaPrice = 2.98;
```

注意

在为多个变量“先声明，再赋值”的过程中，多个赋值语句不能使用逗号间隔开且写在同一行；否则，Eclipse 会出现图 2.15 所示的错误提示。

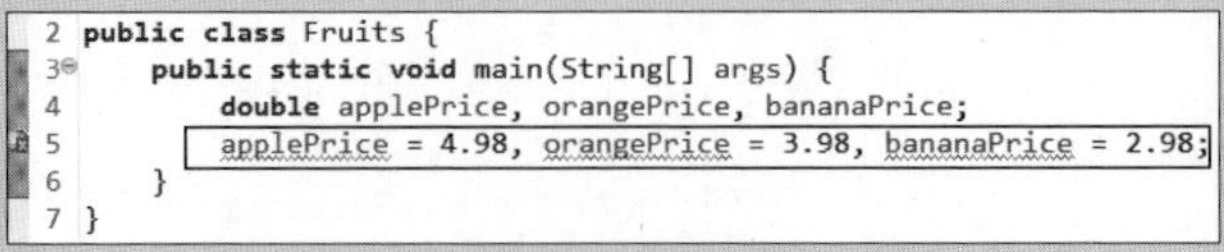

2 public class Fruits {
3 public static void main(String[] args) {
4 double applePrice, orangePrice, bananaPrice;
5 applePrice = 4.98, orangePrice = 3.98, bananaPrice = 2.98;
6 }
7 }

图 2.15　错误提示

2.2.2 常量

如果一个值是确定且不会改变的，那么用常量来存储这个值。例如，1 分等于 60 秒，60 就可以被设置为常量；而 2 月有多少天是不固定的，非闰年时有 28 天，闰年时有 29 天，这种会根据条件变化的值不可以被设置为常量。

1. 声明常量

如果要声明一个常量，那么需借助关键字 final。关键字 final 被译为“最终的”，当修饰常量时，就相当于标记这个常量的值不允许改变。声明常量的语法格式如下。

```
final 数据类型 常量标识符;
```

例如，声明一个表示 1 分等于多少秒的常量 SECONDS，代码如下。

```
final int SECONDS;
```

2. 为常量赋值

在声明常量时，通常要直接为其赋值，为常量赋值的语法格式如下。

```
final数据类型 常量标识符 = 常量值;
```

例如，为上文中表示 1 分等于多少秒的常量 SECONDS 赋值，值为 60，代码如下。

```
final int SECONDS = 60;
```

3. 同时声明多个常量

如果需要同时声明多个同一数据类型的常量，可以采用如下语法格式。

```
final 数据类型 常量标识符1 = 常量值1, 常量标识符2 = 常量值2, …, 常量标识符n = 常量值n;
```

例如，声明多个常量，表示“1 天有 24 小时，有 1440 分钟，有 86400 秒”，代码如下。

```
final int HOURS = 24, MINUTES = 1440, SECONDS = 86400;
```

在声明常量时，如果已经对其赋值了，那么常量的值不允许再被修改；否则，Eclipse 会出现图 2.16 所示的错误提示。

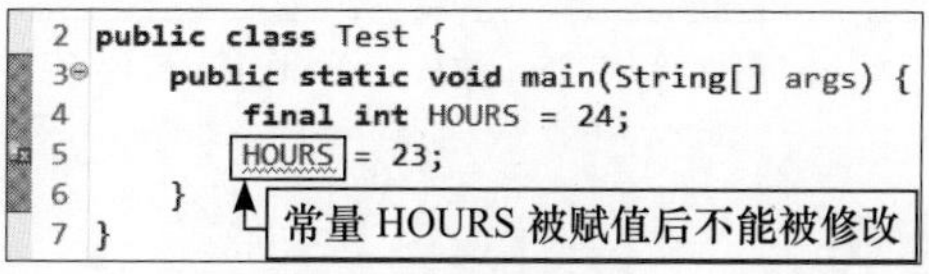

2 public class Test {
3 public static void main(String[] args) {
4 final int HOURS = 24;
5 HOURS = 23;
6 }
7 }
常量 HOURS 被赋值后不能被修改

图 2.16　错误提示

2.3 控制台的输入和输出操作

生活中的输入输出设备有很多。摄像机、扫描仪、传声器、键盘等都是输入设备，经过计算机解码后，由输入设备导入的图片、视频、音频和文字会通过显示器、打印机、音箱等输出设备进行输出，如图 2.17 所示。本节要讲解的控制台的输入和输出指的是先使用键盘输入字符，再将输入的字符显示在显示器上。

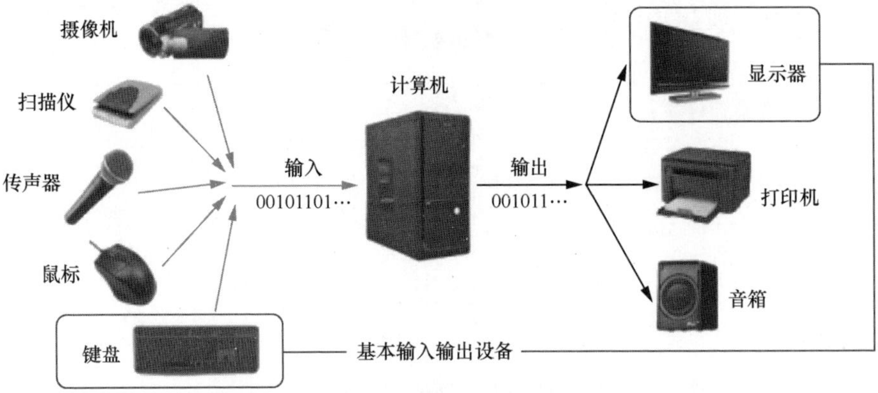

图 2.17 常用输入输出设备

本书使用的是 Eclipse 编程软件，而 Eclipse 的输出方式指的是在控制台中输出。所谓控制台，指的是图 2.18 所示的 Console 窗口。通过 Console 窗口，可以输出 Java 代码的运行结果。

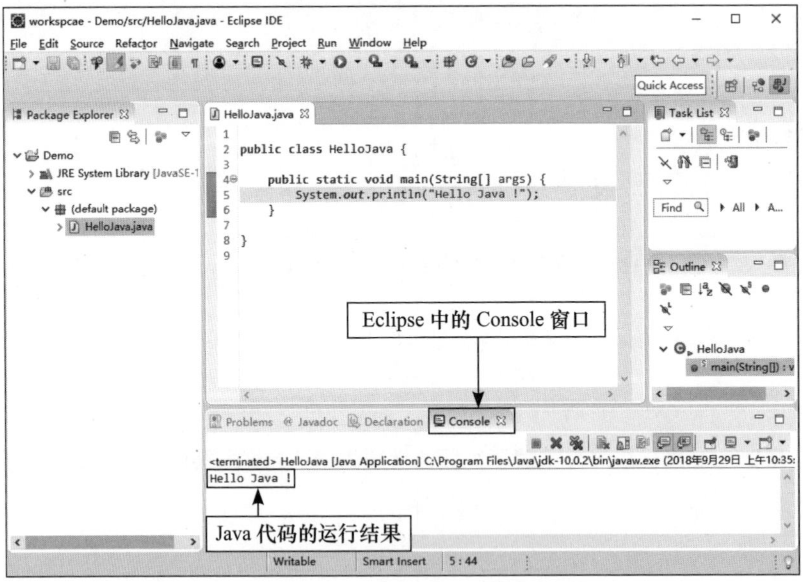

图 2.18 Eclipse 中的 Console 窗口

2.3.1 控制台输出字符

本节介绍在控制台中输出字符的方法。

1. 使用不会自动换行的 print() 方法

print() 方法的语法格式如下。

```
System.out.print("By falling we learn to go safely!");
```

控制台输出“By falling we learn to go safely！”后，光标会停留在这句话的末尾处，不会自动跳转到下一行的起始位置。

2. 使用可以自动换行的 println() 方法

println() 方法在 print 后面加上了“ln”（即 line 的简写），语法格式如下。

```
System.out.println("迷茫不可怕，只要你还在向前走！");
```

控制台输出“迷茫不可怕，只要你还在向前走！”后，光标会自动跳转到下一行的起始位置。

print() 方法与 println() 方法输出的结果对比如表 2.3 所示。

表 2.3 两种输出方法的结果对比

Java 代码		运行结果
print() 方法	System.*out*.print(" 梦想 "); System.*out*.print("insist"); System.*out*.print("(￣_￣)");	梦想 insist(￣_￣)
println() 方法	System.*out*.println(" 比萨 "); System.*out*.println("future"); System.*out*.println("(*^ ▽ ^*)");	比萨 future (*^ ▽ ^*)

所以 Java 换行输出的方法有以下两个。

```
System.out.print("\n");     //利用换行符"\n"实现换行
System.out.println();       //空参数即可实现换行
```

注意

使用这两个方法的时候还要注意以下两点。

（1）语句“System.out.println("\n");”会输出两个空行。

（2）若语句“System.out.print();”无参数，会报错。

实例2-1 创建表示“老者与小孩的故事”的 OlderAndChildStory 类。

利用 Java 输出语句模拟老者与小孩的对话，对话内容如图 2.19 所示。

图 2.19　老者与小孩的对话内容

创建 OlderAndChildStory 类，在类中创建 main() 方法，在 main() 方法中使用 System.out.println() 模拟老者与小孩的对话，具体代码如下。

```
public class OlderAndChildStory {
public static void main(String[] args) {

    int age = 3;  → 创建整数类型变量 age，记录小孩的年龄

        System.out.println("老者：小朋友今年几岁啊？ ");  → 老者在控制台中问了一个问题

        System.out.println("小孩：" + age + "岁！ ");  → 小孩在控制台中回答了自己的年龄

        System.out.println("老者：那明年又是几岁啊？ ");  → 老者又在控制台中问了一个问题

        int nextYearAge = age + 1;  → 小孩对自己的年龄做了一次加法运算

        System.out.println("小孩：" + nextYearAge + "岁！ ");
    }                                   ↓ 小孩在控制台中回答了计算得到的年龄
}
```

上述代码的运行结果如图 2.20 所示。

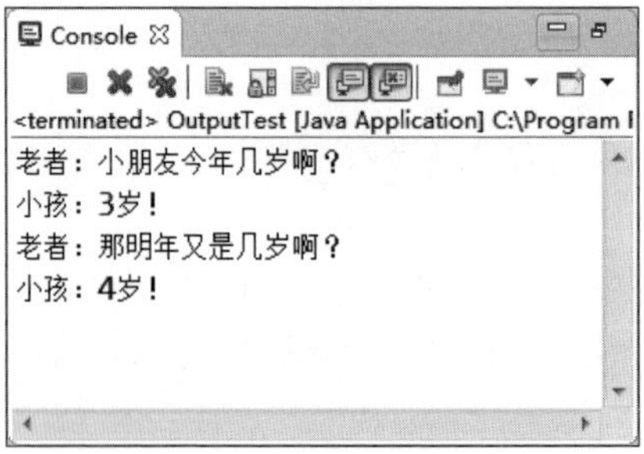

图 2.20　老者与小孩对话代码的运行结果

3. 格式化输出

除了前面两种常规的输出方式，Java 还提供了格式化输出。例如，超市购物小票上的应收金额保留了两位小数，如图 2.21 所示。

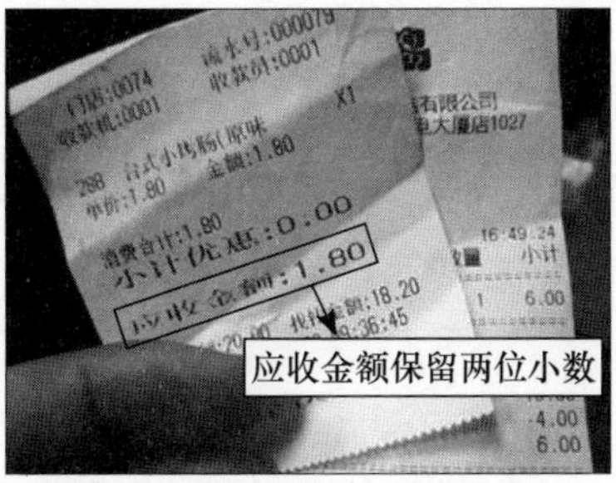

图 2.21　应收金额保留两位小数

Java 沿用了 C++ 中用于格式化输出的 printf() 函数，使用该函数即可将指定的内容以指定的格式输出在控制台中，其语法格式如下。

```
printf(String format, Object...args)
```

其中，参数 format 表示需要使用格式化的公式；参数 args 是一个 Object 类型的可变参数，可变表示参数 args 的个数可以是多个。

下面着重介绍两种用于格式化输出的转换符。

在输出数字时，使用转换符"%d"，举例如下。

```
System.out.printf("1251+3950 的结果是 %d\n", 1251 + 3950);
```

输出结果如下。

```
1251+3950 的结果是 5201
```

在指定小数位数时，可以使用转换符"%f"，% 与 f 之间用".X"的形式指定小数位数。其中，X 表示的是小数位数。例如，圆周率 π 的近似值为 3.1415926，这里保留小数点后两位小数，代码如下。

```
System.out.printf("π 取两位小数: %.2f\n", 3.1415926);
```

上述代码的运行结果如下。

```
π 取两位小数: 3.14
```

2.3.2　控制台输入字符

有输出就会有输入，Java 从控制台中读取用户输入的值时，需要借助一个被称作 Scanner 的类。Scanner 译为"扫描仪"，其用途和现实生活中的扫描仪一样，能够扫描用户输入的内容。Java 中的

System.in() 方法表示从控制台输入，使用 Scanner 类扫描 System.in() 方法即可获取用户输入的值。

需要注意的是，Scanner 类在 java.util 这个包里，不能像 System 类那样直接被使用。因此，用户使用前需要先使用 import 语句导入 java.util 包中的 Scanner 类。下面先对 import 语句进行介绍。

1. import 语句

import 语句用来导入本类所在包之外的类，导入具体包或完整类之后，就可以调用导入的类，举例如下。

```
import java.util.Date;
import java.util.Scanner;
```

import 语句与导入的类所在位置如图 2.22 所示。

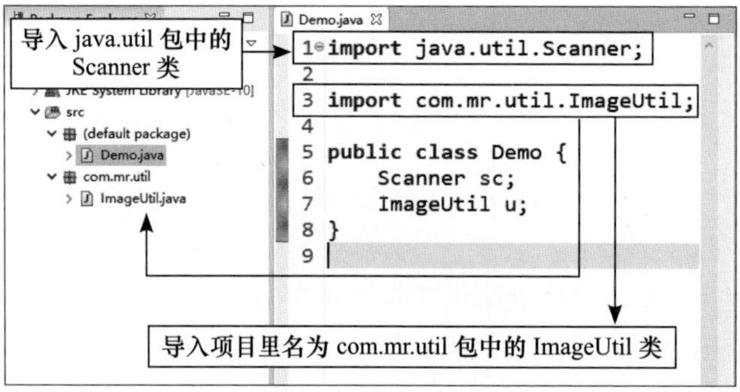

图 2.22　import 语句与引入的类所在的位置

import 语句可以一次性将某个包中的所有类都导入，“*”作为所有类名的替代符号，语法格式如下。

```
import java.util.*;
```

但有一点要注意，“*”只能替代类名，不能替代包名。例如，导入 java.awt 包中的所有类和 java.awt 的 event 子包中的所有类，需要写两条 import 语句，代码如下。

```
import java.awt.*;
import java.awt.event.*;
```

2. 使用 Scanner 类进行输入

上面介绍了 import 语句，使用 import 语句导入 Scanner 类的代码如下。

```
import java.util.Scanner;     // 导入java.util包中的Scanner类
```

Scanner 类提供了表 2.4 所示的常用方法，其中加粗的是 Java 程序中出现频率较高的方法，通过这些方法可以获取控制台中输入的不同类型的值。

表 2.4　Scanner 类的几个常用方法

方法名	返回类型	说明
next()	String	查找并返回此 Scanner 类获取的下一个完整标记
nextBoolean()	boolean	扫描一个布尔值标记并返回
nextByte()	byte	扫描一个值并返回 byte 类型
nextDouble()	double	扫描一个值并返回 double 类型
nextFloat()	float	扫描一个值并返回 float 类型
nextInt()	int	扫描一个值并返回 int 类型
nextLine()	String	扫描一个值并返回 String 类型
nextLong()	long	扫描一个值并返回 long 类型
nextShort()	short	扫描一个值并返回 short 类型
close()	void	关闭此 Scanner 类

说明

nextLine() 方法扫描的内容是从第一个字符开始到换行符的内容，而 next()、nextInt() 等方法扫描的内容是从第一个字符开始到这段完整内容结束的内容。

使用 Scanner 类扫描控制台的代码如下。

```
Scanner sc = new Scanner(System.in);
```

其中，System.in 表示控制台的输入。在创建 Scanner 类的对象时，需要把 System.in 作为参数。

实例2-2 创建表示“年龄示例”的 AgeDemo 类。

创建 AgeDemo 类，实现根据输入的年份（4 位数字，如 1981）计算目前的年龄，程序中使用 Scanner 类的 nextInt() 方法获取用户输入的年份数字，使用 Calendar 类获取当前年份数字，通过当前年份数字减去输入的年份数字得到年龄。具体代码如下。

```
import java.util.Calendar;      → 首先使用 import 语句导入 Scanner 和 Calendar 类，让程序知道
import java.util.Scanner;         会用到这两个类

public class AgeDemo {
    public static void main(String[] args) {

        Scanner sc = new Scanner(System.in);  → 告诉 Scanner 类要扫描控制台

        Calendar c = Calendar.getInstance();  → 获取系统日历
```

```
        int thisYear = c.get(Calendar.YEAR);  → 从日历中取出当前年份数字，并记录下来

        System.out.println("请输入您的出生年份");  → 给用户显示一个提示

        int birth = sc.nextInt();  → 从控制台中扫描出用户输入的年份数字

        int age = thisYear - birth;
        System.out.println("您的年龄为：" + age);

        if (age < 18) {
            System.out.println("您现在是未成年人(๑´ㅂ`๑)");
        } else if (age >= 18) {
            System.out.println("您现在是青年人(^_-)☆");
        } else if (age >= 66) {                                  → 判断用户属于
            System.out.println("您现在是中年人(≖‿≖)✧");             哪个年龄段
        } else if (age >= 88) {
            System.out.println("您现在是老年人~@_@~”);
        }
    }
}
```

运行程序，提示输入出生年份。输入的出生年份必须是 4 位数字，例如 2005。输入之后按 Enter 键，运行结果如图 2.23 所示。

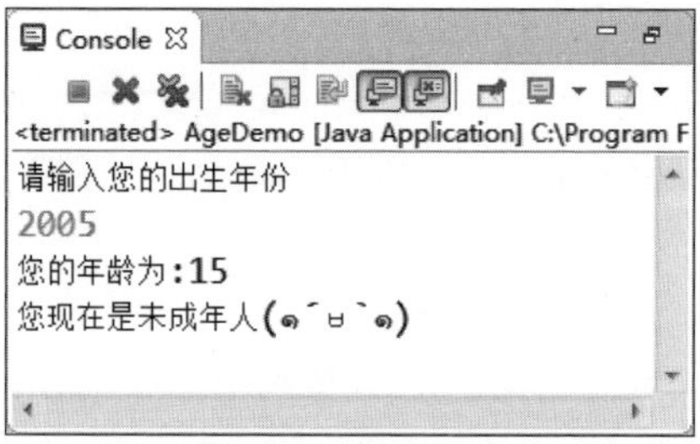

图 2.23　根据输入的出生年份计算年龄

> **说明**
>
> 图 2.23 所示的“2005”是用户输入的，在运行程序时，读者可以自行输入。

动手练一练

1. 输出菱形。创建 Image 类，在 Eclipse 的控制台中输出图 2.24 所示的菱形。
2. 输出错误信息与调试信息。在程序设计中，业务代码的部分功能需要配合调试信息以确定代码执行流

程和数据的正确性，当程序出现严重问题时，还要输出警告信息，这样才可以在调试中完成程序设计。运行结果如图 2.25 所示。

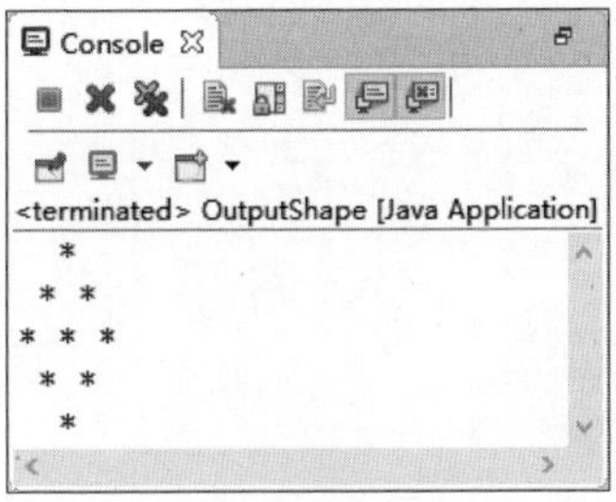

图 2.24　菱形

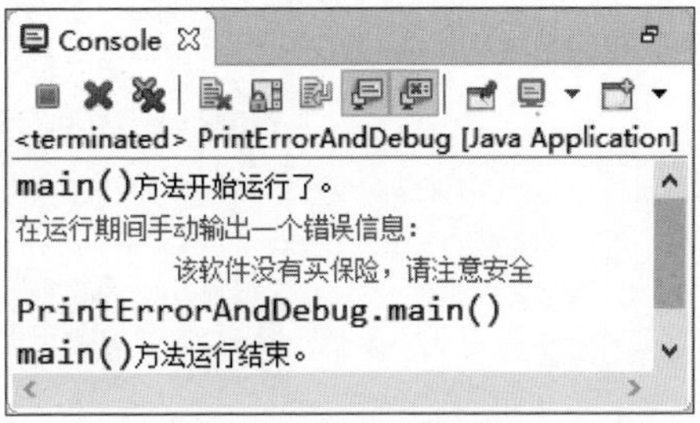

图 2.25　输出错误信息与调试信息

3. 从控制台接收输入的文本。除了 out 和 err 两个输出流之外，System 类还使用 in 输入流的实例对象作为类成员，它可以接收用户的输入。本题要求通过该输入流从控制台接收用户输入的文本，并提示该文本的长度信息，运行结果如图 2.26 所示。
4. 输入 WiFi 密码。创建 PassWord 类，首先在控制台中输入用户名为 MRKJ 的 WiFi 密码，然后对这个 WiFi 密码进行验证。如果 WiFi 密码正确，那么控制台输出“正在获取 IP 地址……已连接”；否则，控制台输出“密码错误”。运行结果如图 2.27 所示。

图 2.26　从控制台接收输入的文本并输出文本长度信息

图 2.27　输入 WiFi 密码

第 3 章

数据类型

在编写 Java 程序时，在使用变量前必须先确定数据类型。为此，Java 提供了基本数据类型和引用类型。此外，数据类型之间能够进行类型转换，这种类型转换包括自动类型转换和强制类型转换。本章将对基本数据类型和类型转换进行讲解。

3.1　基本数据类型

在 Java 中，有 8 种基本数据类型。这 8 种基本数据类型可以分为三大类，即数值类型（6 种）、字符类型（1 种）和布尔类型（1 种）。其中，数值类型包含整数类型（4 种）和浮点类型（2 种）。Java 的基本数据类型如图 3.1 所示。

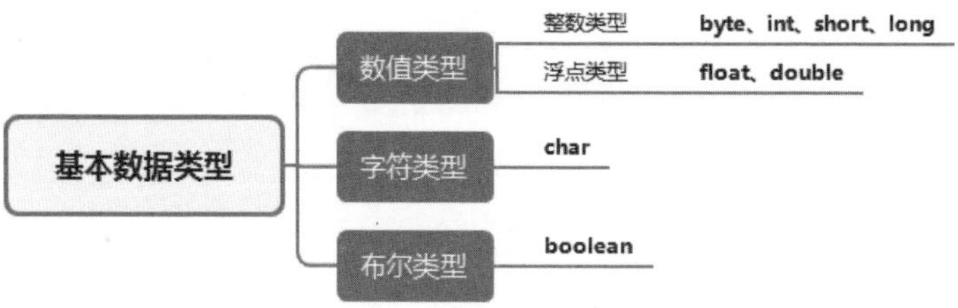

图 3.1　Java 的基本数据类型

接下来逐一讲解这 8 种基本数据类型。

3.1.1　整数类型

整数类型用于存储整数数值，这些整数数值既可以是正数，也可以是负数，还可以是零。例如，“截至 2019 年 5 月 21 日 7 时 11 分，您的话费余额为 0 元”，其中，2019、5、21、7、11 和 0 等整数数值均属于整数类型。Java 提供了 4 种整数类型，即 byte、short、int 和 long。这 4 种整数类型不仅占用的内存空间不同，取值范围也不同，具体如表 3.1 所示。

表 3.1　4 种整数类型占用的内存空间和取值范围

整数类型	占用的内存空间 / 字节	取值范围
byte	1	-128 ~ 127
short	2	-32768 ~ 32767
int	4	-2147483648 ~ 2147483647
long	8	-9223372036854775808 ~ 9223372036854775807

1. byte 型

byte 型被称作字节型，是占用内存空间最少的整数类型，即 1 字节；取值范围也是整数类型中最小的，即 -128 ~ 127。

例如，表示一个 byte 型变量 b 能取到的最大值的代码如下。

```
byte b;
b = 127;      → 形式一：先声明变量，再赋值
```

上述代码等价于如下代码。

```
byte b = 127;  → 形式二：声明变量时直接赋值
```

但是，如果把 128 赋给 byte 型变量 b，那么 Eclipse 将会出现图 3.2 所示的错误提示。

2 public class Demo {
3 public static void main(String[] args) {
4 byte b = 128;
5
6 }
报错原因：128 超出了 byte 型变量的取值范围

图 3.2　错误提示

2. short 型

short 型被称作短整型，占用 2 字节的内存空间。因此，short 型变量的取值范围要比 byte 型变量大很多，即 -32768 ~ 32767。

例如，先声明 short 型变量 min（表示“最小值”）和 max（表示“最大值”），再分别为变量 min 和 max 赋值，值分别为 -32768 和 32767，代码如下。

```
short min, max;
min = -32768;     → 形式一：先声明变量，再赋值
max = 32767;
```

上述代码等价于以下代码。

```
short min = -32768;
short max = 32767;    → 形式二：声明变量时直接赋值
```

3. int 型

int 型被称作整型，是 Java 默认的整数类型。默认的整数类型指的是如果一个整数不在 byte 型或 short 型的取值范围内，或者整数的格式不符合 long 型（后面将会介绍）的要求，那么当 Java 程序被编译时，这个整数会被当作 int 型。

int 型占用 4 字节的内存空间，其取值范围是 -2147483648 ~ 2147483647。虽然 int 型变量的取值范围较大，但使用时也要注意 int 型变量能取到的最大值和最小值，以免因数据溢出产生错误。

例如，把 9787569205688 赋给一个 int 型变量 number 时，Eclipse 将出现错误提示，如图 3.3 所示。

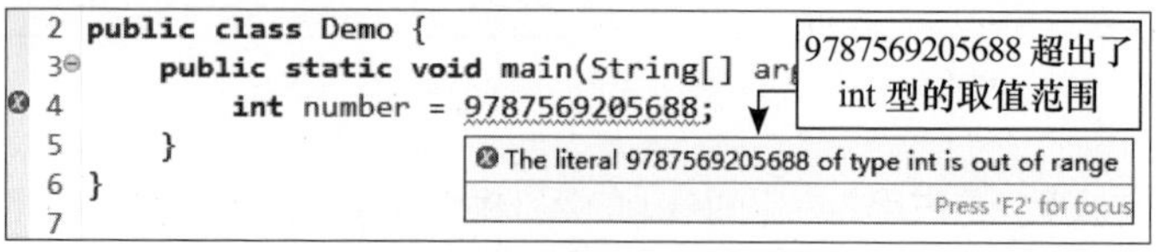

2 public class Demo {
3 public static void main(String[] ar
4 int number = 9787569205688;
5 }
6 }
7
9787569205688 超出了
int 型的取值范围
The literal 9787569205688 of type int is out of range
Press 'F2' for focus

图 3.3 错误提示

那么书号 9787569205688 要赋给哪种整数类型的变量，Eclipse 才不会报错呢？答案就是马上要讲到的 long 型。

4. long 型

long 型被称作长整型，占用 8 字节的内存空间，其取值范围是 -9223372036854775808 ~ 9223372036854775807。

如果把图 3.3 所示的 int 修改为 long，其中的错误提示就会消失吗？修改后 Eclipse 显示的内容如图 3.4 所示。

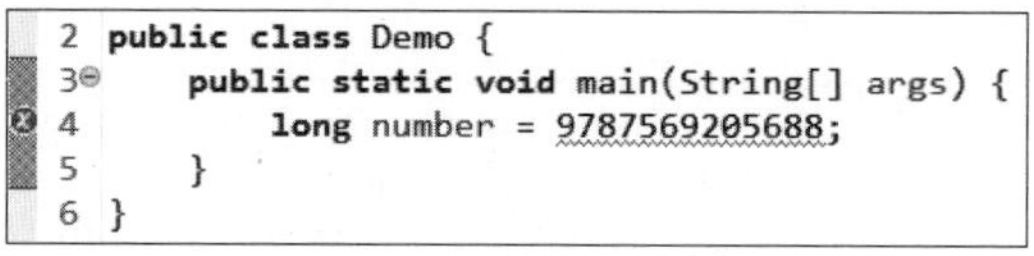

图 3.4 修改图 3.3 中代码后 Eclipse 显示的内容

不难看出，错误提示依然存在。这是因为在为 long 型变量赋值时，要在数值的结尾处加上字母 L 或者 l（小写的 L），所以图 3.4 所示的代码要修改为如下格式。

```
long number = 9787569205688L; ———→ 大写形式
```

数值结尾处的字母 L 还可以写作小写形式，代码如下。

```
long number = 9787569205688l; ———→ 也可以小写
```

这样，图 3.4 所示的错误提示就会消失。

3.1.2 浮点类型

浮点类型用于存储小数数值。例如，一把雨伞售价为 100.79 元，4 块蛋挞售价为 15.8 元，其中，100.79、15.8 等小数数值均属于浮点类型。Java 把浮点类型分为单精度浮点型（float 型）和双精度浮点型（double 型）。float 型和 double 型占用的内存空间与取值范围如表 3.2 所示。

表 3.2　float 型和 double 型占用的内存空间与取值范围

浮点类型	占用的内存空间 / 字节	取值范围
float	4	$-3.4 \times 10^{38} \sim 3.4 \times 10^{38}$
double	8	$-1.8 \times 10^{308} \sim 1.8 \times 10^{308}$

1. float 型

float 型被称作单精度浮点型，占用 4 字节的内存空间，其取值范围为 $-3.4 \times 10^{38} \sim 3.4 \times 10^{38}$。需要注意的是，在为 float 型变量赋值时，必须在数值的结尾处加上字母 F 或者 f，就如同前面介绍的为 long 型变量赋值的规则一样。

例如，定义一个表示身高、值为 1.72 的 float 型变量 height，代码如下。

```
float height = 1.72F;
```

数值结尾处的字母 F 还可以写作小写形式，代码如下。

```
float height = 1.72f;
```

2. double 型

double 型被称作双精度浮点型，是 Java 默认的浮点类型，占用 8 字节的内存空间，其取值范围为 $-1.8 \times 10^{308} \sim 1.8 \times 10^{308}$。因为 double 型是默认的浮点类型，所以在为 double 型变量赋值时，可以直接把小数数值写在等号的右边。

例如，定义一个表示体温、值为 36.8 的 double 型变量 temperature，代码如下。

```
double temperature = 36.8;
```

3.1.3　字符类型

char 型即字符类型，用于存储单个字符，占用 2 字节的内存空间。在定义 char 型变量时，char 型变量的值要用英文格式的单引号（'）引起来。char 型变量的值有以下 3 种表示方式。

1. 单个字符

char 型常用于表示单个字符。例如，定义一个值为 a 的 char 型变量 letter，代码如下。

```
char letter = 'a'; // 把小写字母a赋给了char型变量letter
```

> **注意**
>
> 单引号必须是英文格式。以上述代码为例，如果单引号是中文格式的，Eclipse 将出现图 3.5 所示的错误提示。

```
5        char letter = 'a';
```

图 3.5　错误提示（1）

单引号中只能有一个英文字母。以上述代码为例，如果单引号中的英文字母多于一个，Eclipse 将出现图 3.6 所示的错误提示。

```
5        char letter = 'aa';
```

图 3.6　错误提示（2）

Java 的 char 型能够用于存储任何国家的语言文字。例如，使用 char 型存储汉字，代码如下。

```
char a, b, c, d, e, f, g, h, i, j, k, l, m;
a = '你';
b = '我';
...// 省略部分代码
l = '论';
m = '剑';
```

注意

单引号中只能有一个汉字，否则 Eclipse 将出现图 3.7 所示的错误提示。

```
5        char sex = '男女';
```

图 3.7　错误提示（3）

2. 转义字符

在字符类型中有一类特殊的字符，即以英文格式下的反斜线“\”开头，反斜线“\”后跟一个或多个字符，这类字符被称作转义字符。转义字符须由 char 型定义，它不再是字符原有的含义，而是具有了新的含义，如转义字符“\n”的意思是“换行”。Java 语言中的转义字符如表 3.3 所示，其中加粗是使用频率较高的转义字符。

表 3.3　Java 语言中的转义字符

转义字符	含义
\'	单引号字符
\"	双引号字符
\\	反斜杠字符
\t	垂直制表符，将光标移到下一个制表符的位置
\r	回车
\n	换行
\b	退格
\f	换页

实例3-1 输出反斜杠。

使用转义字符定义值为反斜杠字符的 char 型变量 cr，并在控制台中输出 char 型变量 cr 的值，关键代码如下。

```
char cr = '\\';
System.out.println("输出反斜杠：" + cr);
```

上述代码的运行结果如下。

```
输出反斜杠：\
```

说明

转义字符“\\”表示的是反斜杠字符（即“\”）。因此，使用输出语句输出转义字符“\\”的结果是反斜杠字符（即“\”）。

3. ASCII 码

char 型变量的值还可以使用美国信息交换标准码（American Standard Code for Information Interchange，ASCII 或 ASCII 码）予以表示。ASCII 码有 128 个字符被编码到计算机里，其中包括英文大小写字母、数字和一些符号。这 128 个字符与十进制整数 0 ~ 127 一一对应，例如，大写字母 A 对应的 ASCII 码值是 65，小写字母 a 对应的 ASCII 码值是 97 等。

实例3-2 使用 ASCII 码表示的 char 型变量。

分别定义值为 65 和 97 的 char 型变量 ch 和 cr，并在控制台中分别输出变量 ch 和 cr 的值，代码如下。

```
char ch = 65;
System.out.println("变量ch的值：" + ch);
char cr = 97;
System.out.println("变量cr的值：" + cr);
```

上述代码的运行结果如下。

```
变量ch的值：A
变量cr的值：a
```

说明

常用字符与 ASCII 码对照表如表 3.4 所示。

表 3.4　常用字符与 ASCII 码对照表

ASCII 码非输出字符						ASCII 码输出字符											
十进制数	字符	代码	十进制数	字符	代码	十进制数	字符	十进制数	字符	十进制数	字符	十进制数	字符	十进制数	字符	十进制数	字符
0	BLANK NULL	NUL	16	►	DLE	32	(space)	48	0	64	@	80	P	96	`	112	p
1	☺	SOH	17	◄	DC1	33	!	49	1	65	A	81	Q	97	a	113	q
2	☻	STX	18	↕	DC2	34	"	50	2	66	B	82	R	98	b	114	r
3	♥	ETX	19	!!	DC3	35	#	51	3	67	C	83	S	99	c	115	s
4	♦	EOT	20	¶	DC4	36	$	52	4	68	D	84	T	100	d	116	t
5	♣	ENQ	21	§	NAK	37	%	53	5	69	E	85	U	101	e	117	u
6	♠	ACK	22	▪	SYN	38	&	54	6	70	F	86	V	102	f	118	v
7	•	BEL	23	↨	ETB	39	'	55	7	71	G	87	W	103	g	119	w
8	◘	BS	24	↑	CAN	40	(	56	8	72	H	88	X	104	h	120	x
9	○	TAB	25	↓	EM	41	)	57	9	73	I	89	Y	105	i	121	y
10	◙	LF	26	→	SUB	42	*	58	:	74	J	90	Z	106	j	122	z
11	♂	VT	27	←	ESC	43	+	59	;	75	K	91	[	107	k	123	{
12	♀	FF	28	∟	FS	44	,	60	<	76	L	92	\	108	l	124	|
13	♪	CR	29	↔	GS	45	-	61	=	77	M	93	]	109	m	125	}
14	♫	SO	30	▲	RS	46	.	62	>	78	N	94	^	110	n	126	~
15	☼	SI	31	▼	US	47	/	63	?	79	O	95	_	111	o	127	(del)

4. Unicode 码

Unicode 码包含数十种字符集，其格式是“\uXXXX”（XXXX 代表一个十六进制的整数），取值范围是“\u0000”~“\uFFFF”（英文字母不区分大小写），一共包含 65536 个字符。其中，前 128 个字符和 ASCII 码中的字符完全相同。

实例3-3 使用 Unicode 码和 char 型变量定义字符。

使用 Unicode 码和 char 型变量定义“天道酬勤”中的各个字符，代码如下。

```
char c1 = '\u5929'; // '\u5929'表示"天"
char c2 = '\u9053'; // '\u9053'表示"道"
char c3 = '\u916c'; // '\u916c'表示"酬"
char c4 = '\u52e4'; // '\u52e4'表示"勤"
```

```
System.out.print(c1);
System.out.print(c2);
System.out.print(c3);
System.out.print(c4);
```

上述代码的运行结果如下。

```
天道酬勤
```

3.1.4　布尔类型

boolean 型被称作布尔类型，boolean 型变量的值只能是 true 或 false，用于表示逻辑上的“真”或“假”。

定义 boolean 型变量的代码如下。

```
boolean yes = true;
boolean no = false;
```

3.2　类型转换

类型转换是将变量从一种数据类型更改为另一种数据类型的过程。Java 提供了两种类型转换方式——自动类型转换和强制类型转换。其中，数据从占用内存空间较小的数据类型转换为占用内存空间较大的数据类型的过程，被称作自动类型转换（又被称作隐式类型转换）；反之，被称作强制类型转换（又被称作显示类型转换）。

3.2.1　自动类型转换

Java 的基本数据类型可以进行混合运算，在运算过程中，不同类型的数据会先被自动转换为同一类型再进行运算。数据类型根据占用的内存空间的大小被划分为高低不同的级别，占用内存空间小的级别低，占用内存空间大的级别高，自动类型转换遵循从低级到高级的转换规则。也就是说，数据类型能够自动从占用内存空间小的类型向占用内存空间大的类型转换。

Java 的基本数据类型经过自动类型转换后的结果如表 3.5 所示。

表 3.5　Java 的基本数据类型经过自动类型转换后的结果

操作数 1 的数据类型	操作数 2 的数据类型	转换后的数据类型
byte、short、char	int	int
byte、short、char、int	long	long

续表

操作数 1 的数据类型	操作数 2 的数据类型	转换后的数据类型
byte、short、char、int、long	float	float
byte、short、char、int、long、float	double	double

实例3-4 选择合适的数据类型。

分别对 byte、int、float、char 和 double 型变量进行加减乘除运算后，为运算结果选择合适的数据类型，关键代码如下。

```
byte b = 127;
int i = 150;
float f = 452.12f;
//float的级别比byte的高，因此b + f运算结果的数据类型为级别更高的float
float result1 = b + f;
//int的级别比byte的高，因此b * i运算结果的数据类型为级别更高的int
int result2 = b * i;
```

3.2.2 强制类型转换

当数据类型从占用内存空间大的类型向占用内存空间小的类型转换时，必须使用强制类型转换。

当把一个整数赋给一个 byte、short、int 或 long 型变量时，不可以超出这些数据类型的取值范围，否则数据就会溢出。

实例3-5 把 int 型变量强制转换为 byte 型。

定义一个值为 258 的 int 型变量 i，把 int 型变量 i 强制转换为 byte 型，并在控制台中输出强制转换后的结果，代码如下。

```
int i = 258;
byte b = (byte)i;
System.out.println("b的值: " + b);
```

上述代码的运行结果如下。

```
b的值: 2
```

由于 byte 型变量的取值范围是 -128~127，而 258 超过了这个范围，因此数据溢出。

在进行强制类型转换时要加倍小心，不要超出变量的取值范围。

注意

boolean 型不能被转换为其他数据类型，反之亦然。

动手练一练

1. 先使用 char 型变量定义“马”“象”和“卒”这 3 个棋子，再输出“马走日，象走田，小卒一去不复还。”的象棋口诀，运行结果如图 3.8 所示。
2. 要向张三的卡号为 1234567890987654321 的银行卡里汇款 10000 元，要求控制台中输出图 3.9 所示的汇款单。

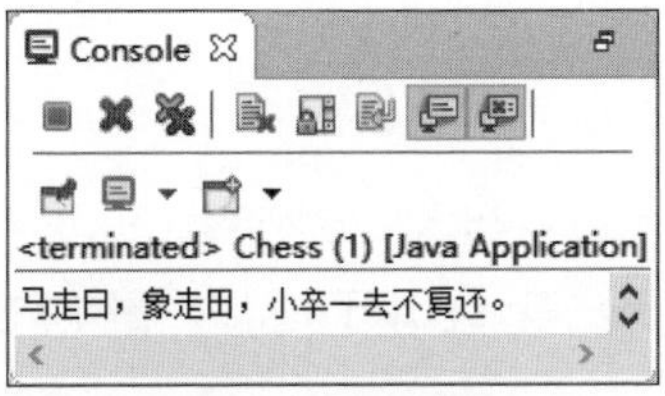

图 3.8　象棋口诀

图 3.9　汇款单

3. 先使用 char 型变量定义北京、天津、吉林和黑龙江的简称，再在控制台中输出北京、天津、吉林和黑龙江的简称，运行结果如图 3.10 所示。
4. 使用适当的数据类型定义姓名、性别、年龄、身高、体重和婚姻状况，再在控制台中输出图 3.11 所示的个人基本信息。

图 3.10　运行结果

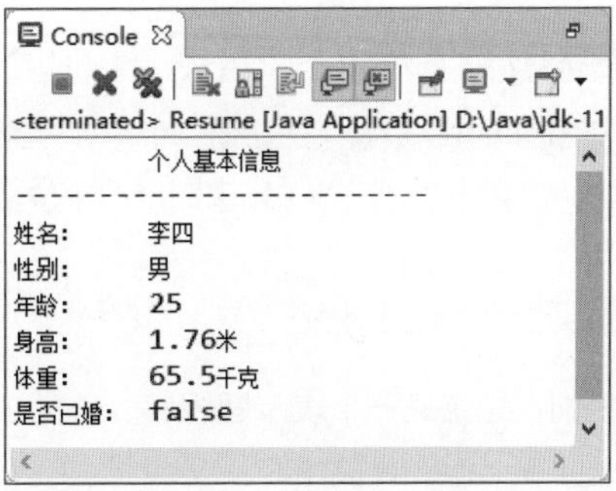

图 3.11　个人基本信息

5. 欧阳锋和洪七公定于“三月初三”在华山切磋。为了避免走漏风声，欧阳锋将战书写成了图 3.12 所示的秘密电文。

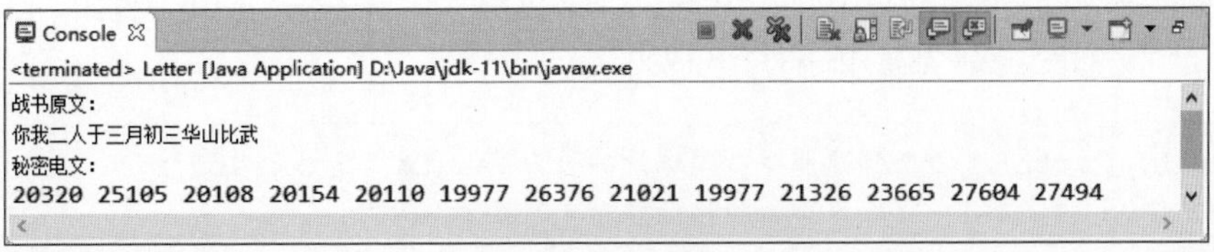

图 3.12　秘密电文

第 4 章

运 算 符

Java 提供了功能丰富的运算符，包括赋值运算符、算术运算符、自增和自减运算符、关系运算符、逻辑运算符、位运算符和三元运算符等。这些运算符是 Java 编程的基础，用于对 Java 基本数据类型的数据进行各种运算。本章将详细介绍运算符。

4.1 赋值运算符

赋值运算符使用符号“=”表示，其功能是把“=”右边的值赋给“=”左边的变量。需要注意的是，“=”右边的值既可以是具体的数值，也可以是某个变量或常量，还可以是一个表达式。

例如，定义一个表示停车场里剩余的车位数、值为 17 的 int 型变量 parkNumber，代码如下。

```
int parkNumber = 17; ——“=”右边的值是一个具体的数值
```

再例如，先定义一个表示圆周率、值为 3.1415926 的 double 型常量 PI，再把常量 PI 的值赋给 double 型变量 rate，代码如下。

```
final double PI = 3.1415926;
double rate = PI; ——“=”右边的值是一个常量
```

实例4-1 在编写 Java 程序的过程中，还可以把赋值运算符“=”连在一起使用。例如，使用 int 型变量描述半个足球场的长和宽（都是 45 米），代码如下。

```
int length, width;     // 声明半个足球场的长为length，宽为width
length = width = 45;   // 半个足球场的长和宽都是45米
```

4.2　算术运算符

数学中的算术运算符有 4 种，即“+（加号）”“-（减号）”“×（乘号）”“÷（除号）”。而 Java 除了包括上述 4 种算术运算符（Java 中，“*”表示乘号，“/”表示除号）外，还包括一种算术运算符，即“%（取余）”。Java 中的算术运算符的功能及使用方式如表 4.1 所示。

表 4.1　Java 中的算术运算符的功能及使用方式

运算符	说明	实例	结果
+	加	12.45f + 15	27.45
-	减	4.56-0.16	4.4
*	乘	5L * 12.45f	62.25
/	除	7.0 / 2	3.5
%	取余	12 % 10	2

其中，“+”和“-”还可以表示一个数值是正数或者负数，如 +5、-7。

注意

在进行除法和取余运算时，0 不能作为除数。例如，当程序执行语句“int a = 5/0;”时，控制台会输出图 4.1 所示的 ArithmeticException 异常（即“算术异常”）。

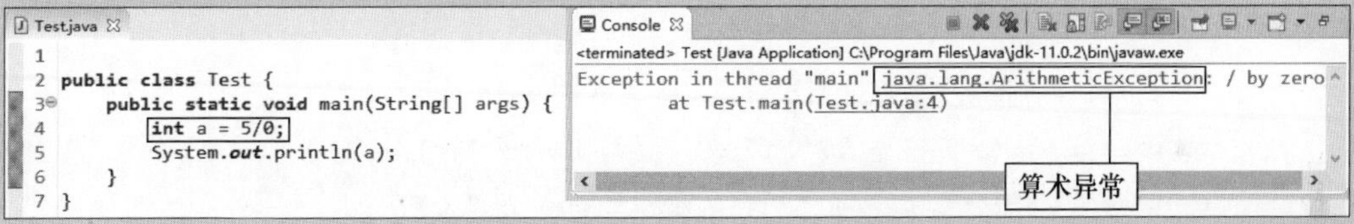

图 4.1　ArithmeticException 异常

实例4-2 分别使用表 4.1 中的 5 种运算符对 18.75 和 2.5 这两个数字进行运算，代码如下。

```
double numberOne = 18.75;
double numberTwo = 2.5;
System.out.println("18.75和2.5的和: " + (numberOne + numberTwo)); // 计算和
System.out.println("18.75和2.5的差: " + (numberOne - numberTwo)); // 计算差
System.out.println("18.75和2.5的积: " + (numberOne * numberTwo)); // 计算积
System.out.println("18.75和2.5的商: " + (numberOne / numberTwo)); // 计算商
System.out.println("18.75和2.5的余数: " + (numberOne % numberTwo)); // 计算余数
```

上述代码的运行结果如下。

```
18.75和2.5的和: 21.25
18.75和2.5的差: 16.25
18.75和2.5的积: 46.875
18.75和2.5的商: 7.5
18.75和2.5的余数: 1.25
```

借助运算符，可以模拟数学、物理等学科的计算公式。例如，模拟图 4.2 所示的求解二元一次方程组（其中 $a \neq 0$，$c \neq 0$，$ad \neq bc$）的公式。

$$\begin{matrix} ax+by=e \\ cx+dy=f \end{matrix} \qquad x=\frac{ed-bf}{ad-bc} \qquad y=\frac{af-ec}{ad-bc}$$

图 4.2　求解二元一次方程组的公式

实例4-3 使用图 4.2 所示的计算公式，求解二元一次方程组 $\begin{cases} 21.8x+2y=28 \\ 7x+8y=62 \end{cases}$，代码如下。

```
public class Cramer {
    public static void main(String[] args) {
        double a = 21.8;
        int b = 2;
        int e = 28;
        int c = 7;
        int d = 8;
        int f = 62;
        //使用运算符模拟克拉默法则求解二元一次方程组的公式
        double x = (e * d - b * f) / (a * d - b * c);
        double y = (a * f - e * c) / (a * d - b * c);
        //输出x和y的值
        System.out.println("该二元一次方程组中的x = " + x);
        System.out.println("该二元一次方程组中的y = " + y);
    }
}
```

上述代码的运行结果如图 4.3 所示。

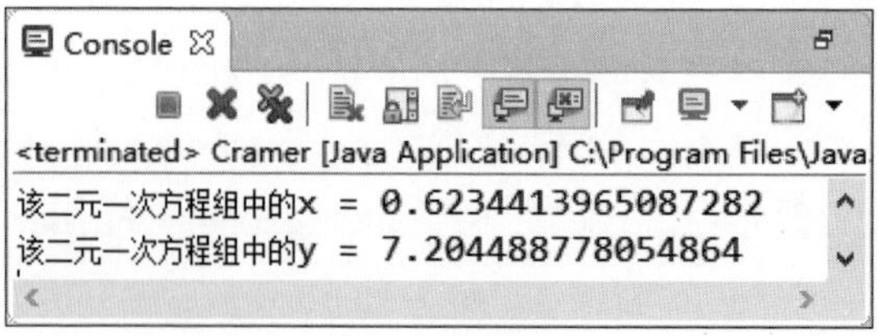

图 4.3　运行结果

注意

当对两个 int 型数值使用“/”做除法运算时，得到的结果也是 int 型数值。例如，5 除以 2 的结果为 2。

当对一个 double 型数值与一个 int 型数值或者两个 double 型数值用“/”做除法运算时，得到的结果是 double 型数值。例如，5.0 / 2 的结果是 2.5，5.0 / 2.0 的结果也是 2.5。

4.3 自增和自减运算符

自增、自减运算符的作用是使变量的值增 1 或减 1。以一个 int 型变量 a 为例，自增、自减运算符的写法如下。

```
a++;            // 先输出 a 的原值，后做增 1 运算
++a;            // 先做增 1 运算，再输出 a 计算之后的值
a--;            // 先输出 a 的原值，后做减 1 运算
--a;            // 先做减 1 运算，再输出 a 计算之后的值
```

不难发现，“++”或者“--”既可以放在变量之前，又可以放在变量之后。需要注意的是，“++”或者“--”的位置不同，自增或者自减的操作顺序也会不同。以“++”为例，自增的操作顺序如图 4.4 所示。

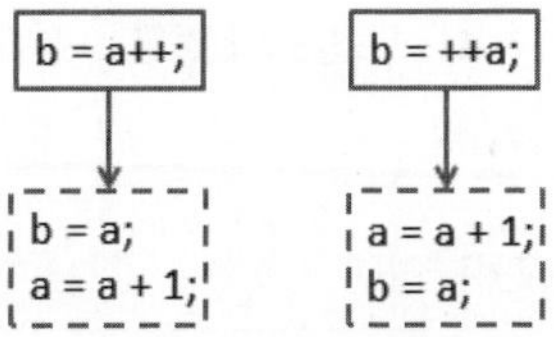

图 4.4　自增的操作顺序

实例4-4 先对值为 1 的 int 型变量做自增运算，再对其做自减运算，代码如下。

```
int number = 1;         // number 的值为 1
System.out.println("number = " + number);
number++;               // number = number + 1
System.out.println("number++ = " + number);
number--;               // number = number - 1
System.out.println("number-- = " + number);
```

上述代码的运行结果如下。

```
number = 1
number++ = 2
number-- = 1
```

实例4-5 先对值为 1 的 int 型变量做“a++”运算，再对其做“++a”运算，代码如下。

```
int a = 1;
int b;
System.out.println("a = " + a);
b = a++; // 先计算b = a，再计算a = a + 1
System.out.println("a++后，a = " + a + "，b = " + b);
b = ++a; // 先计算a = a + 1，再计算b = a
System.out.println("++a后，a = " + a + "，b = " + b);
```

上述代码的运行结果如下。

```
a = 1
a++后，a = 2，b = 1
++a后，a = 3，b = 3
```

4.4 关系运算符

与数学中的关系运算符相同，Java 中的关系运算符的作用也是判断两个数字之间的关系，例如，1 是否大于 2，2 是否小于或等于 3 等。关系运算符的计算结果是布尔值，即 true 或者 false。Java 中的关系运算符的功能及使用方式如表 4.2 所示。

表 4.2 Java 中的关系运算符的功能及使用方式

运算符	说明	实例	结果
==	等于	2 == 3	false
<	小于	2 < 3	true
>	大于	2 > 3	false
<=	小于或等于	5 <= 6	true
>=	大于或等于	7 >= 7	true
!=	不等于	2 != 3	true

实例4-6 分别使用表 4.2 中的关系运算符比较 7.11 和 4.4 这两个数字的关系，关键代码如下。

```
double no = 7.11;
double nt = 4.4;
```

```
System.out.println("no < nt的结果: " + (no < nt));
System.out.println("no > nt的结果: " + (no > nt));
System.out.println("no == nt的结果: " + (no == nt));
System.out.println("no != nt的结果: " + (no != nt));
System.out.println("no <= nt的结果: " + (no <= nt));
System.out.println("no >= nt的结果: " + (no >= nt));
```

上述代码的运行结果如下。

```
no < nt的结果: false
no > nt的结果: true
no == nt的结果: false
no != nt的结果: true
no <= nt的结果: false
no >= nt的结果: true
```

4.5　逻辑运算符

Java 中的逻辑运算符用于对 true 和 false 进行逻辑运算，运算后的结果仍为 true 或者 false。逻辑运算符包括“&&（逻辑与）”“||（逻辑或）”“!（逻辑非）”。Java 中的逻辑运算符的功能及使用方式如表 4.3 所示。

表 4.3　Java 中的逻辑运算符（A 的值为 true，B 的值为 false）的功能及使用方式

运算符	说明	实例	结果
&&	逻辑与	A && B	(对)与(错)=错
||	逻辑或	A || B	(对)或(错)=对
!	逻辑非	!A	不(对)=错

说明

为了方便理解，表 4.3 中将 true、false 以“对”“错”的形式予以展示。

逻辑运算符的运算结果如表 4.4 所示。

表 4.4　逻辑运算符的运算结果

A	B	A&&B	A||B	!A
true	true	true	true	false
true	false	false	true	false

续表

A	B	A&&B	A‖B	!A
false	true	false	true	true
false	false	false	false	true

同时使用逻辑运算符与关系运算符可以完成复杂的逻辑运算。

实例4-7 分别使用逻辑运算符“&&”和“||”对关系表达式“181 < 172”和“181 != 172”做逻辑运算，代码如下。

```
int a = 181;
int b = 172;
boolean result = ((a < b) && (a != b));
boolean result2 = ((a < b) || (a != b));
System.out.println(result);
System.out.println(result2);
```

上述代码的运行结果如下。

```
false
true
```

4.6 位运算符

Java 中的位运算符分为位逻辑运算符和位移运算符。Java 中的位运算符的功能及使用方式如表 4.5 所示，其中加粗的是 Java 程序中出现频率较高的位运算符。

表 4.5 Java 中的位运算符的功能及使用方式

运算符	说明	实例
&	与	a & b
|	或	a | b
~	取反	~a
^	异或	a ^ b
<<	左移位	a << 2
>>	右移位	b >> 4
>>>	无符号右移位	x >>> 2

下面分别对位逻辑运算符和位移运算符予以介绍。

4.6.1 位逻辑运算符

位逻辑运算符包括“&”“|”“^”“~”，其运算结果如表 4.6 所示。

表 4.6 位逻辑运算符的运算结果

A	B	A&B	A|B	A^B	~A
0	0	0	0	0	1
1	0	0	1	1	0
0	1	0	1	1	1
1	1	1	1	0	0

参照表 4.6 来看一下这 4 个运算符的实际运算过程。

位逻辑与实际上是先将操作数转换成二进制表示方式，然后将两个二进制操作数对象从低位（最右边）到高位对齐，对每位求与。若两个操作数对象同一位都为 1，则结果对应位为 1；否则，结果对应位为 0。例如，12 和 8 经过位逻辑与运算后得到的结果是 8。

```
  0000 0000 0000 1100     （十进制数 12 的原码表示）
& 0000 0000 0000 1000     （十进制数 8 的原码表示）
  0000 0000 0000 1000     （十进制数 8 的原码表示）
```

位逻辑或实际上是先将操作数转换成二进制表示方式，然后将两个二进制操作数对象从低位（最右边）到高位对齐，对每位求或。若两个操作数对象同一位都为 0，则结果对应位为 0；否则，结果对应位为 1。例如，4 和 8 经过位逻辑或运算后得到的结果是 12。

```
  0000 0000 0000 0100     （十进制数 4 的原码表示）
| 0000 0000 0000 1000     （十进制数 8 的原码表示）
  0000 0000 0000 1100     （十进制数 12 的原码表示）
```

位逻辑异或实际上是先将操作数转换成二进制表示方式，然后将两个二进制操作数对象从低位（最右边）到高位对齐，对每位求异或。若两个操作数对象同一位不同，则结果对应位为 1；否则，结果对应位为 0。例如，31 和 22 经过位逻辑异或运算后得到的结果是 9。

```
  0000 0000 0001 1111     （十进制数 31 的原码表示）
^ 0000 0000 0001 0110     （十进制数 22 的原码表示）
  0000 0000 0000 1001     （十进制数 9 的原码表示）
```

位逻辑取反实际上是先将操作数转换成二进制表示方式，然后将各位二进制位由 1 变为 0，由 0 变为 1。例如，123 经过位逻辑取反运算后得到的结果是 −124。

```
~ 0000 0000 0111 1011     （十进制数 123 的原码表示）
  1111 1111 1000 0100     （十进制数 −124 的原码表示）
```

“&”“|”“^”也可以用于逻辑运算，运算结果如表 4.7 所示。

表 4.7　位逻辑运算符用于逻辑运算的运算结果

A	B	A&B	A|B	A^B
true	true	true	true	false
true	false	false	true	true
false	true	false	true	true
false	false	false	false	false

实例4-8 在控制台输出位逻辑运算符用于逻辑运算的运算结果，代码如下。

```
System.out.println("2>3与4!=7的与结果：" + (2 > 3 & 4 != 7));
System.out.println("2>3与4!=7的或结果：" + (2 > 3 | 4 != 7));
System.out.println("2<3与4!=7的异或结果：" + (2 < 3 ^ 4 != 7));
```

上述代码的运行结果如下。

```
2>3与4!=7的与结果：false
2>3与4!=7的或结果：true
2<3与4!=7的异或结果：false
```

4.6.2 位移运算符

位移运算符有 3 个，分别是左移运算符“<<”、右移运算符“>>”和无符号右移运算符“>>>”。在介绍位移运算符前，先来学习什么是二进制数。

所谓二进制数，是指用 0 和 1 来表示的数。例如，十进制数 42 的二进制表示形式为 101010。那么，十进制数如何转换为二进制数呢？以十进制数 42 为例，将十进制数 42 转换成二进制数的过程如图 4.5 所示。

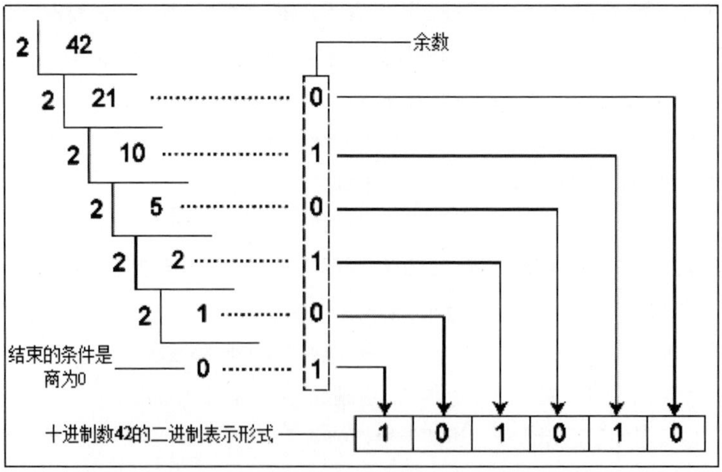

图 4.5　将十进制数 42 转换成二进制数

因为计算机内部表示数的字节单位是定长的，例如 8 位、16 位或 32 位，所以当二进制数的位数不够时，应在高位补 0。十进制数 42 的二进制表示形式为 101010，如果计算机的字长是 8 位，那么 101010 的规范写法为 0010 1010。

如果把十进制数 -42 转换成二进制数，过程又是怎样的呢？先将对应的正整数转换成二进制数，再对二进制数取反，最后对结果加一，具体的转换过程如图 4.6 所示。

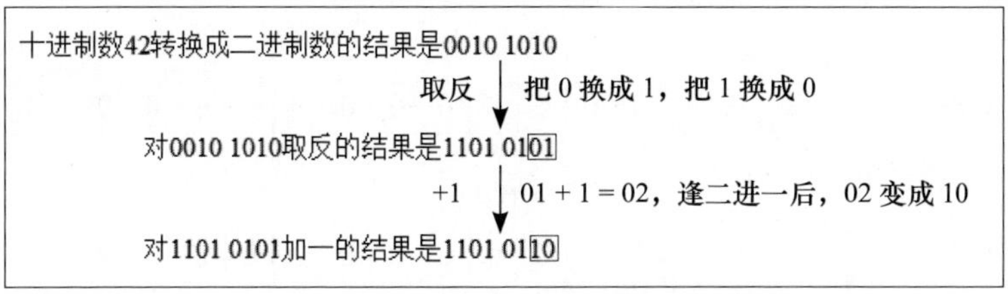

图 4.6　将十进制数 -42 转换成二进制数

综上所述，十进制数 -42 的二进制表示形式为 1101 0110。

掌握“什么是二进制数”和“十进制数是如何转换为二进制数的”这两个内容后，再来学习左移、右移和无符号右移这 3 种运算。

左移运算是将一个二进制操作数对象按指定的位数向左移，左边（高位端）溢出的位被丢弃，右边（低位端）的空位用 0 补充。左移 n 位相当于乘 2^n，如图 4.7 所示。

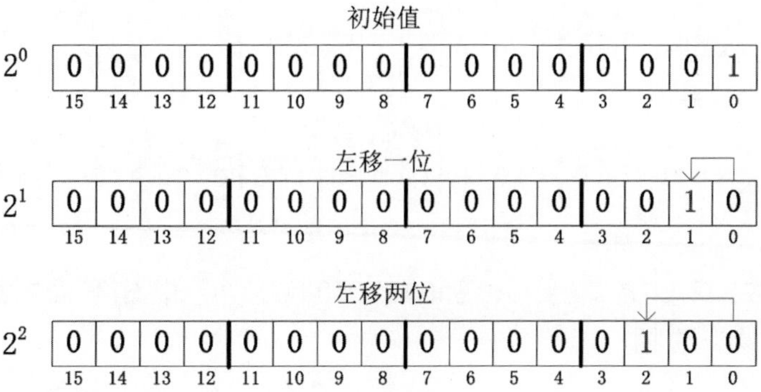

图 4.7　左移运算

例如，short 型整数 9115 的二进制形式是 0010 0011 1001 1011，左移一位变成 18230，左移两位变成 36460，如图 4.8 所示。

图 4.8　左移运算过程

右移运算是将一个二进制数按指定的位数向右移动，右边（低位端）溢出的位被丢弃，左边（高位端）用符号位补充，正数的符号位为 0，负数的符号位为 1。右移 n 位相当于除以 2^n，如图 4.9 所示。

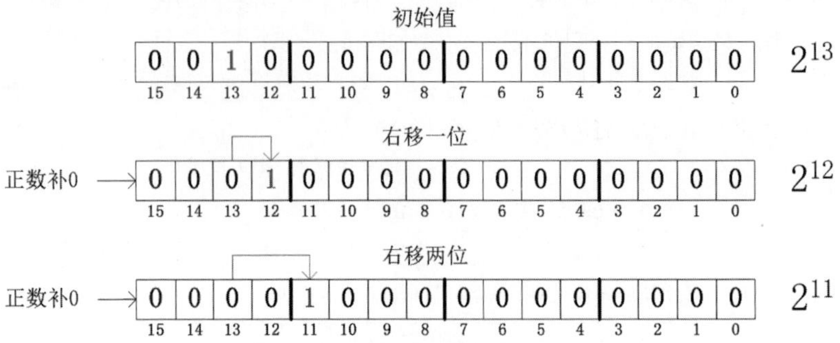

图 4.9　右移运算

例如，short 型整数 9115 的二进制形式是 0010 0011 1001 1011，右移一位变成 4557，右移两位变成 2278，运算过程如图 4.10 所示。

图 4.10　正数右移运算过程

short 型整数 -32766 的二进制形式是 1000 0000 0000 0010，右移一位变成 -16383，右移两位变成 -8192，运算过程如图 4.11 所示。

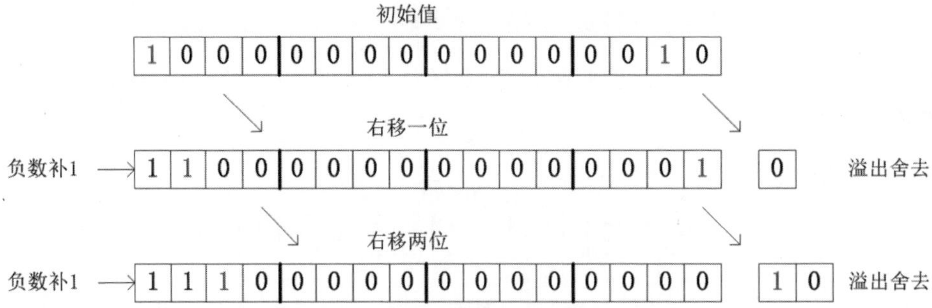

图 4.11　负数右移运算过程

无符号右移运算是将一个二进制的数按指定的位数向右移动，右边（低位端）溢出的位被丢弃，左边（高位端）一律用 0 填充，相当于除以 2 的幂。例如，int 型整数 -32766 的二进制形式是 1111 1111 1111 1111 1000 0000 0000 0010，右移一位变成 2147467265，右移两位变成 1073733632，运算过程如图 4.12 所示。

图 4.12 无符号右移运算过程

实例4-9 使用位移运算符对变量进行位移运算，代码如下。

```
int a = 24;
System.out.println(a + "右移两位的结果：" + (a >> 2));
int b = -16;
System.out.println(b + "左移3位的结果：" + (b << 3));
int c = -256;
System.out.println(c + "无符号右移两位的结果：" + (c >>> 2));
```

上述代码的运行结果如下。

```
24右移两位的结果：6
-16左移3位的结果：-128
-256无符号右移两位的结果：1073741760
```

4.7 复合赋值运算符

所谓复合赋值运算符，就是将赋值运算符“=”与其他运算符合并成一个运算符来使用，从而实现两种运算符的效果。Java 中的复合赋值运算符的功能及使用方式如表 4.8 所示，其中加粗的是 Java 程序中出现频率较高的复合赋值运算符。

表 4.8 Java 中的复合赋值运算符的功能及使用方式

运算符	说明	实例	等价结果
+=	把相加结果赋予“=”左侧	a += b;	a = a + b;
-=	把相减结果赋予“=”左侧	a -= b;	a = a - b;
*=	把相乘结果赋予“=”左侧	a *= b;	a = a * b;
/=	把相除结果赋予“=”左侧	a /= b;	a = a / b;
%=	把取余结果赋予“=”左侧	a %= b;	a = a % b;
&=	把与结果赋予“=”左侧	a &= b;	a = a & b;

续表

运算符	说明	实例	等价结果
|=	把或结果赋予“=”左侧	a |= b;	a = a | b;
^=	把异或结果赋予“=”左侧	a ^= b;	a = a ^ b;
<<=	把左移结果赋予“=”左侧	a <<= b;	a = a << b;
>>=	把右移结果赋予“=”左侧	a >>= b;	a = a >> b;
>>>=	把无符号右移结果赋予“=”左侧	a >>>= b;	a = a >>> b;

以“+=”为例，虽然“a += 1”与“a = a + 1”的计算结果是相同的，但是在不同的场景下，两种运算符有各自的优势和劣势。

以 byte 型数值为例，定义一个值为 1 的 byte 型变量 a，再编写代码“a = a + 1;”，Eclipse 将报错，错误提示如图 4.13 所示。

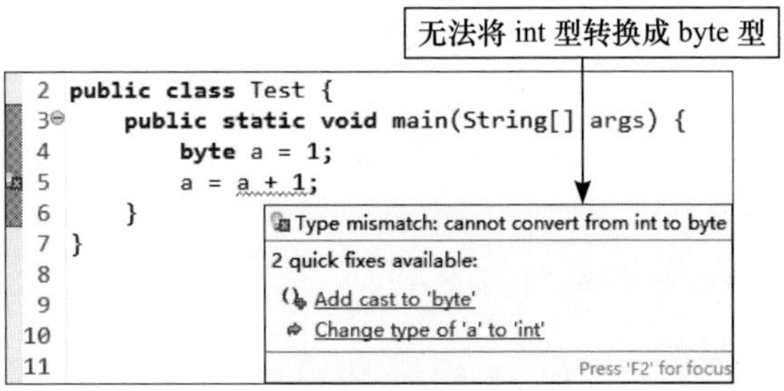

Type mismatch: cannot convert from int to byte

图 4.13 错误提示

在没有进行强制类型转换的情况下，“a+1”的结果是一个 int 型数值，无法直接赋给一个 byte 型变量。但是如果使用“+=”实现递增计算，Eclipse 将不会报错，如图 4.14 所示。

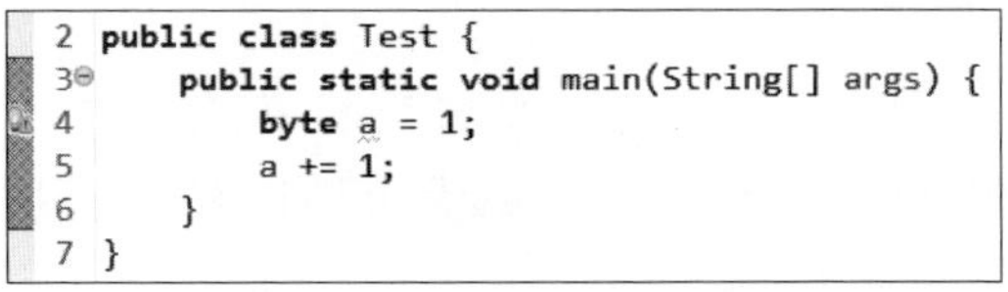

2 public class Test {
3 public static void main(String[] args) {
4 byte a = 1;
5 a += 1;
6 }
7 }

图 4.14 Eclipse 不报错

“+=”虽然简洁、强大，但是有些时候是不好用的，例如下面这条语句。

```
a = (2 + 3 - 4) * 92 / 6;
```

上面这条语句如果改成使用复合赋值运算符就变得非常烦琐。

```
a += 2;
a += 3;
a -= 4;
a *= 92;
a /= 6;
```

注意

复合赋值运算符中两个符号之间没有空格，不要写成“a +　= 1 ;”这样错误的格式。

4.8　三元运算符

三元运算符的语法格式如下。

```
条件式 ? 值1 : 值2
```

对于三元运算符，若条件式的值为 true，则整个表达式取“值 1”；否则，则取“值 2”，例如以下代码。

```
boolean b = 20 < 45 ? true : false;
```

如上例所示，表达式“20<45”的运算结果为真，那么 boolean 型变量 b 的值为 true；如果表达式“20<45”的运算结果为假，则 boolean 型变量 b 的值为 false。

实例4-10 三元运算符等价于 if...else 语句，语句“boolean b = 20 < 45 ? true : false;”转换为 if...else 语句的代码如下。

```
boolean b;                  // 声明boolean型变量
if (20 < 45) {              // 将20<45作为判断条件
    b = true;               // 若条件成立，将true赋给b
} else {
    b = false;              // 若条件不成立，将false赋给b
}
```

说明

if...else 语句的其他知识点将在本书第 5 章予以介绍。

4.9　圆括号

使用圆括号能够更改运算的优先级，进而得到不同的运算结果。例如，分别定义值为 2 和 3 的 int 型变量 a、b，表达式“a * b + 5”和“a * (b + 5)”的运算结果如图 4.15 所示。

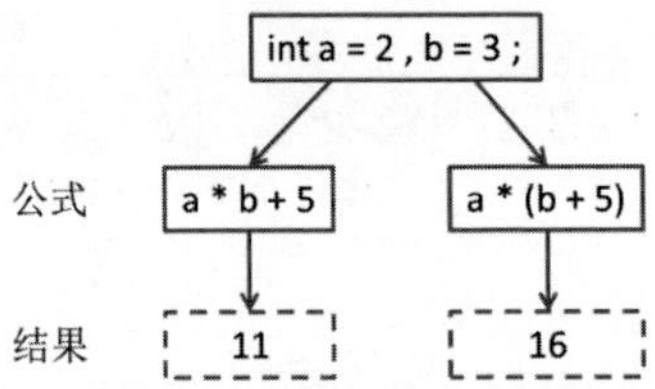

图 4.15　使用圆括号更改运算的优先级

圆括号也常用于调整代码格式，以提高代码的可读性，例如下列表达式。

```
a = 7 >> 5 * 6 ^ 9 / 3 * 5 + 4;
```

上述表达式既复杂又难读，而且很容易估错计算结果，影响后续代码的执行。

为了提高上述表达式的可读性，可以把上述表达式用圆括号括起来。在不改变任何运算优先级的前提下，上述表达式可更改为如下表达式。

```
a = (7 >> (5 * 6)) ^ ((9 / 3 * 5) + 4);
```

4.10　运算符优先级

Java 中的表达式是指使用运算符连接起来的符合 Java 运算规则的表达式。运算符的优先级决定了表达式中运算的先后顺序。在 Java 中，运算符的优先级由高到低依次是增量和减量运算符、算术运算符、比较运算符、逻辑运算符与赋值运算符。

如果两个表达式具有相同的优先级，那么左边的表达式要比右边的表达式先被运算。表 4.9 所示为 Java 中的运算符的优先级，读者可以在编写程序的过程中进行参考。

表 4.9　Java 中的运算符的优先级

优先级	描述	运算符
1	括号	()
2	正负号	+、-
3	一元运算符	++、--、!
4	乘除	*、/、%
5	加减	+、-
6	移位运算	>>、>>>、<<
7	比较大小	<、>、>=、<=
8	比较是否相等	= =、! =
9	按位与运算	&

续表

优先级	描述	运算符
10	按位异或运算	^
11	按位或运算	|
12	逻辑与运算	&&
13	逻辑或运算	||
14	三元运算符	? :
15	赋值运算符	=

! 多学两招

在编写程序时，要尽量使用圆括号“()”限定运算的优先级，以免产生错误的运算结果。

动手练一练

1. 小李每月的工资是 4500 元，每月的奖金是 1000 元，每月要缴纳的五险一金是 500 元，请计算小李每月的最终收入。
2. 应用除法运算符可以计算两个数的商，应用取余运算符可以计算两个数相除所得的余数。请使用这两个运算符做一个数字转置的练习，将 123 的顺序前后颠倒后输出，运行结果如图 4.16 所示。

图 4.16　数字转置

3. 当分数大于或等于 60 时，成绩及格；否则，不及格。某学生的成绩是 80 分，请使用三元运算符判断这名学生的成绩是否及格。
4. 向手机中充值 10 元，通话费用为 0.2 元 / 分，通话时长是 30 分；流量使用 10MB，流量费用为 0.3 元 / MB，请计算话费余额还可以通话的时长。
5. 一辆货车的车厢长 400cm，宽 160cm，高 130cm，现有 100 个直径约为 23cm 的西瓜，这辆货车能装多少个西瓜？

第 5 章

流程控制语句

Java 程序之所以能够按照开发人员的想法执行，是因为程序中存在控制语句。控制语句能够改变程序执行顺序。在 Java 中，控制语句分为分支和循环两类。其中，分支的作用是根据判断的结果（真或假）决定要执行的一段语句序列；循环的作用是在满足一定条件时，反复执行一段语句序列。本章将对控制语句中的分支和循环分别予以详解。

5.1　分支结构

所谓分支结构，指的是程序根据不同的条件执行不同的语句。如果把一个正在运行的程序比作一个小孩乘坐公交车，那么这个程序将有两个分支：一个分支是如果这个小孩的身高高于 1.2m，那么他需要购票；另一个分支是如果这个小孩的身高低于或等于 1.2m，那么他可以免费乘车。在 Java 中，分支结构包含 if 语句和 switch 语句。

5.1.1　if 语句

if 语句只有一个分支，即满足条件时执行 if 语句后“{}”中的语句序列；否则，不执行 if 语句后“{}”中的语句序列。if 语句的语法格式如下。

```
if (条件表达式或者布尔值) {
    语句序列 1
}
语句序列 2
```

说明

条件表达式的返回值必须是 true 或者 false。如果条件表达式的返回值是 true，那么程序先执行语句序列 1，再执行语句序列 2。如果条件表达式的返回值是 false，那么程序不执行语句序列 1，直接执行语句序列 2。

在使用 if 语句时，要注意以下两个问题。

首先，省略必要的“{}”。

如果“{}”中只有一条语句，那么可以省略“{}”。

例如，有如下代码。

```
if (salary <= 5000) { // 如果输入的工资不超过5000元
    System.out.println("只扣除“五险一金”"); ——→ 只有一条语句
}
```

因为上述代码的“{}”中只有一条语句，所以“{}”能够省略。省略“{}”后的代码如下。

```
if (salary <= 5000) // 如果输入的工资不超过5000元
    System.out.println("只扣除“五险一金”");
```

其次，条件表达式后不可以出现分号。

在条件表达式后加上一个分号会被看作一个逻辑错误。这个错误既不是编译错误，也不是运行错误，而且 Eclipse 不会予以报错，如图 5.1 所示。因此，这个错误很难被发现。

```
if (salary <= 5000); // 如果输入的工资不超过5000元
{
    System.out.println("只扣除“五险一金”");
}
```

图 5.1　条件表达式后出现分号

为了避免出现图 5.1 所示的这类错误，建议读者在编写 if 语句时不要换行，代码格式如下。

```
if (salary <= 5000) { // 如果输入的工资不超过5000元
    System.out.println("只扣除“五险一金”");
}
```

5.1.2　if...else 语句

if...else 语句有两个分支，即满足条件时，执行一个语句序列；否则，执行另一个语句序列。也就是说，if...else 语句适用于“非 A 即 B”的各个场景。if...else 语句的语法格式如下。

```
if (条件表达式) {
    语句序列1
} else {
    语句序列2
```

```
}
语句序列 3
```

说明

如果条件表达式的返回值是 true，那么程序先执行语句序列 1，再执行语句序列 3。如果条件表达式的返回值是 false，那么程序先执行语句序列 2，再执行语句序列 3。if...else 语句的流程图如图 5.2 所示。

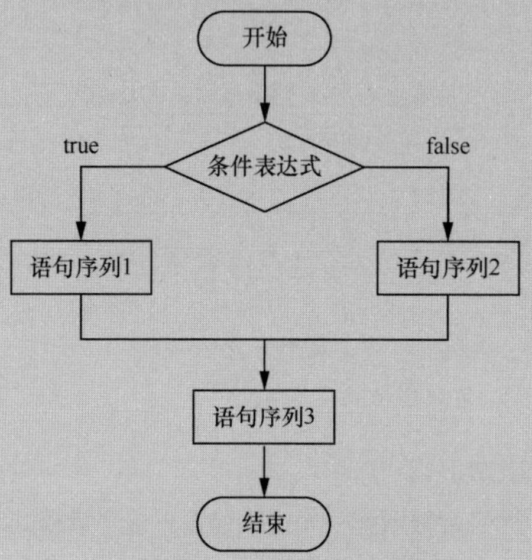

图 5.2　if...else 语句的流程图

如果使用两个 if 语句分别描述了工资不超过 5000 元和超过 5000 元的情况，这样的编码结构略显笨拙。因为程序需要进行两次判断，即先判断工资是否不超过 5000 元，再判断工资是否超过 5000 元，代码如下。

```
if (salary <= 5000) { // 如果输入的工资不超过5000元
    System.out.println("只扣除“五险一金”");
}
if (salary > 5000) { // 如果输入的工资超过5000元
    System.out.println("除扣除“五险一金”外，还要缴纳个人所得税");
}
```

如果使用 if...else 语句改写上述代码，就能够将程序从进行两次判断改善为仅进行一次判断，代码如下。

```
if (salary <= 5000) { // 如果输入的工资不超过5000元
    System.out.println("只扣除“五险一金”");
} else { // 如果输入的工资超过5000元
    System.out.println("除扣除“五险一金”外，还要缴纳个人所得税");
}
```

具体的判断过程如下：如果工资不超过 5000 元，那么只扣除“五险一金”；反之，除扣除“五险一金”外，还要缴纳个人所得税。

5.1.3　嵌套 if...else 语句和多分支 if...else 语句

在讲解嵌套 if...else 语句之前，先来了解 2018 年个人所得税（简称个税）起征点升至 5000 元 / 月后，个税的征收级距发生的变化，个税征收级距如表 5.1 所示。

表 5.1　个税征收级距

征收级距（与 5000 元作差后的结果）/ 月	税率 /%
不超过 3000 元	3
超过 3000 元至 12000 元的部分	10
超过 12000 元至 25000 元的部分	20
超过 25000 元至 35000 元的部分	25
超过 35000 元至 55000 元的部分	30
超过 55000 元至 80000 元的部分	35
超过 80000 元的部分	45

实例5-1 单独使用上文介绍的 if...else 语句，无法描述表 5.1 所示的“征收级距”。但是，如果把一个 if...else 语句置于另一个 if...else 语句中，构成嵌套的 if...else 语句，就可予以描述，代码如下。

```
double intervals = salary - 5000; // 与5000元作差后的结果
System.out.print(“查询结果:”); // 提示信息
if (intervals <= 3000) { // 结果不超过3000元
    System.out.println("需缴纳3%的个税");
} else { // 结果超过3000元
    if (intervals <= 12000) { // 结果不超过12000元
        System.out.println("需缴纳10%的个税");
    } else { // 结果超过12000元
        if (intervals <= 25000) { // 结果不超过25000元
            System.out.println("需缴纳20%的个税");
        } else { // 结果超过25000元
            if (intervals <= 35000) { // 结果不超过35000元
                System.out.println("需缴纳25%的个税");
            } else { // 结果超过35000元
                if (intervals <= 55000) { // 结果不超过55000元
                    System.out.println("需缴纳30%的个税");
                } else { // 结果超过55000元
                    if (intervals <= 80000) { // 结果不超过80000元
                        System.out.println("需缴纳35%的个税");
                    } else { // 结果超过80000元
                        System.out.println("需缴纳45%的个税");
                    }
                }
            }
        }
    }
}
```

表示"征收级距"

嵌套的 if...else 语句

在上述嵌套的 if...else 语句中，包含 6 个条件表达式。程序根据用户在控制台上输入的工资金额，测试第一个条件表达式“intervals <= 3000”，如果返回值为 true，那么需缴纳 3% 的个税；反之，程序将测试第二个条件表达式“intervals <= 12000”。以此类推，如果 6 个条件表达式的返回值均为 false，那么需缴纳 45% 的个税。

综上，对于嵌套的 if...else 语句，只有在前一个条件表达式返回 false 的情况下，程序才会测试下一个条件表达式。

嵌套的 if...else 语句虽然能够实现多重选择，但是会占用大量的编码篇幅，使得程序不易阅读。那么使用什么语句既可以实现相同的功能，又能减少代码量呢？答案就是多分支 if...else 语句。多分支 if...else 语句的语法格式如下。

```
if(条件表达式1) {
    语句序列1;
} else if(条件表达式2) {
    语句序列2;
}
... // 多个else if语句
} else {
    语句序列n;
}
```

多分支 if...else 语句的执行流程如图 5.3 所示。

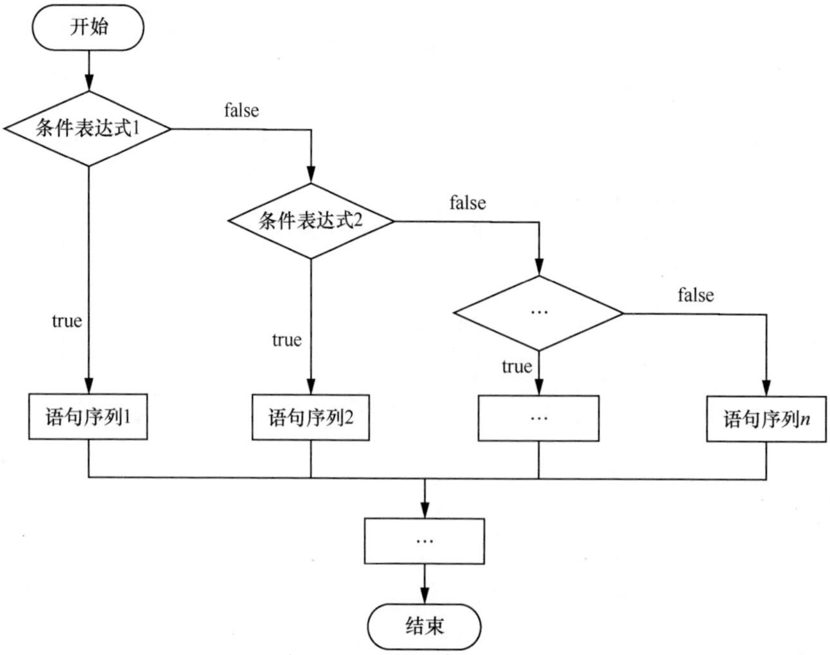

图 5.3　多分支 if...else 语句的执行流程

实例5-2 多分支 if...else 语句和嵌套的 if...else 语句的作用是等价的，都能实现多重选择。使用多分支 if...else 语句替换上述嵌套的 if...else 语句，代码如下。

```
if (intervals <= 3000) { // 结果不超过3000元
    System.out.println("需缴纳3%的个税");
} else if (intervals <= 12000) { // 结果不超过12000元
    System.out.println("需缴纳10%的个税");
} else if (intervals <= 25000) { // 结果不超过25000元
    System.out.println("需缴纳20%的个税");
} else if (intervals <= 35000) { // 结果不超过35000元
    System.out.println("需缴纳25%的个税");
} else if (intervals <= 55000) { // 结果不超过55000元
    System.out.println("需缴纳30%的个税");
} else if (intervals <= 80000) { // 结果不超过80000元
    System.out.println("需缴纳35%的个税");
} else { // 结果超过80000元
    System.out.println("需缴纳45%的个税");
}
```

上述代码的运行结果如图 5.4 所示

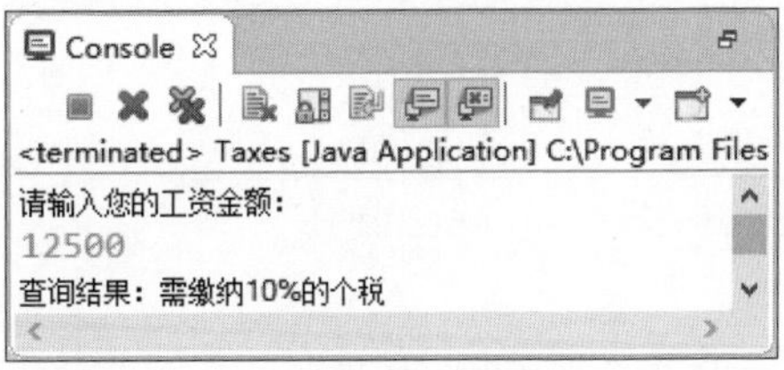

图 5.4　运行结果

不难看出，使用多分支 if...else 语句的好处在于能够避免代码缩进，使程序简单易读。在程序设计过程中，推荐使用多分支 if...else 语句。

5.1.4　switch 语句

除嵌套 if...else 语句和多分支 if...else 语句外，Java 还提供了更简洁明了的 switch 语句，用于实现多重选择。switch 多分支语句的语法格式如下。

```
switch (用于判断的参数) {
case 值1 : 语句序列1; [break;]
case 值2 : 语句序列2; [break;]
...
case 值n : 语句序列n-1; [break;]
default : 语句序列n; [break;]
}
```

注意

switch 多分支语句中的参数类型必须是整数类型、字符类型、枚举类型或字符串类型。

说明

当参数的值与 case 语句后的值相匹配时，程序开始执行当前 case 语句后的语句序列；当遇到 break 关键字时，程序将跳出 switch 多分支语句。

当参数的值与 case 语句后的值均不匹配时，程序将执行 default 后的语句序列。其中，default 后的语句序列被称作默认情况下被执行的语句序列。

实例5-3 掌握了上述内容后，现使用 switch 语句编写一个程序，根据表 5.1 所示的数据，当用户在控制台上输入需缴纳的个税百分比时，控制台输出相匹配的当月的工资范围，具体代码如下。

```
import java.util.Scanner; // 导入Scanner类
public class Taxes { // 创建Taxes（税金）类
    public static void main(String[] args) {
        System.out.println("请输入您需缴纳的个税百分比（%）："); // 提示信息
        Scanner sc = new Scanner(System.in); // 用于控制台输入
        int percent = sc.nextInt(); // 表示用户输入的个税百分比
        System.out.print("您当月的工资范围（元）："); // 提示信息
        switch (percent) {
        case 0: // 用户输入的个税百分比为0%
            System.out.println("0~5000");
            break;
        case 3: // 用户输入的个税百分比为3%
            System.out.println("5000~8000");
            break;
        case 10: // 用户输入的个税百分比为10%
            System.out.println("8000~17000");
            break;
        case 20: // 用户输入的个税百分比为20%
            System.out.println("17000~30000");
            break;
        case 25: // 用户输入的个税百分比为25%
            System.out.println("30000~40000");
            break;
        case 30: // 用户输入的个税百分比为30%
            System.out.println("40000~60000");
            break;
```

参数 percent 的数据类型是 int 型

```
        case 35: // 用户输入的个税百分比为35%
            System.out.println("60000~85000");
            break;
        case 45: // 用户输入的个税百分比为45%
            System.out.println("85000以上");
            break;
        default: // 用户输入的个税百分比不是上述case语句后的值
            System.out.println("查询无结果！ \n请查阅个税百分比后再输入");
            break;
        }
        sc.close(); // 关闭控制台输入
    }
}
```

参数 percent 的数据类型是 int 型

上述代码的运行结果如图 5.5 所示。

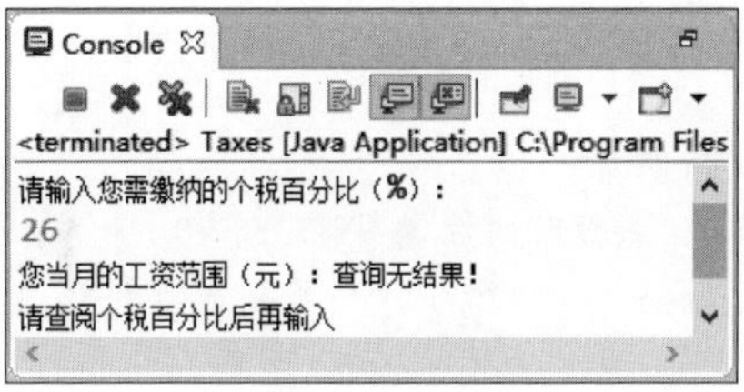

图 5.5　运行结果

5.2　循环结构

循环结构可以简单地理解为让程序重复地执行一个语句序列，其中语句序列被重复执行的次数是可控的。就像在电子表上读秒数一样，每一分都从整数 0 读到 59。Java 提供了 3 种循环结构——while 循环、do...while 循环和 for 循环。下面对这 3 种循环结构分别予以讲解。

5.2.1　while 循环

while 循环由条件表达式和 while 后面“{}”中的语句序列组成。while 循环的语法格式如下。

```
while (条件表达式) {
    语句序列;
}
```

条件表达式控制着 while 后面“{}”中的语句序列的执行。当条件表达式的返回值为 true 时，语句序列将被重复执行；当条件表达式的返回值为 false 时，while 循环结束，程序将执行 while 循环后的其他语句序列。while 循环的流程图如图 5.6 所示。

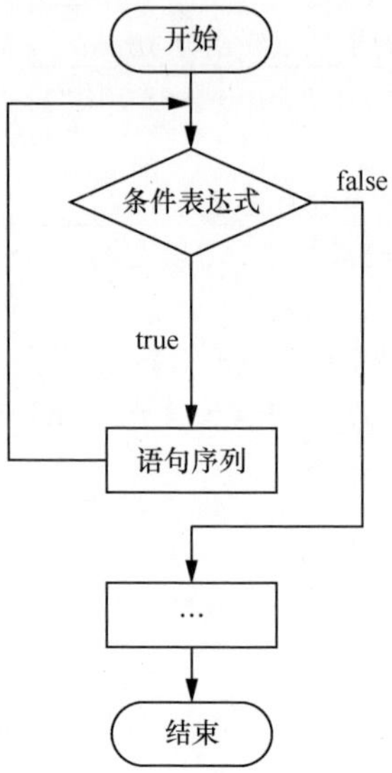

图 5.6　while 循环的流程图

实例5-4 现使用 while 循环模拟体育课上老师要求学生进行整数 1 ~ 20 的报数过程，代码如下。

```
int number = 1; // 报数从1开始
while (number <= 20) { // 报数时的数值不能超过20
    System.out.print(number + " "); // 控制台输出number的值
    number++; // 相当于“number = number + 1;”
}
```

上述代码的运行结果如下。

```
1 2 3 4 5 6 7 8 9 10 11 12 13 14 15 16 17 18 19 20
```

在使用 while 循环时，要避免以下几个常见错误。

首先，如果在条件表达式后使用了分号，那么 while 循环将过早地结束，并且其中的语句序列将被视为空序列。以报数为例，在“while (number <= 20)”后加分号，代码如下。

```
int number = 1;
while (number <= 20); ——> 在条件表达式后加分号
```

上述代码等价于如下代码。

```
int number = 1;
while (number <= 20) {}; ——> 语句序列将被视为空序列
```

其次，要避免无限循环。

如果把实例 5-4 中的“number++”删掉，代码如下。

```
int number = 1; // 报数从1开始
while (number <= 20) { // 报数时的数值不能超过20
```

```
    System.out.print(number + " "); // 控制台输出number的值
}
```

上述代码的运行结果如图 5.7 所示。

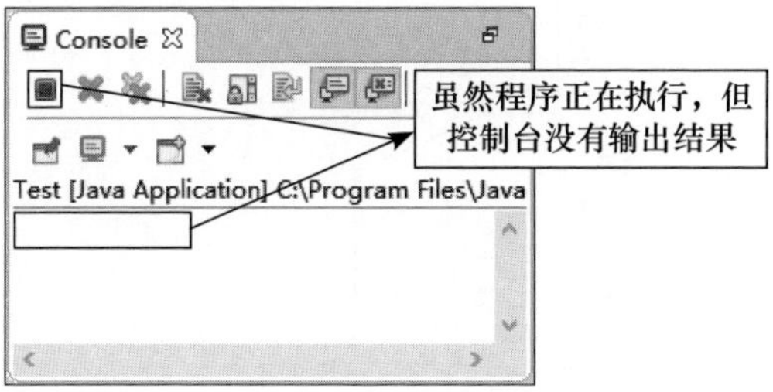

图 5.7　删掉“number++”后的运行结果

这是因为 number 的值始终为 1，所以“number <= 20”的返回值始终为 true，while 循环就会始终被执行，成为无限循环。无限循环是一个常见的程序设计错误，读者要尽量避免。

另外，在程序设计过程中，开发人员经常会使循环多执行一次或少执行一次，这类错误被称为“差一错误”。要避免“差一错误”。在实例 5-4 中，如果把“number <= 20”写作“number < 20”，代码如下。

```
int number = 1; // 报数从1开始
while (number < 20) { // 报数时的数值不能超过20
    System.out.print(number + " "); // 控制台输出number的值
    number++; // 相当于“number = number + 1;”
}
```

上述代码的运行结果如下。

```
1 2 3 4 5 6 7 8 9 10 11 12 13 14 15 16 17 18 19
```

本实例要模拟的是整数 1 ~ 20 的报数过程，但运行结果是整数 1 ~ 19 的报数过程，这说明条件表达式被修改为“number < 20”后，循环少执行了一次。

5.2.2　do...while 循环

do...while 循环和 while 循环的组成部分是相同的，不同的是 do...while 循环先执行一次 do 后面的“{}”中的语句序列，再对条件表达式进行判断。如果条件表达式的返回值为 true，那么重复执行语句序列；如果条件表达式的返回值为 false，那么 do...while 循环结束。do...while 循环的流程图如图 5.8 所示。

do...while 循环可以理解为是由 while 循环演变而来的。do...while 循环的语法格式如下。

```
do {
    语句序列;
} while (条件表达式);
```

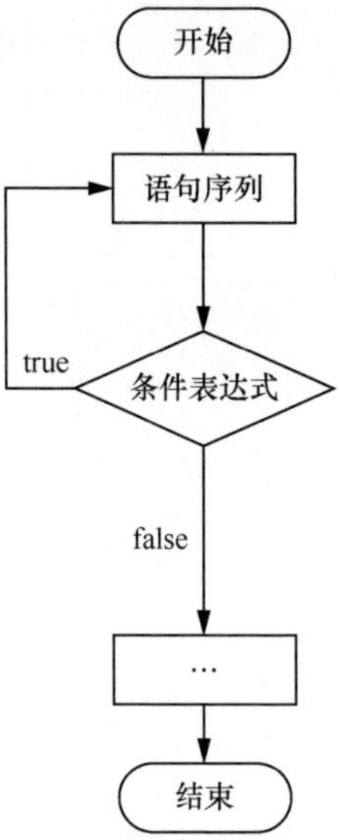

图 5.8　do...while 循环的流程图

> **注意**
>
> do...while 循环结尾处的分号不能省略。

那么，什么时候使用 do...while 循环呢？如果循环中的语句序列至少要被执行一次，那么建议使用 do...while 循环。

实例5-5 用 do...while 循环编写一个程序，计算整数 1 ~ 20 的累加和，代码如下。

```
int number = 1; // 起始数字为1
int sum = 0; // 初始时，和为0
do {
    sum = sum + number; // 从1开始求和
    number++; // 等价于“number = number + 1;”
} while (number <= 20); // 如果number的值超过20，do...while循环结束
```

使用输出语句输出上述代码中的 sum 值，输出结果如下。

```
sum值为210
```

5.2.3　for 循环

在程序设计中，for 循环经常被用到。for 循环由初始化语句、判断条件语句和控制条件语句组成，并且使用英文格式下的分号将各个组成部分分隔开。for 循环的语法格式如下。

```
for (初始化语句; 判断条件语句; 控制条件语句) {
    语句序列;
}
```

当程序执行至 for 循环时，首先执行初始化语句；然后执行判断条件语句，如果判断条件语句的返回值为 true，则执行 for 循环中的语句序列，否则结束 for 循环；for 循环中的语句序列被执行后，执行控制条件语句；最后程序返回判断条件语句，根据判断条件语句的返回值，判断是否继续执行 for 循环中的语句序列。for 循环的流程图如图 5.9 所示。

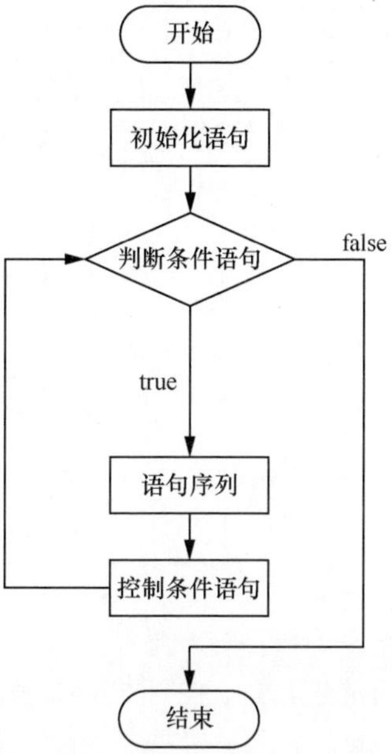

图 5.9　for 循环的执行流程

如果一个 for 循环同时省略了初始化语句、判断条件语句和控制条件语句这 3 个组成部分，那么这个 for 循环被称作无限循环，代码如下。

```
for ( ; ; ) {
    // 语句序列
}
```

注意

虽然上述 for 循环省略了判断条件语句，但是省略的判断条件语句会被看作 true。因此，上述 for 循环也可写作如下格式。

```
for ( ;true; ) {
    // 语句序列
}
```

5.2.4　嵌套 for 循环

当一个 for 循环被用在另一个 for 循环中时，就形成了嵌套 for 循环。嵌套 for 循环由一个外层 for 循环和一个或多个内层 for 循环组成。每当重复执行一次外层 for 循环时，程序就再次进入内层 for 循环。

实例5-6 现使用嵌套 for 循环在控制台上输出图 5.10 所示的九九乘法表。

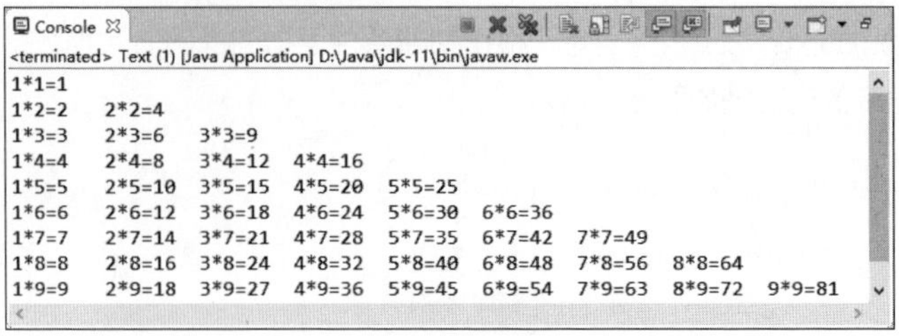
Console
<terminated> Text (1) [Java Application] D:\Java\jdk-11\bin\javaw.exe
1*1=1
1*2=2 2*2=4
1*3=3 2*3=6 3*3=9
1*4=4 2*4=8 3*4=12 4*4=16
1*5=5 2*5=10 3*5=15 4*5=20 5*5=25
1*6=6 2*6=12 3*6=18 4*6=24 5*6=30 6*6=36
1*7=7 2*7=14 3*7=21 4*7=28 5*7=35 6*7=42 7*7=49
1*8=8 2*8=16 3*8=24 4*8=32 5*8=40 6*8=48 7*8=56 8*8=64
1*9=9 2*9=18 3*9=27 4*9=36 5*9=45 6*9=54 7*9=63 8*9=72 9*9=81

图 5.10 九九乘法表

代码如下。

```
for(int i = 1;i <= 9;i++){ // i的取值范围是整数1~9
    for (int j = 1;j <= i;j++){ // j的取值范围是整数1~9
        // 不换行输出乘法表
        System.out.print(j + "*" + i + "=" + i * j + "\t");
    }
    System.out.println(); // 在外层循环中换行
}
```

对于上述代码，控制外层 for 循环的变量是 i，控制内层 for 循环的变量是 j。在内层 for 循环中，针对每个 i 值，j 依次取整数 1 ~ 9，这样就能够在每一行输出“i * j”的值。

5.3 控制循环结构

Java 提供了 break、continue 和 return 等关键字，用于控制程序在循环结构中的执行流程。因此，开发人员运用这些关键字能够让程序设计更方便、更简洁。本节将分别讲解 break 语句、continue 语句的用法。

5.3.1 break 语句

在 switch 语句中，break 语句能够使程序跳出 switch 多分支语句。如果 break 语句用在循环结构中，那么当程序遇到 break 语句时，会结束当前循环。break 语句有两种形式：一种是不带标签的 break 语句；另一种是带标签的 break 语句。

1. 不带标签的 break 语句

实例5-7 编写一个程序模拟一道奥数题，对 1 ~ 100 内的整数求和，在控制台上输出当和大于 1000 时的整数值，代码如下。

```
int max = 1000; // 最大和
int sum = 0; // 初始时和为0
```

```
for (int i = 1; i <= 100; i++) { // i的取值范围是整数1~100
    sum += i;
    if (sum > max) { // 如果已经求得的和大于1000
        System.out.println("和为" + sum + "时的整数值为" + i);
        break; // 结束for循环
    }
}
```

上述代码的运行结果如下。

```
和为1035时的整数值为45
```

若不使用 break 语句，上述代码的运行结果如下。

```
和为1035时的整数值为45
和为1081时的整数值为46
...
和为4950时的整数值为99
和为5050时的整数值为100
```

综上，因为在程序中使用了 break 语句，所以当和大于 1000 时，for 循环就会结束。如果省略了 break 语句，那么程序将陆续输出 1 ~ 100 内和大于 1000 时的所有整数值。

2．带标签的 break 语句

带标签的 break 语句常用于嵌套 for 循环。使用带标签的 break 语句之前，开发人员要为某个 for 循环添加标签（标签属于标识符的一种，能够被程序识别），再使用“break 标签名 ;”语句指定 break 语句结束添加标签的 for 循环。

实例5-8 一辆油电混合轿车在充满电的情况下，纯电动模式以 80km/h 的速度匀速行驶，可行驶 8h；8h 后，还可以用汽油继续行驶 100km。使用带标签的 break 编写一个程序：在这辆车的剩余电量只能让其行驶 5h，且油箱里没有可用的汽油的情况下，如图 5.11 所示，在控制台上输出这辆车的行驶过程。

图 5.11　一辆油电混合轿车的实时信息

关键代码如下。

```
int leftTime = 5; // 这辆车的剩余电量只能让其行驶5h
boolean oilOrNot = false; // 油箱里没有可用的汽油
loop: // 标签名为loop，用来标记其紧邻的for循环
for (int i = 1; i <= 8; i++) { // 这辆车在充满电的情况下，以纯电动的模式可行驶8h
    System.out.println("已行驶" + i + "h"); // 记录已行驶的时间
    if (i == leftTime) { // 这辆车已行驶5h
```

```
        for (int j = 0; j <= 100; j++) { // 这辆车用汽油还可以继续行驶100km
            if (oilOrNot == false) { // 油箱里没有可用的汽油
                // 提示信息
                System.out.println("油箱里没有可用的汽油，不能继续行驶。");
                break loop; // 结束loop标记的for循环
            }
        }
    }
}
```

这辆车的行驶过程如下。

```
已行驶1h
...
已行驶5h
油箱里没有可用的汽油，不能继续行驶。
```

注意

标签名的首字母一般为小写字母。此外，标签必须紧邻被其标记的 for 循环。正确的两种编码格式如下。

格式一如下。

```
loop:
// 这辆车在充满电的情况下，以纯电动的模式可行驶8h
for (int i = 1; i <= 8; i++) {
    // 语句序列
}
```

格式二如下。

```
// 这辆车在充满电的情况下，以纯电动的模式可行驶8h
loop: for (int i = 1; i <= 8; i++) {
    // 语句序列
}
```

实例5-9 对于实例 5-8 而言，如果不使用带标签的 break 语句，程序的运行结果会有哪些变化？关键代码如下。

```
int leftTime = 5; // 这辆车的剩余电量只能让其行驶5h
boolean oilOrNot = false; // 油箱里没有可用的汽油
for (int i = 1; i <= 8; i++) { // 这辆车在充满电的情况下，以纯电动的模式可行驶8h
    System.out.println("已行驶" + i + "h"); // 记录已行驶的时间
```

```
    if (i == leftTime) { // 这辆车已行驶5h
        for (int j = 0; j <= 100; j++) { // 这辆车用汽油还可以继续行驶100km
            if (oilOrNot == false) { // 油箱里没有可用的汽油
                // 提示信息
                System.out.println("油箱里没有可用的汽油，不能继续行驶。");
                break;
            }
        }
    }
}
```

上述代码的运行结果如下。

```
已行驶1h
...
已行驶5h
油箱里没有可用的汽油，不能继续行驶。
已行驶6h
已行驶7h
已行驶8h  ——→ 不应该被输出的行驶记录
```

综上，使用不带标签的 break 语句不能准确地记录这辆车的行驶过程。

5.3.2 continue 语句

在 for、while 和 do...while 循环中，当程序遇到 continue 语句时，先结束本次循环，再立即验证判断条件语句的返回值。如果返回值为 true，那么将执行下一次循环；如果返回值为 false，那么循环结束。也就是说，continue 语句不会像 break 语句一样立即结束循环。

实例5-10 使用 continue 语句编写一个程序，计算 1 ~ 100 内所有偶数的和，关键代码如下。

```
int sum = 0; // 初始时和为0
for (int i = 1; i <= 100; i++) { // i的取值范围为1~100
    if (i % 2 != 0) { // 如果i是奇数
        continue; // 结束本次循环
    }
    sum += i; // 如果i是偶数，开始求和。等价于“sum = sum + i;”
}
System.out.println("2 + 4 + ... + 100 = " + sum); // 输出1 ~ 100内所有偶数的和
```

上述代码的运行结果如下。

```
2 + 4 + ... + 100 = 2550
```

动手练一练

1. 按照从大到小排序。先在控制台上分别输入 3 个整数，再使用 if 语句按照从大到小的顺序输出这 3 个整数。运行结果如图 5.12 所示。

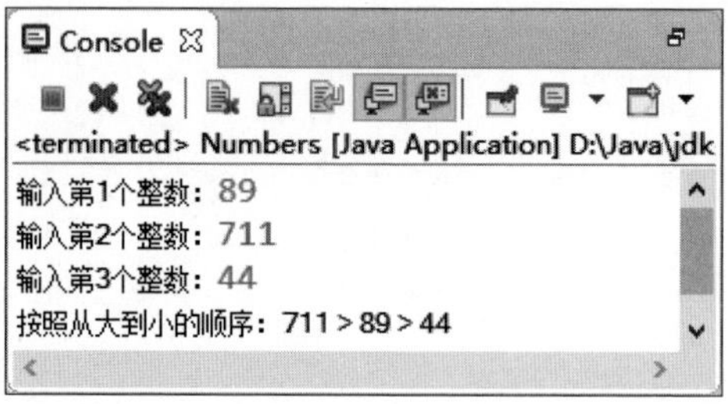

图 5.12　按照从大到小的顺序输出 3 个整数

2. 判断控制台输入的结果是否正确。首先，在控制台上输入两个整数 num1 和 num2，如果 num1 小于 num2，那么使用 if 语句交换 num1 和 num2 的值。然后，控制台输出“num1 - num2 = ”，在控制台上输入结果后，程序将使用 if...else 语句判断输入的结果是否正确。运行结果如图 5.13 所示。

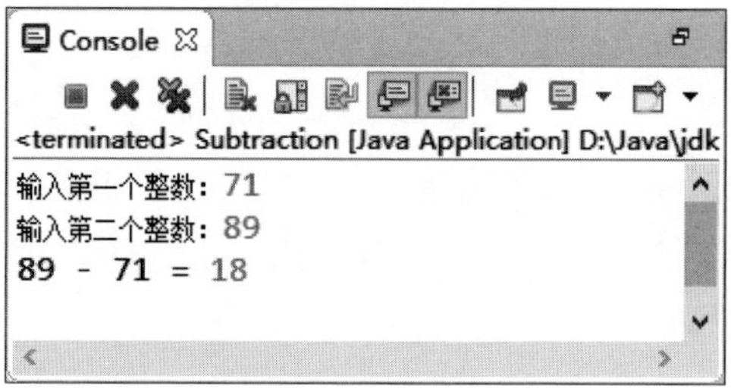

图 5.13　两个整数相减

3. 查询商品价格并计算总金额。使用 while 循环，当输入“true”时，循环输入商品编号，程序将显示对应的商品价格；当输入“false”时，程序将结束循环并计算商品总金额。运行结果如图 5.14 所示。

图 5.14　查询商品价格并计算总金额

4. 使用 do...while 循环，让控制台输出摄氏温度与华氏温度的对照表。对照表包含摄氏温度 -30 ~ 50℃及其对应的华氏温度，每行间隔 10℃，运行结果如图 5.15 所示。

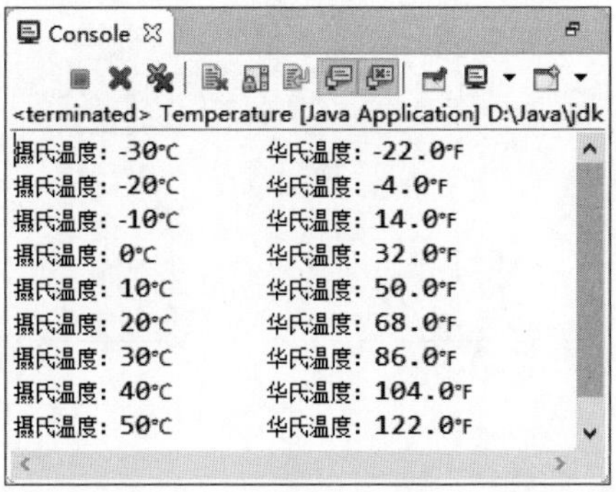

图 5.15　摄氏温度与华氏温度的对照表

5. 输出 1 ~ 100 内的素数。使用 for 循环，判断 1 ~ 100 内的素数，并在控制台上输出所有素数。（提示：判断素数的方法为用一个数分别去除以 2 到 sqrt（这个数），如果能被整除，则表明此数不是素数，反之是素数。）

第 6 章

数　组

在定义一个变量时，一行代码就能解决。通过定义变量的方式存储一家超市上百件商品的价格。如果把商品的价格均声明为 double 型，那么在定义变量时就需要编写上百行几乎完全相同的代码（除变量名和变量的值不同外）。这不仅会很麻烦，而且会产生大量重复多余的代码。那么应该如何解决这个问题呢？本章介绍的数组就是一种解决方案。

6.1　初识数组

为了减少程序设计过程中越来越庞大的数据量，Java 引入了数组。数组是一种数据结构（即计算机存储、组织数据的方式），用于存储指定个数的、数据类型相同的变量，这些变量被称作元素。此外，数组也是一种常用的引用类型。

Java 数组有两个重要的概念——数组的大小和数组元素的下标。数组的大小指的是数组的长度，即数组能够存储的元素个数。如果把一辆限员 52 人的巴士看作一个数组，那么这个数组的大小（即数组的长度）为 52。也就是说，这个数组能够存储的元素个数为 52，示意图如图 6.1 所示。

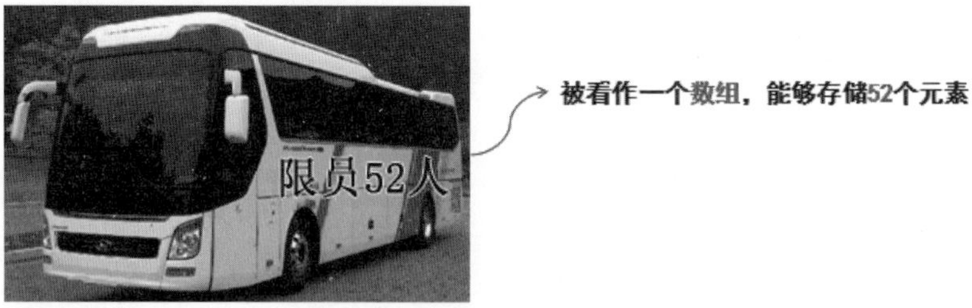
限员52人
被看作一个数组，能够存储52个元素

图 6.1　把巴士看作数组

数组中的元素是用于访问和操作的，为此 Java 提供了元素的下标。也就是说，通过元素的下标即可访问和操作数组中的元素。因为数组中的元素是连续摆放的，所以元素的下标也是连续的。注意，数组中第 1 个元素的下标为 0，而不是 1，如图 6.2 所示。

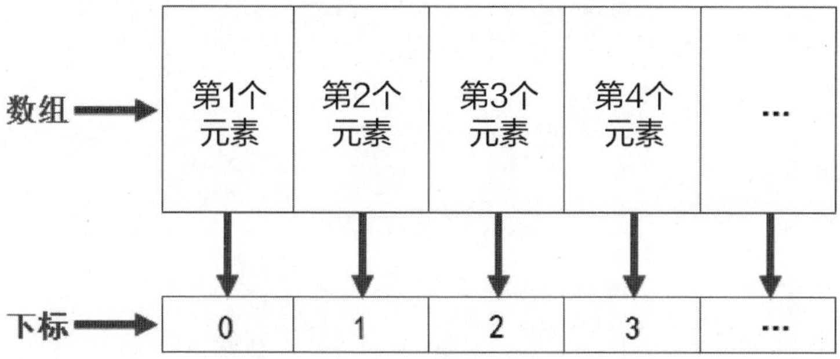

图 6.2　数组中元素的下标从 0 开始

Java 数组中比较常用的是一维数组和二维数组。下面先对一维数组予以介绍。

6.2　一维数组

一维数组有两种常见的理解方式：其一，如果把内存看作一张 Excel 表格，那么一维数组中的元素将被存储在这张 Excel 表格中的某一行；其二，一维数组可以看作一个存储指定个数的、数据类型相同的变量的集合。本节将依次介绍一维数组的声明、创建和初始化这 3 个方面内容。

说明

集合是指多个具有某种相同性质的、具体的或抽象的对象所构成的集体。本书将在第 7 章和第 11 章分别介绍对象与集合这两个重要的知识点。

6.2.1　声明

在使用一维数组之前，不仅需要确定数组的元素类型、为一维数组命名（即引用一维数组时所使用的变量名），还需要使用符号“[ ]”，这个过程称作一维数组的声明。声明一维数组的语法格式有以下两种。

```
数组的元素类型 数组名 [];
数组的元素类型 [] 数组名;
```

——推荐使用，因为这种格式在程序设计过程中的使用频率更高

例如，声明一个 double 型的一维数组，用于存储一家超市上百件商品的价格，具体代码如下。

```
double prices[];
```

上述代码等价于如下代码。

```
double[] prices;
```

注意

数组的元素类型可以是任意的数据类型，不单单是常见的 8 种基本数据类型。例如，现有一个封装学生信息（如姓名、性别、年龄、家长的联系电话等）的 Student 类；声明一个 Student 型的一维数组，用于存储一年级 1 班的学生信息，代码如下。

```
Student[] students;
```

说明

封装是面向对象编程的一个重要特点，将在后续章节予以介绍。

6.2.2 创建

声明一维数组后，需要使用 new 关键字创建一维数组。在创建一维数组的过程中，还需要确定数组的大小（即数组的长度）。创建一维数组的语法格式如下。

```
数组的元素类型[] 数组名 = new数组的元素类型[数组的大小];
```

例如，声明一个 char 型的一维数组，用于存储 26 个大写的英文字母，代码如下。

```
char letters[] = new char[26];  → 推荐使用
```

上述代码等价于如下代码。

```
char letters[];
letters = new char[26];
```

注意

数组的大小在创建数组时必须予以确定，否则 Eclipse 将会报错。以上述代码为例，如果省略了数组的大小 26，那么 Eclipse 将在代码所在行的编号前面显示红叉，如图 6.3 所示。

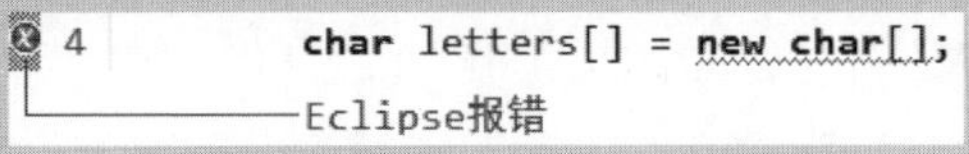
4
char letters[] = new char[];
Eclipse报错

图 6.3　省略数组大小的错误提示

“=”左右两端的数组的元素类型必须保持一致，否则 Eclipse 将会出现错误提示。以上述代码为例，如果一维数组 letters[ ] 的数据类型被替换为 int，那么 Eclipse 将提示应把数组 letters[ ] 的数据类型更正为 char，如图 6.4 所示。

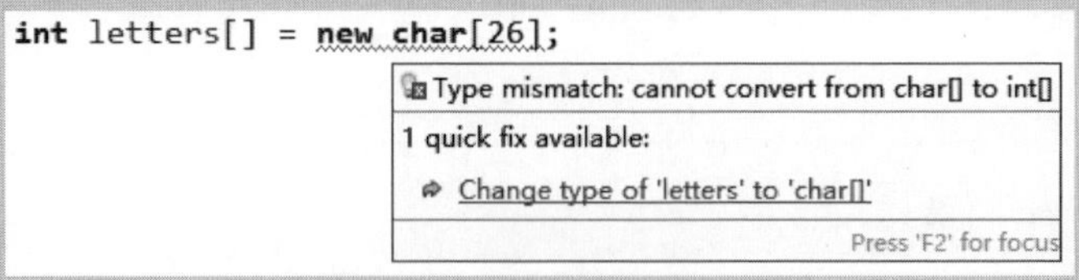
int letters[] = new char[26];
Type mismatch: cannot convert from char[] to int[]
1 quick fix available:
Change type of 'letters' to 'char[]'
Press 'F2' for focus

图 6.4　“=”左右两端的数组的元素类型不一致

6.2.3　初始化

一维数组的初始化指的是为一维数组中的元素赋值。例如，letters[ ] 是已经被创建的、char 型的、大小为 26 的一维数组，用于存储 26 个大写的英文字母。要为 letters[ ] 中的元素赋值，代码如下。

```
letters[0] = 'A';
letters[1] = 'B';
letters[2] = 'C';
...
letters[7] = 'H';
letters[8] = 'I';
letters[9] = 'J';
...
letters[14] = 'O';
letters[15] = 'P';
letters[16] = 'Q';
...
letters[23] = 'X';
letters[24] = 'Y';
letters[25] = 'Z';
```

注意

一旦数组的元素类型被确定，数组中所有元素的数据类型都必须与数组的元素类型保持一致，否则 Eclipse 将会出现图 6.5 所示的错误提示。

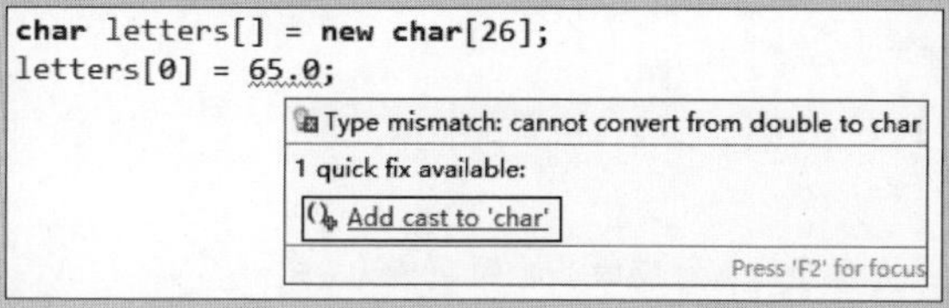
char letters[] = new char[26];
letters[0] = 65.0;
Type mismatch: cannot convert from double to char
1 quick fix available:
Add cast to 'char'
Press 'F2' for focus

图 6.5　元素的数据类型与数组的元素类型不一致的错误提示

说明

在图 6.5 中，letters[ ] 是 char 型数组，65.0 是 double 型数值，这使得“=”左右两端的数据类型不一致。因此，Eclipse 提示要把 double 型的 65.0 强制转换为 char 型。

实例6-1 在为 letters[ ] 中的元素赋值的过程中，需要编写 26 行几乎完全相同的代码，这不仅会占用大量篇幅，而且使程序看起来很笨重。那么应该如何优化这 26 行几乎完全相同的代码呢？答案就是使用 for 循环，代码如下。

```
/* i：元素的下标，从 0 开始；最后一个元素的下标为（letters.length - 1）
```

“数组名 .length”表示的是数组的大小

```
 * j:在ASCII码表中，大写字母A对应的int型数值为65
 */
   for (int i = 0, j = 65; i < letters.length; i++, j++) {
       letters[i] = (char) j;
       // letters是char型数组，因此要把int型的j强制转换为char型
}
```

6.3 一维数组的基本操作

当需要处理多个相同数据类型的变量时，操作数组比操作单一变量更加简单、方便。本节以一维数组为例，分别对遍历一维数组、复制一维数组、填充一维数组、对一维数组中的元素进行排序，以及在一维数组中搜索指定元素等内容予以详解。

6.3.1 遍历

遍历一维数组指的是把一维数组中的所有元素访问一遍。遍历一维数组时有两个要求：其一，所有元素必须都被访问一遍；其二，元素在被访问时不能被修改。遍历一维数组需要借助 for 循环，其原理是通过元素的下标依次访问一维数组中的所有元素。

实例6-2 先使用一个 for 循环，把 26 个大写的英文字母存储在 char 型数组 letters[ ] 中；再使用一个 for 循环遍历 letters[ ] 中的元素，并且把 letters[ ] 中的元素全部输出在控制台上。代码如下。

```
char[] letters = new char[26];
/* 第一个for循环：为letters[]中的元素赋值。
 * i：元素的下标，从0开始
 * j：在ASCII码表中，大写字母A对应的int型数值为65
 */
for (int i = 0, j = 65; i < letters.length; i++, j++) {
    // letters是char型数组，因此要把int型的j强制转换为char型
    letters[i] = (char) j;
}
/* 第二个for循环：遍历letters中的元素。
 * i：元素的下标，从0开始
 */
for (int i = 0; i < letters.length; i++) {
    System.out.print(letters[i] + " "); // 不换行输出26个大写的英文字母
}
```

上述代码的运行结果如图 6.6 所示。

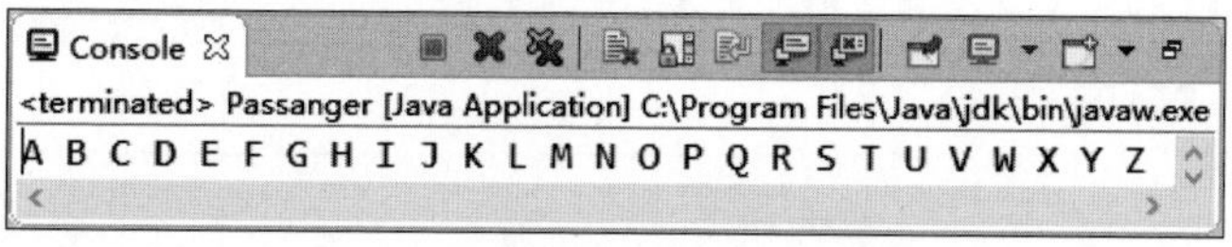

图 6.6　输出 26 个大写的英文字母

除 for 循环外，Java 还提供了 foreach 循环用于遍历一维数组。foreach 循环的优势在于不需要借助元素的下标就能够依次访问一维数组中的所有元素。

使用 foreach 循环可以将上述代码中的“第二个 for 循环”改写为如下格式。

```
for (char c : letters) {  → 可以理解为“依次访问 letters[ ] 中每个 char 型的元素 c”
    System.out.print(c + " "); // 不换行输出26个大写的英文字母
}
```

> **注意**
>
> 元素 c 的数据类型必须与一维数组 letters[ ] 的数据类型保持一致。

6.3.2　复制

复制是计算机的常用操作之一，例如复制文件等。在 Java 中，一维数组也能够被复制。把一个一维数组中的所有元素或者部分元素复制到另一个一维数组中，这个过程称作复制一维数组。Arrays 类是由 Java 提供的用于操作数组的工具类。为了实现复制一维数组，Arrays 类提供了 copyOf() 方法和 copyOfRange() 方法。下面以一维 int 型数组为例，分别对 copyOf() 方法和 copyOfRange() 方法予以讲解。

copyOf() 方法用于复制一维数组中的所有元素，其语法格式如下。

```
public static int[] copyOf(int[] original, int newLength)
```

- original：需要被复制的一维数组。
- newLength：原数组被复制后，新数组的大小。新数组的大小可以大于原数组的大小。

那么，如何理解“新数组的大小可以大于原数组的大小”这句话呢？这里将通过编写一个程序予以解释。

实例6-3 把一个包含 5 个元素的一维 int 型数组 array[ ] 复制到同为 int 型的但大小为 6 的一维数组 arrayCopy[ ] 中，代码如下。

```
int[] array = { 0, 1, 2, 3, 4 }; // 原数组，包含5个元素
int[] arrayCopy = Arrays.copyOf(array, 6); // 把原数组复制到新数组中，新数组的大小为6
```

```
System.out.print("原数组: ");
for (int i : array) { // 遍历输出原数组中的元素
    System.out.print(i + " ");
}
System.out.println();
System.out.print("新数组: ");
for (int i : arrayCopy) { // 遍历输出新数组中的元素
    System.out.print(i + " ");
}
```

上述代码的运行结果如图 6.7 所示。

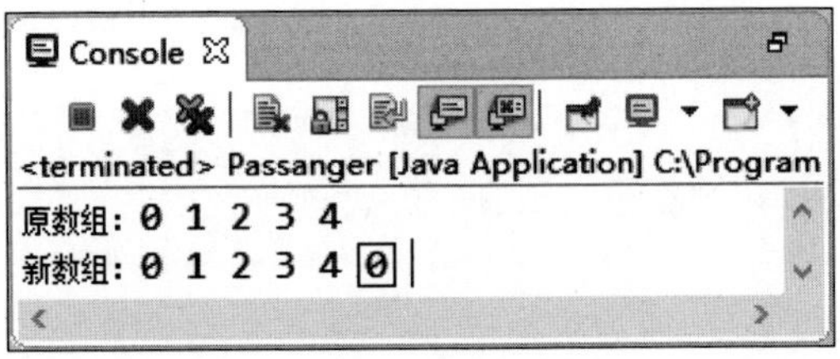

图 6.7　复制一维数组中的所有元素

从图 6.7 可以看出，新数组比原数组多了一个 0。对于 int 型一维数组，当新数组的大小大于原数组的大小时，新数组比原数组多出来的元素都将被赋初值 0，因为 0 是 int 型变量的默认值。

copyOfRange() 方法用于复制一维数组中的部分元素，其语法格式如下。

```
public static int[] copyOfRange(int[] original, int from, int to)
```

- original：需要被复制的一维数组。
- from：原数组中的部分元素被复制时的起始下标，from 的取值范围是 [0, original.length)。
- to：原数组中的部分元素被复制时的终止下标，但新数组中的元素不包含原数组中终止下标对应的元素；此外，终止下标必须大于或等于起始下标，而且终止下标可以大于原数组的大小。

那么，如何理解“终止下标可以大于原数组的大小”这句话呢？这里仍将借助一个程序予以解释。

实例6-4 现有一个包含 5 个元素的一维 int 型数组 array[ ]，把 array[ ] 中下标为整数 2~5 的元素复制到同为 int 型的一维数组 arrayRangeCopy[ ] 中，代码如下。

```
int[] array = { 0, 1, 2, 3, 4 }; // 原数组，包含5个元素
// 虽然to的值为6，但是复制的是原数组中下标为2~5的元素
int[] arrayRangeCopy = Arrays.copyOfRange(array, 2, 6);
```

```
System.out.print("原数组: ");
for (int i : array) { // 遍历输出原数组中的元素
    System.out.print(i + " ");
}
System.out.println();
System.out.print("新数组: ");
for (int i : arrayRangeCopy) { // 遍历输出新数组中的元素
    System.out.print(i + " ");
}
```

上述代码的运行结果如图 6.8 所示。

因为一维 int 型数组 array[ ] 没有下标为 5 的元素，而 0 是 int 型变量的默认值，所以在一维数组 arrayRangeCopy[ ] 中，用 0 补充一维数组 array[ ] 中下标为 5 的元素。

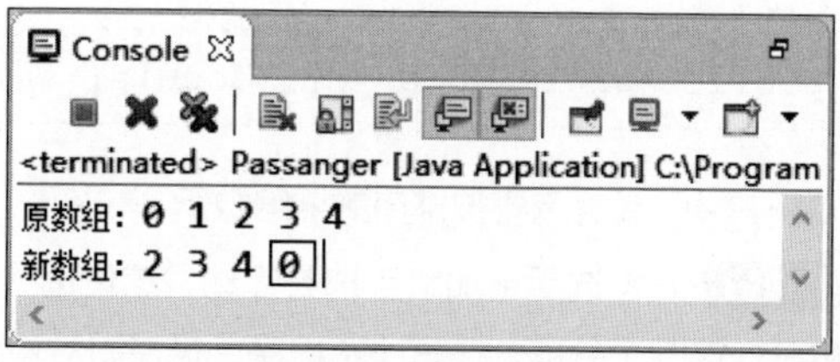

图 6.8 复制一维数组中的部分元素的结果

6.3.3 填充

填充一维数组，即用某个值为已创建的一维数组中的所有元素赋值。Arrays 类提供了用于填充一维数组的 fill() 方法。以 char 型一维数组为例，fill() 方法的语法格式如下。

```
public static void fill(char [] a, char val)
```

- a：要被填充的一维数组。
- val：被填充数组要被赋予的元素值。

实例6-5 某同学参加 5 门选修课的期末考试，该同学的考试成绩均为 A。编写一个程序，在控制台输出该同学的考试成绩，代码如下。

```
char[] scores = new char[5]; // 创建大小为5的char型数组scores[]
Arrays.fill(scores, 'A'); // 把scores[]中的所有元素均赋值为A
System.out.print("该同学的5门选修课的期末成绩: "); // 提示信息
for (char c : scores) { // 遍历scores[]中的所有元素
    System.out.print(c + " "); // 不换行输出scores[]中的所有元素
}
```

上述代码的运行结果如下。

```
该同学的5门选修课的期末成绩: A A A A A
```

6.3.4 排序

Java 提供了多种方式对一维数组中的所有元素进行排序，其中，较常用的方式有 Arrays 类的 sort() 方法、冒泡排序和直接选择排序。下面以对一维数组中的所有元素进行升序排列为例，分别对上述 3 种排序方式予以讲解。

1. Arrays 类的 sort() 方法

Arrays 类提供了按升序排列一维数组中所有元素的 sort() 方法。以一维 double 型数组为例，sort() 方法的语法格式如下。

```
public static void sort(double[] a)
```

其中，a 表示要被排序的一维数组。

实例6-6 一位选手参加歌手选秀活动，这位选手一展歌喉后，5 位评委依次给出了 8.5、9.0、9.2、8.9 和 9.0 这 5 个分数。编写一个程序，在控制台输出这位选手的最低分和最高分，代码如下。

```
// 初始化double型数组scores[]，用于存储5位评委给出的分数
double[] scores = {8.5, 9.0, 9.2, 8.9, 9.0};
// 按升序排列数组scores[]中的所有元素
Arrays.sort(scores);
// 数组scores[]被升序排列后，下标为0的第一个元素就是该选手得到的最低分
System.out.println("该选手得到的最低分：" + scores[0] + "分");
// 下标为（scores.length - 1）的最后一个元素就是该选手得到的最高分
System.out.println("该选手得到的最高分：" + scores[scores.length - 1] + "分");
```

上述代码的运行结果如下。

```
该选手得到的最低分：8.5分
该选手得到的最高分：9.2分
```

2. 冒泡排序

当对一维数组中的所有元素进行升序排列时，冒泡排序的工作原理可以归纳为“小数往前放，大数往后放”。先比较相邻的元素值，如果前一个元素比后一个元素大，那么就交换两个元素的位置，即把小的元素移动到数组前面，把大的元素移动到数组后面，否则保持原顺序不变，然后继续比较，直到排序完成。

实例6-7 使用冒泡排序对一个大小为6的一维数组进行升序排列，排序的过程和结果如图6.9所示。其中，下方画曲线的数字表示正在进行比较的状态，下方画直线的数字表示等待比较的状态，其余数字表示完成比较的状态。

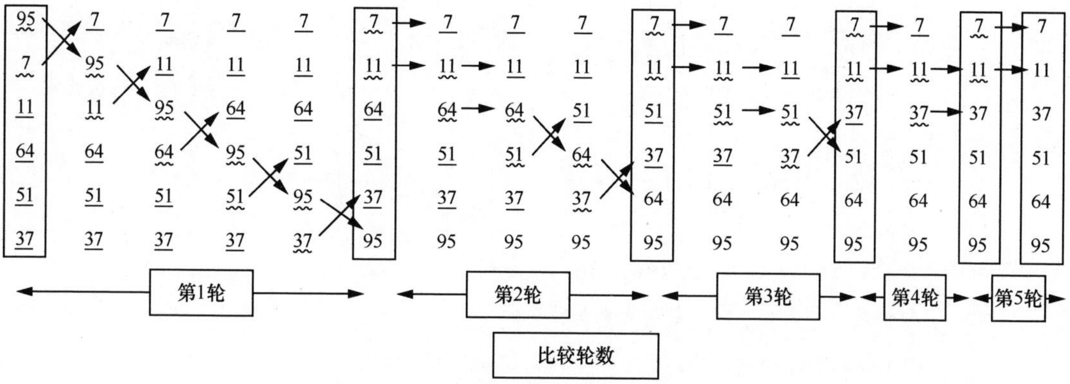

图6.9 冒泡排序的排序过程和结果

实现冒泡排序的具体代码如下。

```
public class BubbleSort {
    /**
     * 冒泡排序方法
     * @param array 要排序的数组
     */
    public void sort(int[] array) {
        for (int i = 1; i < array.length; i++) {
            // 比较相邻两个元素，较大的数往后移动
            for (int j = 0; j < array.length - i; j++) {
                // 如果前一个元素比后一个元素大，则两元素互换
                if (array[j] > array[j + 1]) {
                    int temp = array[j];        // 把第一个元素值保存到临时变量中
                    array[j] = array[j + 1];   // 把第二个元素值保存到第一个元素中
                    // 把临时变量（也就是第一个元素原值）保存到第二个元素中
                    array[j + 1] = temp;
                }
            }
        }
        showArray(array);                        // 输出冒泡排序后的数组元素
    }
    /**
     * 输出数组中的所有元素
```

冒泡排序的核心代码

```
     * @param array 要输出的数组
     */
    public void showArray(int[] array) {
        System.out.println("冒泡排序的结果: ");
        for (int i : array) {                                    // 遍历数组
            System.out.print(i + " ");                           // 输出每个数组元素
        }
        System.out.println();
    }
    public static void main(String[] args) {
        // 创建一个数组,这个数组元素是乱序的
        int[] array = { 95, 7, 11, 64, 51, 37 };
        // 创建冒泡排序类的对象
        BubbleSort sorter = new BubbleSort();
        // 调用排序方法将数组排序
        sorter.sort(array);
    }
}
```

上述代码的运行结果如下。

```
冒泡排序的结果:
7 11 37 51 64 95
```

说明

冒泡排序由双层循环实现，其中外层循环控制排序的轮数，总轮数等于数组长度减 1，因为最后一次循环中只剩下一个数组元素，不需要比较。而内层循环用于比较相邻的元素值，以确定是否需要交换两个元素的位置，而且比较和交换的次数随排序轮数的减少而减少。

算法完成第一轮比较后，把 95（最大元素）移动到底部，而后 95 将不会再参与下一轮的比较。以此类推，每一轮比较后，都会把剩余元素中的最大元素移动到底部。最后一轮比较完成后，即可得到按升序排列的数组。

3. 直接选择排序

以升序排列为例，直接选择排序的工作原理是先将数组中的最大元素与数组中的最后一个元素交换位置，再将剩余元素中的最大元素与数组中的倒数第二个元素交换位置。以此类推，直至对数组中的所有元素都按升序排列。

实例6-8 使用直接选择排序对一个大小为 6 的一维数组进行升序排列，排序的过程和结果如图 6.10 所示。

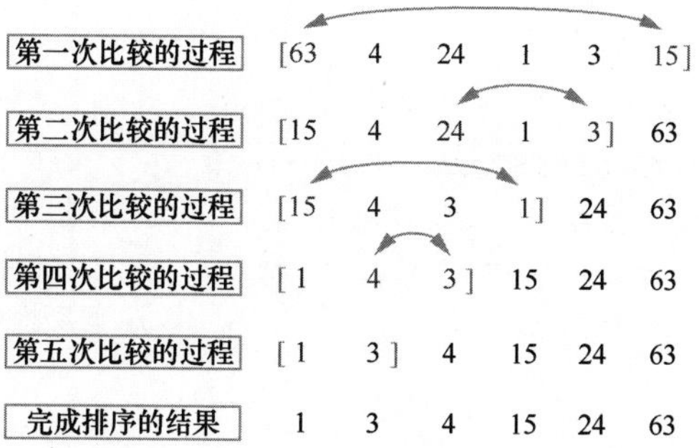

图 6.10 直接选择排序的排序过程和结果

与冒泡排序相比，直接选择排序的交换次数要少很多，所以速度会快些。

实现直接选择排序的具体代码如下。

```
public class SelectSort {
    /**
     * 直接选择排序法
     * @param array 要排序的数组
     */
    public void sort(int[] array) {
        int index;
        for (int i = 1; i < array.length; i++) {
            index = 0;
            for (int j = 1; j <= array.length - i; j++) {
                if (array[j] > array[index]) {
                    index = j;
                }
            }
            // 交换在位置array.length-i和index(最大值)上的两个元素
            int temp = array[array.length - i];// 把第一个元素值保存到临时变量中
            array[array.length - i] = array[index];// 把第二个元素值保存到第一个元素中
            array[index] = temp;// 把临时变量(也就是第一个元素原值)保存到第二个元素中
        }
        showArray(array);// 输出直接选择排序后的数组元素
    }
    /**
     * 输出数组中的所有元素
     *
     * @param array 要输出的数组
     */
    public void showArray(int[] array) {
        System.out.println("直接选择排序的结果：");
```

```
        for (int i : array) {                    // 遍历数组
            System.out.print(i + " ");           // 输出每个数组元素
        }
        System.out.println();
    }
    public static void main(String[] args) {
        int[] array = { 63, 4, 24, 1, 3, 15 }; // 创建一个数组，这个数组元素是乱序的
        SelectSort sorter = new SelectSort(); // 创建直接选择排序类的对象
        sorter.sort(array);                      // 调用排序对象的方法对数组排序
    }
}
```

上述代码的运行结果如下。

```
直接选择排序的结果：
1 3 4 15 24 63
```

注意

Arrays 类的 sort() 方法只能对一维数组中的所有元素进行升序排列。冒泡排序和直接选择排序既能对一维数组中的所有元素进行升序排列，又能对一维数组中的所有元素进行降序排列。

6.3.5 搜索

在已初始化的一维数组中，能够搜索指定元素，就像在一个 Word 文档中搜索相同的文字内容一样。为了在已初始化的一维数组中搜索指定元素的功能，Arrays 类提供了 binarySearch() 方法。以 int 型一维数组为例，binarySearch() 方法的语法格式如下。

```
public static int binarySearch(int[] a, int key)
```

- a：要被搜索的一维数组。
- key：要被搜索的元素。

如果数组 a[ ] 中存在 key，那么 binarySearch() 方法将返回 key 的下标；如果数组 a[ ] 中不存在 key，那么 binarySearch() 方法将返回“-（插入点下标 + 1）”。插入点下标指的是数组 a[ ] 中第一个大于 key 的元素下标。下面将编写一个程序予以解释。

实例6-9 使用 binarySearch() 方法，在元素为 0、1、2、3、4、5、6、8 和 9 的一维 int 型数组 numbers[ ] 中搜索 1 和 7，代码如下。

```
int[] numbers = {0, 1, 2, 3, 4, 5, 6, 8, 9};
System.out.println("在number中，1的下标：" + Arrays.binarySearch(numbers, 1));
System.out.println("在number中，7的下标：" + Arrays.binarySearch(numbers, 7));
```

上述代码的运行结果如下。

```
在number中，1的下标：1
在number中，7的下标：-8
```

说明

数组 numbers[ ] 不包含元素 7，而第一个比元素 7 大的是元素 8，那么插入点下标就是元素 8 的下标。元素 8 的下标是 7，因此 Arrays.binarySearch(numbers, 7) 的返回值是 -8。

6.4 二维数组

电影院是当今人们休闲娱乐的好去处，当人们迈进电影院的放映厅时，每个人都会根据电影票上的座位号入座。因为放映厅里每一排的座位号都是从 1 号开始，所以每一排都会有重复的座位号。为了更快地让人们找到自己的座位，避免不必要的纠纷，电影票上的座位号由排和号两部分组成，例如 4 排 4 号、8 排 9 号等，这就形成了二维表结构。使用二维表结构表示放映厅里的座位号，如图 6.11 所示。

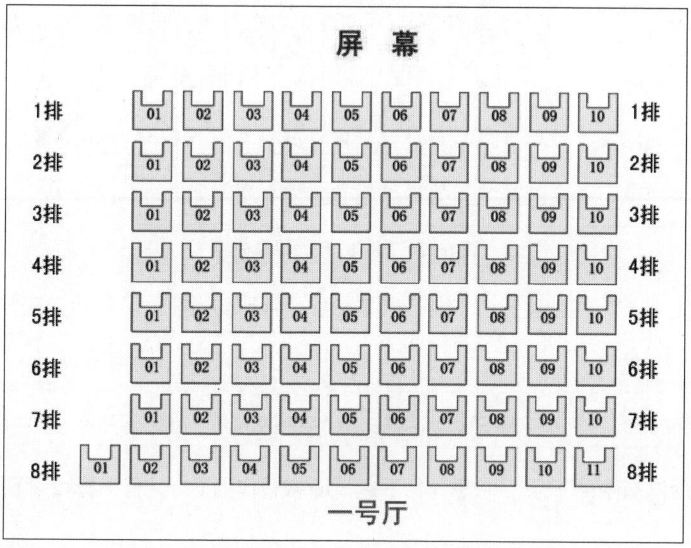

图 6.11　使用二维表结构表示放映厅里的座位号

Java 使用二维数组表示二维表结构，因为二维表结构由行和列组成，所以二维数组中的元素借助行和列的下标来访问。那么，如何声明并创建二维数组？如何初始化二维数组？如何遍历二维数组中的元素？下面将依次讲解上述 3 个问题。

6.4.1 声明并创建

二维数组可以看作由多个一维数组组成的数组，声明二维数组有以下两种方式。

```
数组的元素类型[][] 数组名;  ——▶ 推荐使用
数组的元素类型 数组名[][];
```

例如，使用推荐的方式声明一个二维布尔型数组 seats[ ]，关键代码如下。

```
boolean[][] seats;
```

同一维数组一样，二维数组被声明后也要使用 new 关键字创建二维数组。创建二维数组有以下两种方式。

1. 直接分配行列

直接分配行列适用于创建 *n* 排 *m* 列（即“*n*×*m*”型）的二维数组。图 6.12 是图 6.11 的一部分，图 6.12 所示的座位分布是 7 排 10 列。

图 6.12　7 排 10 列的座位分布

使用直接分配行列的方式创建一个二维布尔型数组，用于表示图 6.12 所示的座位是否有人入座，关键代码如下。

```
boolean[][] seats = new boolean[7][10]; // seats[]包含7个大小为10的一维数组
```

二维数组 seats[ ] 有两种下标: 7 被看作行下标，10 被看作列下标。行下标和列下标都是从 0 开始的。

2. 先分配行，再分配列

在图 6.11 中，前 7 排每排均有 10 个座位，第 8 排比前 7 排多了一个座位。如何创建一个二维布尔型数组，用于表示图 6.11 所示的座位是否有人入座呢？答案就是“先分配行，再分配列”，关键代码如下。

```
boolean[][] seats = new boolean[8][]; // 有8排座位
seats[0] = new boolean[10]; // 第1排有10个座位
seats[1] = new boolean[10]; // 第2排有10个座位
```

```
...
seats[6] = new boolean[10]; // 第7排有10个座位
seats[7] = new boolean[11]; // 第8排有11个座位
```

注意

在创建二维数组的过程中，如果不分配“行”的内存空间，那么 Eclipse 将会报错。错误写法如下。

```
boolean[][] seats = new boolean[][];
```

以下写法也是错误的。

```
boolean[][] seats = new boolean[][10];
```

6.4.2 初始化

虽然二维布尔型数组 seats[ ] 被创建后，其中的元素默认值均为 false，但是如何显式表示二维数组 seats[ ] 中各个元素的值呢？关键代码如下。

```
boolean[][] seats= {
    {false, false, false, false, false, false, false, false, false, false},
    {false, false, false, false, false, false, false, false, false, false},
    {false, false, false, false, false, false, false, false, false, false},
    {false, false, false, false, false, false, false, false, false, false},
    {false, false, false, false, false, false, false, false, false, false},
    {false, false, false, false, false, false, false, false, false, false},
    {false, false, false, false, false, false, false, false, false, false},
    {false, false, false, false, false, false, false, false, false, false, false},
};  ——→语法中的“}”和“;”有且只有一个，而且一个都不能少
```

这样，二维布尔型数组 seats[ ] 的初始化操作就完成了。

注意

上述代码既可以写作一行代码，又可以写作多行代码，但是其中的标点符号必须是英文格式的，否则 Eclipse 将会报错。

二维布尔型数组 seats[ ] 被初始化后，其中元素的默认值均为 false，表示放映厅里的座位尚未售出。如果 4 排 4 号被观影者买了，那么只需把 4 排 4 号的默认值由 false 修改为 true 即可。需要注意的是，二维数组的行下标和列下标都是从 0 开始的，代码如下。

```
seats[3][3] = true; —— 因为行下标和列下标都是从0开始的，所以[3][3]表示（3+1）排（3+1）号
```

6.4.3 遍历

通过 for 循环或者 foreach 循环，能够遍历一维数组。那么，遍历二维数组的方式是什么呢？答案就是嵌套 for 循环。

实例6-10 以被初始化的二维布尔型数组 seats[ ] 为例，使用嵌套 for 循环把二维数组 seats[ ] 中的所有元素输出在控制台上，关键代码如下。

```
for (int i = 0; i < seats.length; i++) {
    for (int j = 0; j < seats[i].length; j++) {
        System.out.println(seats[i][j]);
    }
}
```

说明

（1）seats.length 表示的是二维数组 seats[ ] 的大小。

（2）二维数组 seats[ ] 包含 8 个一维数组，seats[i].length 表示的是每个一维数组的大小。

动手练一练

1. 统计每个小写的英文字母在字符串中出现的次数。在控制台上输入一串只由小写英文字母组成的字符串，控制台输出每个小写英文字母在这个字符串中出现的次数。运行结果如图 6.13 所示。

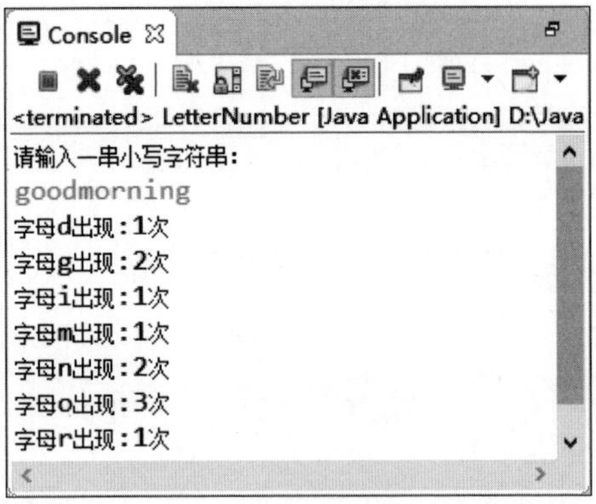

图 6.13　统计每个小写字母在字符串中出现的次数

2. 对于八皇后问题，将 8 个皇后放在棋盘上，任何两个皇后都不能相互攻击（即两个皇后不能在同一行、同一列或者同一对角线上），控制台输出所有可能的解决方案。
3. 模拟电商平台购物车，在控制台输出商品名称、数量、价格和总金额，如图 6.14 所示。

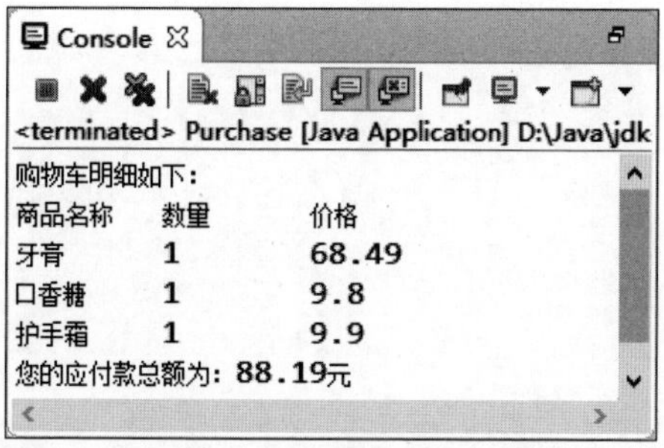

图 6.14 模拟电商平台购物车

4. 使用二维数组创建一个 10 行 10 列的棋盘后，编写一个简易的五子棋游戏。运行结果如图 6.15 所示。

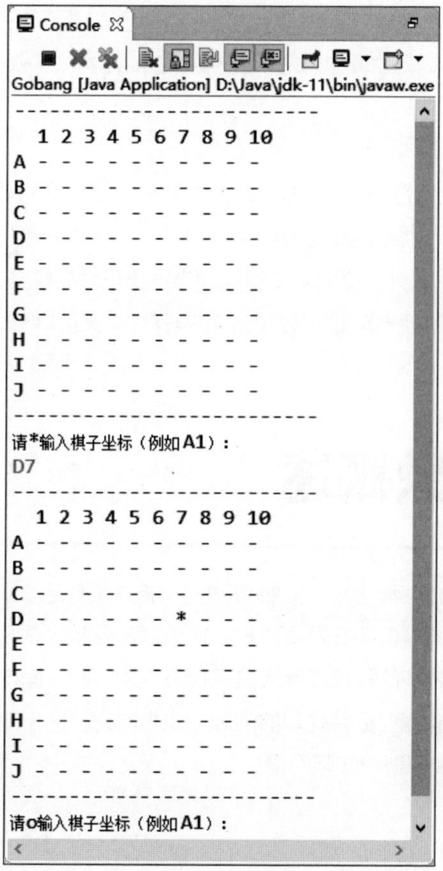

图 6.15 运行结果

第 7 章

面向对象编程

在 Java 中经常提到的两个名词是类和对象，实质上可以把类看作对象的载体，程序设计人员通过类定义对象具有的功能，因此掌握类和对象是学习 Java 的基础。面向对象编程有 3 个基本特性——封装、继承和多态。除此之外，面向对象编程的内容还包括抽象类、接口、访问控制和内部类等。应用面向对象思想编写程序，整个程序既可以变得非常有弹性，又可以减少冗余的代码。

7.1 面向对象概述

在软件开发的初期，结构化编程语言（例如 C 语言）被广泛使用。随着软件规模的不断扩大，结构化编程语言的弊端逐渐显露出来，例如开发周期长、代码调试异常复杂等。当面向对象编程被引入软件开发后，面向对象编程被越来越多的程序设计人员掌握并运用，因为面向对象编程更符合人类的思考方式。程序设计人员使用面向对象编程把待处理的问题抽象为对象，分析对象具有哪些属性和行为，通过分析得到的属性和行为操作对象来解决实际问题。

7.1.1 对象

在现实世界中，任何事物都可以被归类，例如，张医生和王老师都是人类，熊猫馆里的团团和圆圆都是熊猫，大街上行驶的奔驰和宝马都是汽车等。如果这个人叫小明，就可以称小明是人类的一个对象，如图 7.1 所示。对象就是类的具象化的体现。

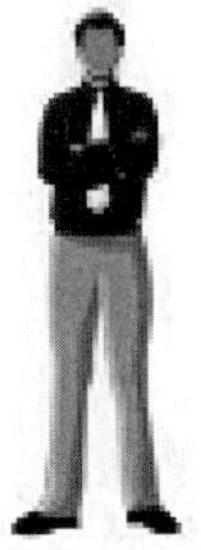

图 7.1 小明

一个对象可以划分为两大部分——静态部分和动态部分。静态部分被称为属性，属性是客观存在且不能被忽视的，例如人的身高、体重、性别、年龄等，性别如图 7.2 所示；动态部分指的是对象的行为，例如人的行为（包括吃饭、穿衣、睡觉、行走等），行走如图 7.3 所示。

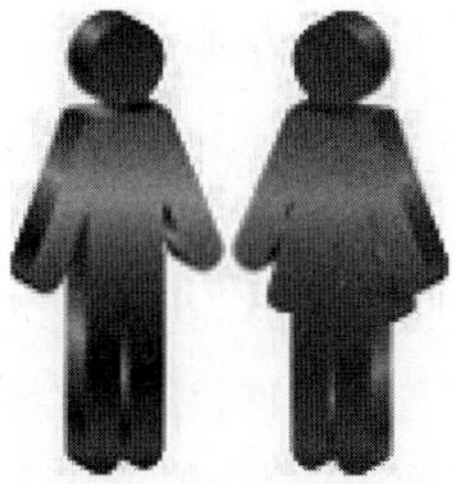

图 7.2　静态属性“性别”

图 7.3　动态属性“行走”

7.1.2　类

类就是对象实体的设计图或者说明书。类会把对象的主要特征、功能都列出来，并解释得清清楚楚，但对一些不重要的特征，类会忽略掉。这种模式就是人类大脑的思维方式，人们会按照明显的、具有共性的特征来区分事物。例如，绿苹果和红苹果是同一类水果，但黄苹果和黄香蕉就不是同一类水果，在区分这些水果时，颜色就被人类的大脑忽略掉了，大脑分辨苹果的依据是苹果的形状，所以形状就是苹果类的重要属性。

再例如，如果把大雁类作为雁群的设计图，那么大雁类就具备了喙、翅膀和爪等属性，觅食、飞行和睡觉等行为，而一只要从北方飞往南方的大雁则被视为大雁类的一个对象。大雁类和大雁对象的关系图如图 7.4 所示。

图 7.4　大雁类和大雁对象的关系图

Java 是面向对象的开发语言，在 Java 代码中创建类需要使用 class 关键字，其语法格式如下。

```
class 类名称{   }
```

类的属性也叫作成员变量，类的行为也叫作成员方法，其定义的语法格式如下。

```
class 类名称{
    类型 成员变量名;
    返回值 成员方法名([参数]){   }
}
```

当在类中定义成员变量时可以直接赋值，也可以不赋值，如果不赋值，则会使用对应类型的默认值。类中定义的成员变量和成员方法没有数量限制。

7.2 面向对象基础

在 Java 中定义类时，应使用关键字 class。关键字 class 的语法格式如下。

```
class 类名称{
    // 类的成员变量，表示对象的属性
    // 类的成员方法，表示对象的方法
}
```

7.2.1 成员变量

在面向对象编程中，类中对象的属性是以成员变量的形式定义的，成员变量的定义方法如下。

```
数据类型 变量名称 [ = 值] ;
```

其中，“[= 值]”表示可选内容，即定义成员变量时可以为其赋值，也可以不为其赋值。

实例7-1 定义一个 Bird 类，在 Bird 类中定义 4 个成员变量，它们分别表示鸟类的翅膀（wing）、爪子（claw）、喙（beak）和羽毛（feather），具体代码如下。

```
public class Bird {
    String wing;      // 翅膀
    String claw;      // 爪子
    String beak;      // 喙
    String feather;   // 羽毛
}
```

不难看出，成员变量的数据类型被设置为 Java 中合法的数据类型。与变量的使用方法相同，定义成员变量时可以为其赋值，也可以不为其赋值。如果不为成员变量赋值，那么成员变量在使用时会被赋予默认值。Java 中常见数据类型的默认值如表 7.1 所示。

表 7.1　Java 中常见数据类型的默认值

数据类型	默认值	说明
byte、short、int、long	0	整数类型 0
float、double	0.0	浮点类型 0

续表

数据类型	默认值	说明
char	'\u0000'	空字符
boolean	false	逻辑假
引用类型，例如 String	null	空值

7.2.2　成员方法

在面向对象编程中，类中对象的行为是以成员方法的形式定义的。定义成员方法的语法格式如下。

```
[权限修饰符] [返回值类型] 方法名([参数类型 参数名]) {
    ...//方法体
    return 返回值;
}
```

例如，在已创建的表示人类的 People 类中定义一个吃东西的 eat() 方法，代码如下。

```
public class People {
    void eat() { }
}
```

说明

方法必须定义在某个类中，当定义方法时，如果没有指定权限修饰符，则方法的访问权限为 default。

又例如，如果 People 类的一个对象（即引用变量 tom）想调用表示吃东西的 eat() 方法，则应借助“对象 . 方法 ()”的格式实现，代码如下。

```
People tom = new People();
tom.eat();
```

7.2.3　构造方法

除了成员方法外，类中还存在一种特殊类型的方法，即构造方法。构造方法是一种与类同名的方法，创建类的对象就是通过类的构造方法完成的。

构造方法的特点如下。

- 构造方法没有返回值类型，也不能定义为 void。
- 构造方法的名称要与本类的名称完全相同。
- 构造方法的主要作用是创建类的对象。

例如，定义一个 Dog 类，Dog 类的构造方法的声明如下。

```
class Dog {
    public Dog() {              // 构造方法，其中public为构造方法修饰符
    }
}
```

定义好的构造方法会在创建对象的时候被调用，例如以下代码。

```
Dog lucky = new Dog(); ——> 这里调用的就是构造方法
```

在类中声明构造方法时，还可以为其添加一个或者多个参数，构成有参构造方法。例如，Dog 类的有参构造方法的声明如下。

```
class Dog {
    public Dog(int args) { // 参数为int型args的有参构造方法
        /* 在这里可以对成员变量进行初始化 */
    }
}
```

注意

如果在类中声明的构造方法都是有参构造方法，那么编译器不会为类自动创建一个默认的无参构造方法。当使用无参构造方法创建一个对象时，编译器就会报错。如果在类中没有声明任何构造方法，那么编译器会在类中自动创建一个默认的无参构造方法。

构造方法可以被设为私有的，例如以下代码。

```
class Dog {
    private  Dog() {             // 构造方法，其中private为构造方法修饰符
    }
}
```

这种构造方法就无法被其他类调用，也就是无法执行“new Dog()”代码。

7.2.4 this 关键字

this 关键字用于表示本类当前的对象，当前对象不是通过某个 new 创建的实体对象，而是当前正在编辑的类。this 关键字只能在本类中使用。

this 关键字主要有以下 3 个使用场景。

1. 调用成员变量

调用对象的成员变量可以通过“对象.成员变量”的方式实现，this 关键字也有这样的语法，如下所示。

```
this.成员变量
```

这种语法只能在本类中使用。使用 this 调用本类成员变量可以有效地避免“名称冲突”问题。

实例7-2 如果构造方法中的参数名与成员变量名相同，那么把参数值赋给成员变量时，成员变量必须使用 this 关键字，本实例演示了使用 this 关键字和不使用 this 关键字对赋值结果的影响。

```
public class Demo {
    String primitiveName;
    String nickname;
    public Demo(String primitiveName, String nickname) {
        primitiveName = primitiveName;
        this.nickname = nickname;
    }
    public static void main(String[] args) {
        Demo somebody = new Demo("golden", "球球");
        System.out.println("primitiveName = "+somebody.primitiveName);
        System.out.println("nickname = "+somebody.nickname);
    }
}
```

上述代码的运行结果如下。

```
primitiveName = null
nickname = 球球
```

从这个结果可以看出，primitiveName 成员变量没有使用 this 关键字，从而导致赋值失败。因为构造方法始终认为 primitiveName 表示的是参数，而不会认为这个名字还有成员变量的含义。this.nickname 则主动告知构造方法这个是成员变量，所以只有 nickname 成员变量才会正确赋值。

2. 调用构造方法

如果类中有多个构造方法，则使用 this 关键字可以在一个构造方法中调用另一个构造方法，语法格式如下。

```
public Demo(){
    this( [参数] );
}
```

如果 this() 中没有参数，则表示调用本类的无参构造方法；如果有参数，则调用对应参数的构造方法。

实例7-3 在 Demo 类中创建一个有参构造方法和一个无参构造方法，在无参构造方法中使用 this 关键字调用有参构造方法，代码如下。

```
public class Demo {
    public Demo() {// 无参构造方法
        this(128);// 调用有参构造方法
    }
```

```
public Demo(int a) {// 有参构造方法


    }
}
```

这样写之后，即使使用无参构造方法创建对象，在构造方法中也能执行有参的构造过程。

当使用 this 关键字调用其他构造方法时，this() 上方不可以有其他代码，否则会抛出编译错误，如图 7.5 所示。

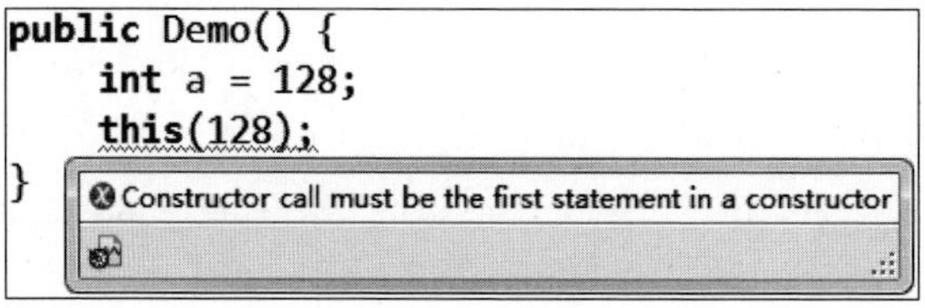

图 7.5　编译错误

3. 在内部类中使用

在内部类中，this 关键字表示内部类对象。如果想要在内部类中调用外部类对象，则需要使用“外部类名 .this”实现。

实例7-4 People 为外部类，Heart 为内部类，内部类中有一个外部类类型的成员变量，创建一个 set() 方法，用于给这个成员变量赋值，并在构造方法中将外部类对象作为参数，代码如下。

```
class People {                              // 外部类
    class Heart {                           // 内部类
        People p;
        public Heart() {
            setPeople(People.this);         // 参数为外部类对象
        }
        void setPeople(People p) {
            this.p = p;                     // 给内部类的属性赋值
        }
    }
}
```

7.3　static 关键字

由 static 关键字修饰的变量、常量和方法分别被称作静态变量、静态常量和静态方法，也被称作类的静态成员。

7.3.1　静态变量

如果一个局部变量被 static 修饰，那么这个变量叫作静态变量；如果一个类的成员变量被 static 修饰，那么这个成员变量就是静态成员变量，也可以简称为静态变量。

静态成员变量可以被该类的所有对象共享。如果一个对象中修改了静态成员变量，其他对象读出的都是修改之后的值。例如，对于一个水池，同时打开进水口和出水口，进水和出水这两个动作会同时影响到水池中的水量，此时水池中的水量就可以被视为静态变量。

调用静态变量的语法与调用成员变量的语法不同，调用静态变量不需要创建类对象，其语法格式如下。

```
类名.静态成员
```

实例7-5 在类中创建一个静态变量，在 main() 方法中直接通过类名获取该静态变量的值，代码如下。

```
public class Demo {
    static int count = 128; // 静态变量
    public static void main(String[] args) {
        System.out.println("count的值=" + Demo.count);
    }
}
```

上述代码的运行结果如下。

```
count的值 = 128
```

7.3.2　静态方法

用 static 修饰的方法称作静态方法。在 Java 中，如果想要调用某个类的成员方法，需要先创建这个类的对象。但有些情况下无法创建类对象或不应该创建类对象，这时候如果还想要调用类中的方法，就应该把被调用的方法修改为静态方法。

调用静态方法的语法格式如下。

```
类名.静态方法();
```

实例7-6 不使用 new 关键字就可以调用静态方法，通常可以利用静态方法返回类对象，代码如下。

```
public class Demo {
    static Demo getObject() {// 用静态方法返回本类对象
```

```
        return new Demo();// 用new关键字创建对象
    }
    public static void main(String[] args) {
        Demo d = Demo.getObject();// 通过静态方法创建对象
    }
}
```

这种语法经常被用在设计模式之“工厂模式”中，通过调用工具类提供的不同的静态方法，可以返回对应的工具类对象。API 中常见的工具类有 System、Math 等，这些工具类都提供了大量静态方法。

7.3.3 静态代码块

在 Java 类中，被 static 修饰的代码块称作静态代码块。静态代码块用来完成类的初始化操作，在类声明时就会运行。

静态代码块的语法格式如下。

```
public class StaticTest {
    static {
        // 语句序列
    }
}
```

实例7-7 验证静态代码块、非静态代码块、构造方法和成员方法在创建类时的执行顺序，代码如下。

```
public class StaticTest {
    static String name;
    static {
        System.out.println(name + "静态代码块");// 静态代码块
    }

    {
        System.out.println(name + "非静态代码块");// 非静态代码块
    }

    public StaticTest(String a) {
        name = a;
        System.out.println(name + "构造方法");
    }

    public void method() {
        System.out.println(name + "成员方法");
    }
```

```
    public static void main(String[] args) {
        StaticTest s1;                          // 声明的时候就已经运行静态代码块了
        StaticTest s2 = new StaticTest("s2");// 使用new的时候才会运行构造方法
        StaticTest s3 = new StaticTest("s3");
        s3.method();                            // 只有调用的时候才会运行
    }
}
```

上述代码的运行结果如下。

```
null静态代码块
null非静态代码块
s2构造方法
s2非静态代码块
s3构造方法
s3成员方法
```

从这个运行结果可以得出以下结论。

- 静态代码块从始至终只运行了一次。
- 非静态代码块在每次创建对象后，会在构造方法之前运行。因此，当读取成员变量 name 时，只能获取到 String 型的默认值“null”。
- 构造方法只有在使用关键字 new 创建对象时才会运行。
- 成员方法只有在被对象调用时才会运行。
- 因为 name 是静态变量，在创建对象 s2 时，把字符串 s2 赋给 name，所以创建对象 s3 时，程序重新调用类的非静态代码块，但 name 的值还没有被对象 s3 改变，所以在控制台上输出“s2 非静态代码块”。

7.4　类的继承

在 Java 中，继承的基本思想是子类既可以继承父类原有的属性和方法，又可以增加父类不具备的属性和方法，还可以重写父类原有的方法。例如，平行四边形是特殊的四边形，也就是说，平行四边形类继承了四边形类，并且平行四边形类在继承四边形类原有的属性和方法的同时，还增加了一些特有的属性和方法。

7.4.1　extends 关键字

在 Java 中，一个类继承另一个类需要使用 extends 关键字。extends 关键字的语法格式如下。

```
class Child extends Parent
```

注意

因为 Java 仅支持单继承，即一个类只可以有一个父类，所以下面这种形式的代码是错误的。

```
class Child extends Parent1, Parent2 {
}
```

→ 错误的继承语法，不可以同时继承多个父类

子类在继承父类之后，创建子类对象的同时也会调用父类的构造方法。

实例7-8 下面这段代码中，父类 Parent 和子类 Child 分别有一个无参构造方法，当在 main() 方法中创建子类对象时，会优先执行父类的构造方法，然后再执行子类的构造方法。

```
class Parent {
    public Parent() {
        System.out.println("调用父类的构造方法");
    }
}
class Child extends Parent {
    public Child() {
        System.out.println("调用子类的构造方法");
    }
}
public class Demo {
    public static void main(String[] args) {
        new Child();
    }
}
```

上述代码的运行结果如下。

```
调用父类的构造方法
调用子类的构造方法
```

子类继承父类之后可以调用父类创建好的属性和方法。

实例7-9 以 Telephone（电话）类作为父类衍生出 Mobile（手机）类，Mobile 类可以直接使用 Telephone 类的 button 属性和 call() 方法，代码如下。

```
class Telephone {                               // Telephone 类
    String button = "button:0~9";               // button 属性
    void call() {
```

```
        System.out.println("开始拨打电话");
    }
}

class Mobile extends Telephone {                    // Mobile类继承Telephone类
    String screen = "screen:液晶屏";                 // screen属性
}

public class Demo {
    public static void main(String[] args) {
        Mobile motto = new Mobile();
        System.out.println(motto.button);           // 子类调用父类的属性
        System.out.println(motto.screen);           // 子类调用父类没有的属性
        motto.call();                               // 子类调用父类的方法
    }
}
```

上述代码的运行结果如下。

```
button:0~9
screen:液晶屏
开始拨打电话
```

Mobile 类仅创建了一个显示屏属性，其他属性和方法都是从 Telephone 类中继承的。

7.4.2　方法的重写

重写（又被称作覆盖）就是在子类中沿用父类的成员方法的方法名后，重新编写这个成员方法的方法体。其中，这个成员方法既可以修改方法的修饰符，又可以修改返回值类型。

注意

当重写父类方法时，父类方法的修饰符只能从小的范围被修改为大的范围。如果父类中的 doit() 方法的修饰符为 protected，那么子类中的 doit () 方法的修饰符就只能被修改为 public，而不能被修改为 private。例如，图 7.6 所示的重写关系就是错误的。

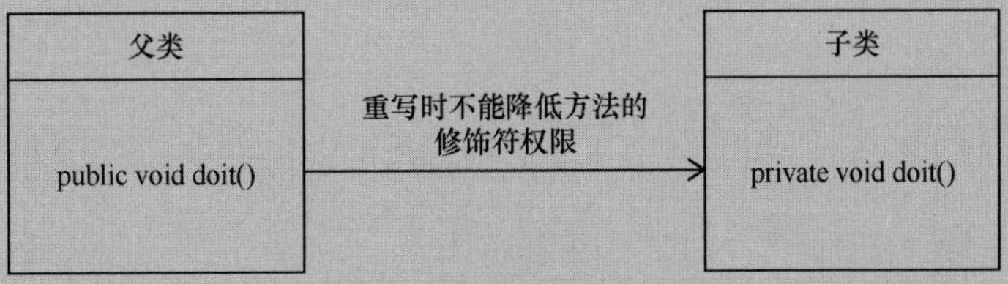

图 7.6　重写关系

在子类中重写父类的方法不会影响父类原有的调用关系，例如，在子类中重写的方法在父类的构造方法中被调用，再创建子类，子类的构造方法调用的则是被重写的新方法。

实例7-10 在 Telephone 类的构造方法中调用 install() 方法，子类 Mobile 重写此方法，然后分别创建父类对象和子类对象，查看父类和子类分别输出什么样的结果，具体代码如下。

```
class Telephone {                                   // Telephone类
    public Telephone() {                            // 构造方法
        install();                                  // 构造时安装电话
    }
    void install() {                                // install()方法
        System.out.println("铺设电话线，安装电话机");
    }
}
class Mobile extends Telephone {                    // Mobile类
    void install() {                                // 重写install()方法
        System.out.println("办理电话卡，开通手机信号");
    }
}
public class Demo {
    public static void main(String[] args) {
        new Telephone();// 创建父类对象
        new Mobile();   // 创建子类对象
    }
}
```

上述代码的运行结果如下。

```
铺设电话线，安装电话机
办理电话卡，开通手机信号
```

此结果说明，父类调用无参构造方法和子类调用无参构造方法的逻辑是相同的，但父类调用 install() 方法和子类调用 install() 方法的逻辑不同，相当于“父子各用各的方法”。

7.4.3 super 关键字

Java 使用 this 关键字代表本类对象，而在子类中也有一个可以表示父类对象的关键字，这个关键字就是 super。super 关键字可用于调用父类的属性和方法。super 关键字的语法格式如下。

```
super.property;     // 调用父类的属性
super.method();     // 调用父类的成员方法
super();            // 调用父类的构造方法
```

1. 调用父类的属性

如果子类的属性与父类的属性重名，则会重写父类的属性。如果想调用父类的属性，就需要使用

super 关键字。

实例7-11 Computer 翻译成中文为电脑（术语为计算机），而衍生出的子类 Pad 表示一种平板电脑，子类可以利用父类的名称拼接出自己的名称，代码如下。

```
class Computer {
    String name = "电脑";
    public void introduction() {
        System.out.println("我是" + name);
    }
}
class Pad extends Computer {
    String name = "平板" + super.name;// 使用父类属性拼接
    public void introduction() {
        System.out.println("我是" + name);
    }
}
public class Demo {
    public static void main(String[] args) {
        Computer c = new Computer();
        c.introduction();
        Pad p = new Pad();
        p.introduction();
    }
}
```

上述代码的运行结果如下。

```
我是电脑
我是平板电脑
```

如果把 Computer 的 name 属性默认值改为“计算机”，则 Pad 输出的名称也会同步改为“平板计算机”。

2. 调用父类的方法

如果在子类中重写父类的方法，但还需要执行父类的方法原有的逻辑，就可以使用 super 关键字调用父类原有的方法。

实例7-12 父类的方法可以返回一段文字信息，子类需要在这段信息的基础上追加日期，子类可以在重写方法时调用父类原有的方法，并拼接一段日期字符串，代码如下。

```
class Parent {                                              // 父类
    String showMessage() {
```

```
        return "您的账户余额不足，请及时充值！";
    }
}
class Child extends Parent {                                  // 子类
    String showMessage() {                                    // 重写父类的方法
        // 调用父类原有方法的逻辑，并在后面拼接时间字符串
        return super.showMessage() + " 2020-11-12 12:02:00";
    }
}
public class Demo {
    public static void main(String[] args) {
        Child c = new Child();
        System.out.println(c.showMessage());
    }
}
```

上述代码的运行结果如下。

```
您的账户余额不足，请及时充值！ 2020-11-12 12:02:00
```

这个结果就包含了父类原来的信息内容，使用 super 关键字大大降低了代码书写量，提高了代码重用率。

3．调用父类的构造方法

使用 super 调用父类的构造方法的方式与使用 this 调用本类的构造方法的方式一致。

实例7-13 在子类的无参构造方法中调用父类的有参构造方法，代码如下。

```
class Parent {                                         // 父类
    String message;                                    // 父类的属性
    public Parent(String message) {
        this.message = message;
    }
}
class Child extends Parent {                           // 子类
    public Child() {
        super("您的账户余额不足，请及时充值！");       // 调用父类的构造方法
    }
}

public class Demo {
    public static void main(String[] args) {
```

```
        Child c = new Child();
        System.out.println(c.message);
    }
}
```

上述代码的运行结果如下。

```
您的账户余额不足，请及时缴费！
```

子类在无参构造方法中调用父类的有参构造方法，父类的有参构造方法又会给 message 属性赋值，最后程序输出子类的 message 属性的值，即 super() 方法中的参数。

7.4.4　所有类的父类——Object 类

在 Java 中，所有的类都直接或间接地继承了 java.lang.Object 类（简写为 Object 类）。Object 类是比较特殊的类，它是所有类的父类。当创建一个类时，除非已经指定这个类要继承其他类，否则都要继承 Object 类。因为所有类都直接或间接地继承了 Object 类，所以在创建一个类时可以省略“extends Object”，如图 7.7 所示。

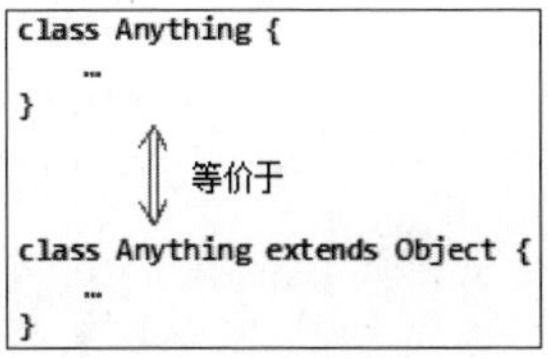

图 7.7　创建类时可以省略“extends Object”

Object 类主要包括 clone()、finalize()、equals()、toString() 等方法，其中两个常用的方法为 equals() 和 toString() 方法。因为所有类都直接或间接地继承了 Object 类，所以所有类都可以重写 Object 类中的方法。

> **注意**
>
> Object 类中的 getClass()、notify()、notifyAll()、wait() 等方法不能被重写，因为这些方法被定义为 final 类型的方法。

下面对 Object 类中的几个重要方法予以介绍。

1. getClass() 方法

Class 也是 Java API 中的一个类，表示正在运行的 Java 应用程序中的类和接口。一个对象调用 getClass() 方法后，可以获取该对象的 Class 实例。例如，获取 String 的 Class 实例，并输出该实例，代码如下。

```
String name = new String("tom");
Class c = name.getClass();
System.out.println(c);
```

上述代码的运行结果如下。

```
class java.lang.String
```

通过返回的 Class 对象可以获知 name 变量所对应的完整类名。

2. toString() 方法

toString() 方法将返回某个对象的字符串表示形式。当使用输出语句输出某个类对象时，程序将自动调用 toString() 方法。

实例7-14 创建 People 类，类中有 name 和 age 两个属性，重写 People 类的 toString() 方法，把该方法返回的结果写成自我介绍。在 main() 方法中创建 People 类对象，并使用输出语句输出该对象。具体代码如下。

```
class People {
    String name;// 姓名
    int age;// 年龄
    public People(String name, int age) {
        this.name = name;
        this.age = age;
    }
    public String toString() {// 重写
        return "我叫" + name + ", 今年" + age + "岁";
    }
}
public class Demo {
    public static void main(String[] args) {
        People tom = new People("tom", 24);
        System.out.println(tom);
    }
}
```

上述代码的运行结果如下。

```
我叫tom，今年24岁
```

如果不重写 toString() 方法，People 对象输出的则是“类名 @ 哈希码”的形式，例如 People@139a55。

3. equals() 方法

equals 是“等于”的意思，在 Java 中，Object 类提供的 equals() 方法用于比较两个对象的引用地址是否相等。在 API 的很多类（例如 String、Integer 等）中重写了 equals() 方法，重写之后的 equals() 方法可以用于判断更具体的数据。最典型的例子就是使用 equals() 方法判断两个字符串常量是否相等，例如，使用构造方法创建两个字符串对象，分别使用 equals() 方法和“==”运算符进行比较，代码如下。

```
String key1 = new String("A129515");
String key2 = new String("A129515");
```

```
System.out.println(key1.equals(key2));
System.out.println(key1 == key2);
```

比较的结果如下。

```
true
false
```

7.5　类的多态

在 Java 中，多态的含义是“一种定义，多种实现”。例如：当把运算符“+”用在两个整型变量之间时，其作用是求和；当用在两个字符串对象之间时，其作用是把它们连接在一起。类的多态性可以体现在两方面：一是方法的重载，二是类的向上、向下转型。本节将主要介绍类的向上、向下转型。

7.5.1　向上转型与向下转型

向上转型的意思是将子类对象变成父类对象，向下转型的意思是将父类对象变成子类对象。下面将分别讲解。

1. 向上转型

子类对象可以直接赋给父类对象，这就相当于按照父类来描述子类。

实例7-15 人类是教师类的父类，一名教师也可以被称为一个人。因此，Java 支持下面的写法。

```
class People {
}
class Teacher extends People {
}
public class Demo {
    public static void main(String[] args) {
        People tom = new Teacher();              // 父类声明对象，由子类实例化
    }
}
```

tom 对象的类型是 People，但是可以用 People 类的子类 Teacher 进行实例化，这就是向上转型的语法。向上转型可以按图 7.8 所示的方式去理解。

综上所述，向上转型就是把子类对象赋给父类类型的变量。因为向上转型表示从一个较具体的类转换为一个较抽象的类，所以向上转型是安全的。

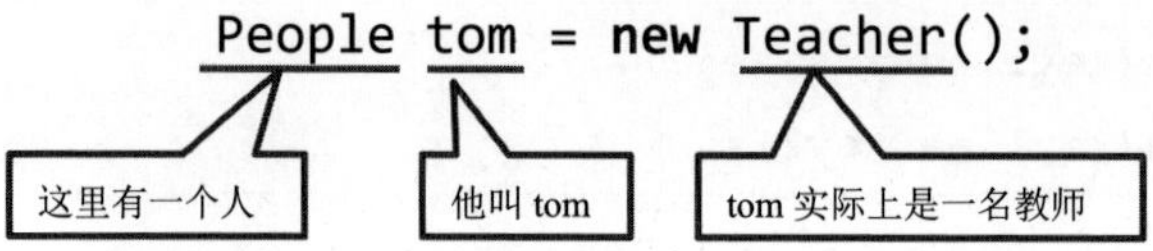

图 7.8　向上转型

2. 向下转型

通过向上转型可以推理出向下转型表示把一个较抽象的类转换为一个较具体的类，这样的转型通常会出现错误。例如，可以说某只鸽子是一只鸟，但不能说某只鸟是一只鸽子，因为鸽子是具体的，鸟是抽象的（鸟是一个集合概念）。一只鸟除了可能是鸽子，也有可能是老鹰等，因此可以说向下转型是不安全的。

实例7-16 向下转型时会发生错误，代码如下。

```
class Parent {
}
class Child extends Parent {
}
public class Demo {
    public static void main(String[] args) {
        Parent p = new Parent();
        Child c = p; // 尝试把父类对象转换为子类对象
    }
}
```

这段代码无法执行，因为会发生图 7.9 所示的错误。

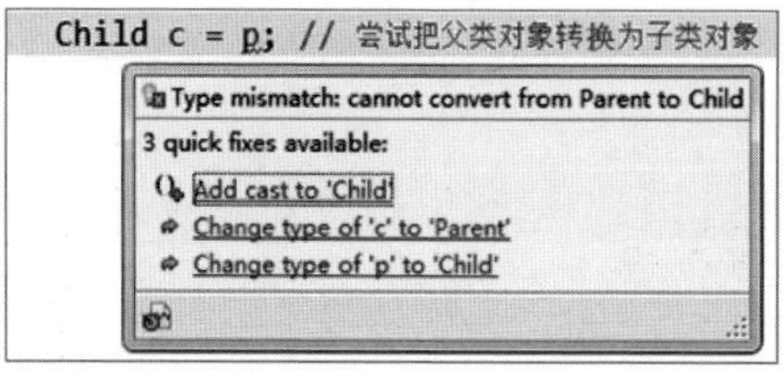

图 7.9　尝试把父类对象转换为子类对象时发生的错误

要正确地实现向下转型，需要使用强制转换语法，语法格式如下。

```
子类对象 =（子类类型）父类对象；
```

所以实例中把父类对象转换为子类对象的代码应该写成以下形式。

```
Parent p = new Parent();
Child c = (Child) p; // 父类对象强制转换为子类对象
```

> **注意**
>
> 两个没有继承关系的对象不可以进行向上转型或向下转型。

7.5.2 instanceof 关键字

关键字 instanceof 既可以用于判断父类对象是不是子类的实例，又可以用于判断某个类是否实现了某个接口，其语法格式如下。

```
子类对象 instanceof 父类名
```

> **注意**
>
> 在 Java 中，关键字均为小写形式。

在几何学中，四边形包含平行四边形，平行四边形又包含正方形，如图 7.10 所示。如果把这 3 种图形写成类，那么这 3 个类就是依次继承的关系。

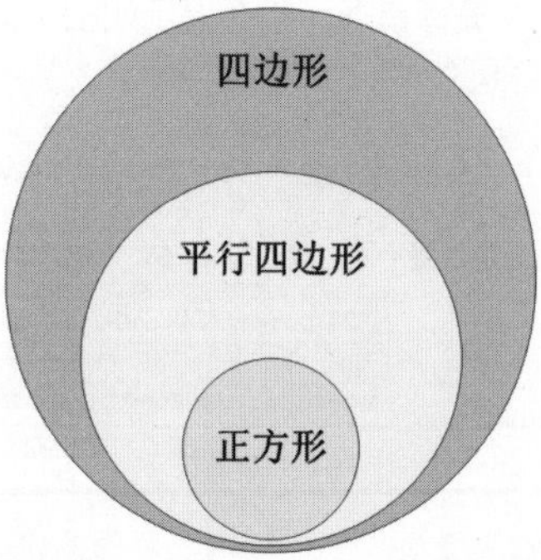

图 7.10 四边形包含平行四边形，平行四边形又包含正方形

在这个继承关系的前提下，“正方形 instanceof 平行四边形”就应该返回 true 的结果，但“平行四边形 instanceof 正方形”返回的结果就是 false。

实例7-17 创建 Quadrangle（四边形）类、Parallelogram（平行四边形）类、Square（正方形）类和 Triangle（三角形）类，其中 Parallelogram 类继承 Quadrangle 类，Square 类继承 Parallelogram 类。使用 instanceof 关键字判断不同类对象之间的继承关系，代码如下。

```
class Quadrangle { // 表示四边形
}
class Parallelogram extends Quadrangle {// 表示平行四边形
}
class Square extends Parallelogram { // 表示正方形
}
class Triangle { // 表示三角形
}
```

```
public class Demo {
    public static void main(String[] args) {
        Quadrangle q = new Quadrangle();
        Parallelogram p = new Parallelogram();
        Square s = new Square();
        System.out.println("平行四边形是否继承四边形: " + (p instanceof Quadrangle));
        System.out.println("正方形是否继承四边形: " + (s instanceof Quadrangle));
        System.out.println("四边形是否继承正方形: " + (q instanceof Square));
    }
}
```

上述代码的运行结果如下。

```
平行四边形是否继承四边形: true
正方形是否继承四边形: true
四边形是否继承正方形: false
```

但如果创建了 Triangle 类对象，Triangle 类对象使用 instanceof 关键字与和自己没有任何继承关系的 Quadrangle 类做判断，就会发生编译错误，错误提示如图 7.11 所示。无继承关系的对象或类之间不能使用 instanceof 关键字。

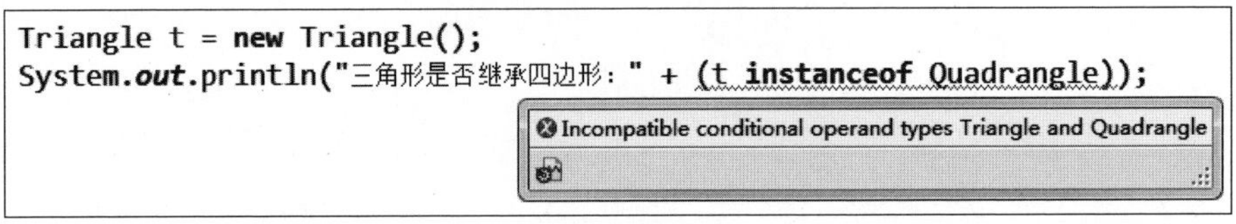

图 7.11　错误提示

7.6　抽象类与接口

在 Java 中，并不是所有的类都是用来描述对象的。如果一个类中没有包含足够的信息来描述一个具体的对象，那么这样的类称作抽象类。接口是一个抽象类，是抽象方法的集合，一个抽象类通过实现接口的方式进而实现接口中的抽象方法。

7.6.1　抽象类与抽象方法

在 Java 中，抽象类不能被实例化。在定义抽象类时，需要使用关键字 abstract。定义抽象类的语法格式如下。

```
[权限修饰符] abstract class 类名 {
    // 语句序列
}
```

同理，在定义抽象方法时，也需要使用关键字 abstract。定义抽象方法的语法格式如下。

```
[权限修饰符] abstract 方法返回值类型 方法名(参数列表);
```

从上述语法可以看出，抽象方法直接以分号结尾，且没有方法体。虽然抽象方法本身没有任何意义，但是当某个类继承用于承载抽象方法的抽象类时，在这个类中需要重写抽象类中的抽象方法。被重写的抽象方法既有意义，又有方法体。

在创建抽象类和抽象方法时，需要遵循以下原则。

（1）在抽象类中，可以包含抽象方法，也可以不包含抽象方法，但是包含抽象方法的类必须被定义为抽象类。

（2）即使抽象类不包含抽象方法，抽象类也不能被实例化。

（3）抽象类被继承后，子类需要重写抽象类中所有的抽象方法。

（4）如果继承抽象类的子类也是抽象类，那么可以不用重写父类中所有的抽象方法。

注意

构造方法不能定义为抽象方法。

例如，世界上有很多国家，每个国家的人说的语言可能不同，但不管哪一个国家的人都属于同一个物种——智人。所以智人就是一个抽象的概念，一个智人可能是一个中国人，可能是一个英国人，也有可能是一个南非人，像智人这样的抽象概念就可以在程序中写成抽象类。

智人抽象类可以写成如下代码。

```
abstract class Sapiens {            // 表示智人
    String skinColour;              // 表示肤色
    abstract void say();            // 表示抽象方法
}
```

实例7-18 以 Sapiens 抽象类作为父类可以延伸出很多具体的类，例如 Chinese、SouthAfricans、Britisher，具体代码如下。

```
class Chinese extends Sapiens {              // 中国人
    public Chinese() {
        skinColour = "黄色";
    }
    void say() {                             // 实现父类的抽象方法
        System.out.println("你好");
    }
}
class SouthAfricans extends Sapiens {        // 南非人
    public SouthAfricans() {
        skinColour = "黑色";
    }
```

```
    void say() {                                    // 实现父类的抽象方法
        System.out.println("Sawubona（祖鲁语）");
    }
}
class Britisher extends Sapiens {                   // 英国人
    public Britisher() {
        skinColour = "白色";
    }
    void say() {                                    // 实现父类的抽象方法
        System.out.println("Hello");
    }
}
```

7.6.2 接口的声明及实现

在使用抽象类时，可能会出现这样的问题：一个类在继承抽象类的同时，还需要继承另一个类。在 Java 中，类不允许多重继承。为了解决这一问题，接口应运而生。

接口是抽象类的延伸，可以把接口看作纯粹的抽象类。在定义接口时，需要使用关键字 interface。定义接口的语法格式如下。

```
[修饰符] interface 接口名 [extends 父接口名列表]{
}
```

- 修饰符：可选，用于指定接口的访问权限，可选值为 public，如果省略，则使用默认的访问权限。
- 接口名：必须是合法的 Java 标识符，一般情况下，要求首字母大写。
- 父接口名列表：用于指定要定义的接口继承哪个父接口。

当使用一个类实现一个接口时，需要使用关键字 implements，语法格式如下。

```
class 类名  implements 接口名 {
}
```

实例7-19 有的鸟会飞，但有的鸟只会跑，Bird 类的父类不可能同时拥有 fly() 和 run() 这两个方法，所以这两个方法就可以写在接口里，让 Bird 类的子类自己选择实现移动的方法。

Flyable 接口的代码如下。

```
interface Flyable {
    void fly();
}
```

Runable 接口的代码如下。

```
interface Runable {
    void run();
}
```

Bird 类仅作为被继承的父类使用，不用为它编写具体的属性和方法，代码如下。

```
class Bird {
}
```

创建 Haw 类，Haw 类继承 Bird 类，同时实现 Flyable 接口，代码如下。

```
class Hawk extends Bird implements Flyable{
    public void fly() {
        System.out.println("老鹰飞行");
    }
}
```

创建 Ostrich 类，Ostrich 类继承 Bird 类，同时实现 Runable 接口，代码如下。

```
class Ostrich extends Bird implements Runable{
    public void run() {
        System.out.println("鸵鸟奔跑");
    }
}
```

在这个程序中，虽然 Haw 类和 Ostrich 类都继承 Bird 类，但以实现接口的方式选择了不同的移动方法。

7.6.3　接口的多重继承

在 Java 中，虽然类不允许多重继承，但接口可以实现多重继承，即一个类可以同时实现多个接口。使用接口实现多重继承的语法格式如下。

```
class 类名 implements 接口1,接口2,...,接口n {
}
```

在现实世界中，有的物体可以移动，有的物体可以发出声音，有的物体同时具备这两种特性。在设计程序时可以把不同的特性写成接口，物体写成类，物体有哪些特性就继承哪些接口。

实例7-20 设计可发声接口 Soundable 和可移动接口 Movable，然后让 Train（火车）类实现这两个接口，具体代码如下。

```
interface Soundable {                        // 可发声的
    void makeVoice();                        // 发出声音
}
```

```
interface Movable {                                    // 可移动的
    void move();                                       // 移动
}
class Train implements Soundable, Movable {            // 火车
    public void move() {
        System.out.println("沿着铁轨移动");
    }
    public void makeVoice() {
        System.out.println("呜~呜~");
    }
}
```

Train 类同时实现两个接口，即同时具备两种特性。Train 类可以作为任意接口的实现类，代码如下。

```
Soundable s = new Train();
Movable m = new Train();
```

7.7 访问控制

Java 主要通过访问控制修饰符、Java 类包和 final 关键字控制类、变量与方法的访问权限。本节将介绍访问控制修饰符、Java 类包和 final 关键字。

7.7.1 访问控制修饰符

本节将详细介绍 public、protected、private 和 default（“默认”，即什么也不写）这 4 种访问控制修饰符。

public 被称作“公有访问修饰符”，用于修饰类、变量、方法和接口。

protected 被称作“受保护的访问修饰符”，用于修饰变量和方法。

private 被称作“私有访问修饰符”，用于修饰变量和方法。

default 被称作“默认访问修饰符”，用于修饰类、变量、方法和接口。

不难发现，访问控制修饰符的作用是控制对类、变量、方法和接口的访问。这 4 种访问控制修饰符的访问权限从高到低依次为 public → protected → default → private。访问权限越低，代表访问限制越严格。表 7.2 详细地列出了 public、protected、private 和 default 的访问权限。

> **注意**
>
> 在声明类时，如果不使用 public 设置类的权限，则这个类默认使用 default 修饰。

表 7.2　Java 中访问控制修饰符的访问权限

权限类别	访问控制修饰符			
	public	protected	default	private
本类	可见	可见	可见	可见
与本类同包下的子类	可见	可见	可见	不可见
与本类同包下的非子类	可见	可见	可见	不可见
其他包中的子类	可见	可见	不可见	不可见
其他包中的非子类	可见	不可见	不可见	不可见

7.7.2　Java 类包

在 Java 中每定义好一个类，通过 Java 编译器进行编译之后都会生成一个扩展名为 .class 的文件。当这个程序的规模逐渐变大时，很容易发生类名称冲突的现象。JDK API 提供了成千上万个具有各种功能的类，Java 又是如何管理的呢？ Java 提供了一种管理类文件的机制，即类包。

Java 中的每个接口或类都来自不同的类包，无论是 Java API 中的类与接口，还是自定义的类与接口都需要属于某一个类包。如果没有包的存在，管理程序中的类名称将是一件非常麻烦的事情。如果程序只由一个类定义组成，那么并不会给程序带来什么影响，但是随着程序代码的增多，难免会出现类同名的问题。例如，在程序中定义一个 Login 类，因业务需要，还要定义一个名称为 Login 的类，但是这两个类所实现的功能完全不同，于是问题就产生了，编译器不允许存在同名的类文件。解决这类问题的办法是将这两个类放置在不同的类包中。实际上，Java 中类的完整名称是包名与类名的组合，如图 7.12 所示。

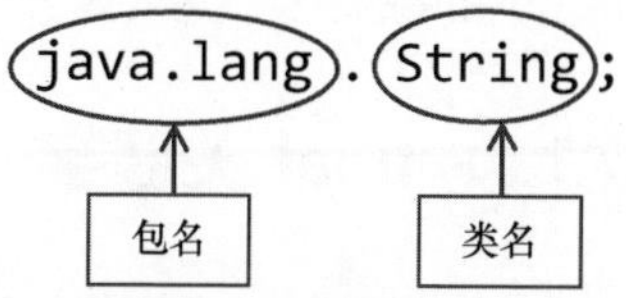

图 7.12　类的完整名称

在 Java 中采用类包机制非常重要，类包不仅可以解决类名冲突问题，还可以在开发庞大的应用程序时帮助开发人员管理庞大的应用程序组件，方便软件复用。

说明

当同一个包中的类相互访问时，可以不指定包名。

在 Java 中，包名应与文件系统结构相对应，如果一个包名为 com.mingrisoft，那么该包中的类位于 com 文件夹下的 mingrisoft 子文件夹下。没有定义包的类会被归纳在预设包（默认包）中。在实际开发中，应该为所有类设置包名，这是良好的编程习惯。

在类中定义包名的语法格式如下。

```
package 包名1[.包名2[.包名3...]];
```

在上面的语法中，包名可以设置多个，包名和包名之间使用“.”分隔，其中前面的包名包含后面的包名。

在类中指定包名时，需要将 package 放置在程序的第一行，它必须是程序中的第一行非注释代码。

当使用 package 关键字为类指定包名之后，包名将会成为类名中的一部分，预示着这个类必须指定全名。例如，在使用位于 com.mingrisoft 包下的 Dog.java 类时，需要使用形如 com.mingrisoft.Dog 这样的格式。

> **注意**
>
> Java 包的命名规则是全部使用小写字母。另外，因为包名将转换为文件的名称，所以包名不能包含特殊字符。

定义完包之后，如果要使用包中的类，可以使用 Java 中的 import 关键字指定，其语法格式如下。

```
import包名1[.包名2[.包名3...]].类名;
```

在使用 import 关键字时，可以指定类的完整描述。但如果想使用包中更多的类，则可以在包名后面加“.*”，以表示可以在程序中使用包中的所有类，代码如下。

```
import com.mr.*;              // 指定com.mr包中的所有类在程序中都可以使用
import com.mr.Math            // 指定com.mr包中的Math类在程序中可以使用
```

> **注意**
>
> 如果类定义中已经导入 com.mr.Math 类，在类体中还想使用其他包中的 Math 类，则必须使用带有包格式的完整类名，例如，这种情况下使用 java.lang 包中的 Math 类就要使用全名格式 java.lang.Math。

在程序中添加 import 关键字时，指定一个包中的所有类并不会指定这个包的子包中的类。如果要使用这个包中的子类，需要对子包进行单独引用。

7.7.3 final 关键字

final 被译为“最后的，最终的”，换言之，被 final 修饰的类、变量和方法不能被改变。

1. final 类

被 final 修饰的类不能被继承。定义 final 类的语法格式如下。

```
final class 类名{}
```

当把某个类定义为 final 类时，类中的所有方法都被隐式地定义为 final 形式的方法，但是 final 类中的成员既可以被定义为 final 形式的成员，又可以被定义为非 final 形式的成员。

例如，String 字符串类就是一个 final 类，开发者无法继承 String 类，String 类的定义如下。

```
public final class String
    implements java.io.Serializable, Comparable<String>, CharSequence {
    ...//省略类中的代码
}
```

一切尝试继承 String 类的操作都会报错。图 7.13 所示的就是一个错误场景。

2 public class MyString extends String{
3
4 }
5
The type MyString cannot subclass the final class String

图 7.13　错误场景

2. final 方法

被 final 修饰的方法不能被重写。如果一个父类的某个方法被定义为 private final 的方法，那么这个方法不能被子类重写；否则，会报错。

例如，B 类继承 A 类之后，B 类试图重写 A 类的 final 方法，结果 Eclipse 抛出 "Cannot override the final method from A" 的错误提示，如图 7.14 所示。

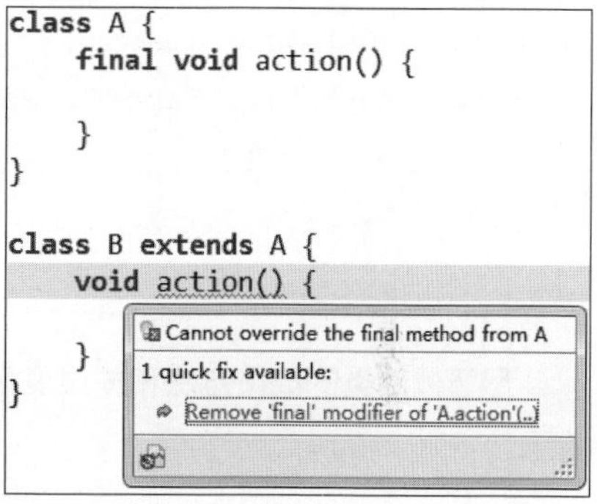
class A {
final void action() {
}
}
class B extends A {
void action() {
}
}
Cannot override the final method from A
1 quick fix available:
Remove 'final' modifier of 'A.action(..)'

图 7.14　错误提示

3. final 常量

当变量被 final 修饰时，这个变量的值不可以改变。在 Java 中，被 final 修饰的变量称作常量。使用 final 修饰变量时，必须为该变量赋值。

常量在开发中经常用到，例如，Java 提供的 Math 类就提供了两个常用的常量，分别是圆周率和自然常数（自然对数的底），代码如下。

```
Math.PI                              // 圆周率，常量值为3.141592653589793
Math.E                               // 自然常数，常量值为2.718281828459045
```

常量有两种赋值方式，一种是定义的时候直接赋值，另一种是在构造方法中赋值。不管使用哪种赋值方式，常量都只能被赋值一次，赋完的值无法被更改。

实例7-21 常量有两种赋值方式，代码如下。

```
public class Demo {
    final int a = 128;          // 定义的同时赋值
    final int b;
    public Demo() {
        b = 512;                  // 在构造方法中赋值
    }
}
```

注意

静态常量必须在定义时赋值。

7.8 内部类

在类中定义的类称作内部类。例如，发动机被安装在汽车内部，如果把汽车定义为 Car 类，发动机定义为 Motor 类，那么 Motor 类就是 Car 类的内部类。内部类有很多种形式。本节将介绍常用的成员内部类和匿名内部类。

7.8.1 成员内部类

除了成员变量和方法外，类的成员还包含成员内部类。定义成员内部类的语法格式如下。

```
public class OuterClass {              // 外部类
    private class InnerClass {         // 内部类
        // 语句序列
    }
}
```

尽管外部类的成员方法和成员变量都被 private 修饰，但是它们可以在内部类中使用，如图 7.15 所示。

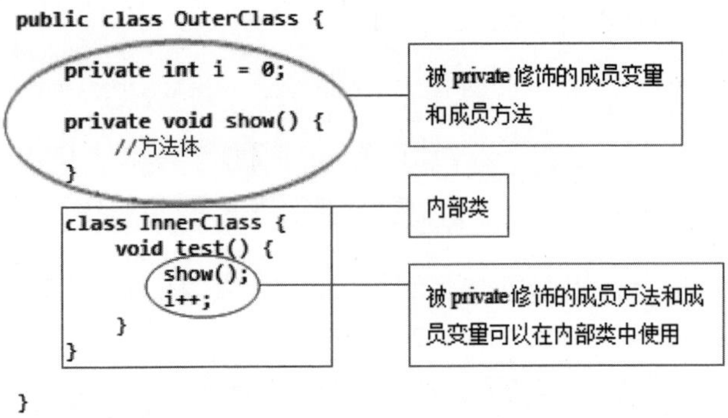

图 7.15　内部类可以使用外部类的私有成员

下面通过一个实例展示成员内部类的使用场景。

实例7-22 心脏是动物的重要器官，不断跳动的心脏意味着鲜活的生命力。现在创建 People 类，把 Heat 类设计为 People 类里面的一个成员内部类。Heat 类有一个 beating() 方法，在一个 People 对象被创建时，就开始不断地执行 beating() 方法。实现这个场景的代码如下。

```
public class People {                             // People类
    final Heart heart = new Heart();
    public People() {                             // 实例化People对象
        heart.beating();
    }
```

```
    class Heart {
        public void beating() {
            System.out.println("心脏：扑通扑通……");
        }
    }
}
```

当在 main() 方法中创建 People 对象时，也会创建一个 Heat 对象，并且 Heat 对象会在构造 People 类的时候开始执行 beating() 方法，例如下面的代码。

```
public static void main(String[] args) {
    new People();
}
```

以上代码执行后会在控制台输出如下内容。

```
心脏：扑通扑通……
```

在静态方法或其他类体中创建某个类的成员内部类对象的语法比较特殊。创建成员内部类的语法格式如下。

```
外部类名.成员内部类名 内部类对象名 = 外部类对象.new 成员内部类构造方法();
```

例如，在 main() 方法中创建 People 类的成员内部类——Heat 类对象的代码如下。

```
public static void main(String[] args) {
    People p = new People();
    People.Heart h = p.new Heart();
}
```

创建成员内部类对象之前，必须创建外部类对象。

7.8.2　匿名内部类

匿名内部类只能使用一次。也就是说，匿名内部类不能重复使用，创建匿名内部类的对象后，这个匿名内部类就会立即消失。创建匿名内部类的对象的语法格式如下。

```
new A(){
    /* 匿名内部类中的语句序列 */
};
```

其中，A 代表接口名或类名。

匿名内部类经常用来创建临时对象，例如接口的临时实现类、只会运行一次的线程对象等。

实例7-23 使用匿名内部类创建接口临时对象的场景。

创建一个接口，接口中只有一个抽象方法，代码如下。

```
interface Soundable {                          // 可发出声音的接口
    void makeSound();                          // 发声的抽象方法
}
```

在测试类的 main() 方法中使用 new 关键字创建接口匿名对象，并在匿名对象的最后一个右大括号之后直接调用接口的方法，具体代码如下。

```
public class Demo {
    public static void main(String[] args) {
        new Soundable() {                      // 创建接口的匿名对象
            public void makeSound() {          // 实现抽象方法
                System.out.println("有什么东西发出了巨大的响声");
            }
        }.makeSound();                         // 匿名对象调用自己的成员方法
    }
}
```

运行 Demo 类后会在控制台中输出以下内容。

```
有什么东西发出了巨大的响声
```

出现这个结果的原因就是匿名对象在实现抽象方法的同时直接调用了该方法。整个过程中没有创建任何带有名字的类，虽然实现了接口，但是匿名内部类没有用到 class 关键字。

说明

使用匿名内部类时应该遵循以下原则。

- 匿名内部类没有构造方法。
- 匿名内部类不能定义静态的成员。
- 匿名内部类不能用 private、public、protected、static、final、abstract 等关键字修饰。
- 只可以创建一个匿名内部类对象。

7.9 枚举

JDK 1.5 中新增了枚举。枚举是一种数据类型，是一系列具有名称的常量的集合。例如，在数学中所学的集合 A={1，2，3}，当使用这个集合时，只能使用集合中的 1、2、3 这 3 个元素，不是这个集合中的元素就无法使用。Java 中的枚举也是同样的道理，例如，如果在程序中定义了一个性别枚举，里面只有两个值——男、女，那么在使用该枚举时，只能使用男和女这两个值，任何其他值都是无法使用的。本节将详细介绍枚举类型。

以往设置常量时，通常将常量放置在接口中，这样在程序中就可以直接使用，并且该常量不能被修改，因为在接口中定义常量时，该常量的修饰符为 final 或 static。

例如，在项目中创建 Constants 接口，在接口中定义常量的常规方式如下。

```
public interface Constants {
    public static final int Constants_A = 1;
    public static final int Constants_B = 12;
}
```

在 JDK 1.5 版本中新增的枚举类型逐渐取代了这种常量定义方式，因为使用枚举类型可以赋予程序在编译时进行检查的功能。使用枚举类型定义常量的语法格式如下。

```
public enum Constants {
    Constants_A,
    Constants_B,
    Constants_C
}
```

其中，enum 是定义枚举类型的关键字。当需要在程序中使用该枚举时，可以使用 Constants.Constants_A。

例如，创建一个用于区分性别的 Sex 枚举，代码如下。

```
enum Sex {
    male,           // 男
    female          // 女
}
```

如果在 Student 类中使用 Sex 枚举记录性别，可以写成以下形式。

```
class Student {
    Sex sex;    // 性别
}
```

在给 Student 对象的性别赋值时，需要使用“枚举类 . 枚举项”的语法。例如，将一个叫 tom 的 Student 对象的性别指定为 male，代码如下。

```
Student tom = new Student();
tom.sex = Sex.male;
```

枚举可以使用“==”运算符进行比较，比较方式如下。

```
if (tom.sex == Sex.male) {

}
```

枚举也可以使用 Object 类提供的 equals() 方法进行比较，比较方式如下。

```
if (Sex.male.equals(tom.sex)) {

}
```

“==”运算符和 equals() 方法的执行结果是一样的。

实例7-24 枚举也可以用在 switch 语句中，case 语句右侧不用写枚举类名，可以直接写枚举项，代码如下。

```
switch (tom.sex) {
    case male :                              // 自动识别为Sex中的male
        System.out.println("tom是男孩");
        break;
    case female :                            // 自动识别为Sex中的female
        System.out.println("tom是女孩");
        break;
}
```

动手练一练

1. 输出信用卡消费账单。控制台先输出使用信用卡消费的每一条交易信息，再输出使用信用卡消费的总次数，运行结果如图 7.16 所示。

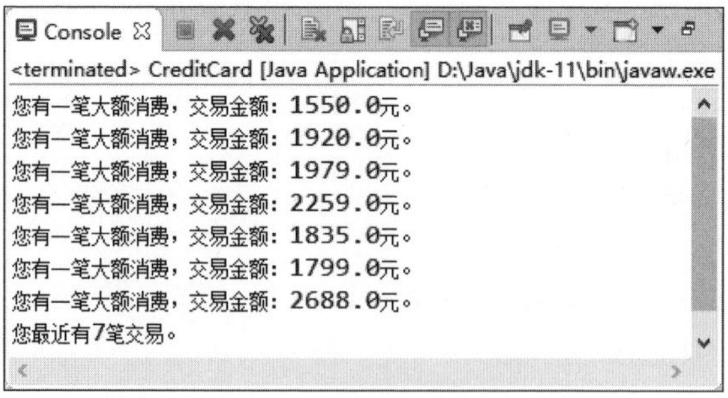

图 7.16　信用卡消费账单

2. 对于在同一家公司工作的经理和员工而言，两者是有很多共同点和不同点的。例如，两者每个月都会得到工资，但是经理在完成目标任务后还会获得奖金。请利用继承描述经理与员工的差异，控制台的输出内容如下。

```
员工的姓名: Java
员工的工资: 2000.0 元
经理的姓名: 明日科技
经理的工资: 3000.0 元
经理的奖金: 2000.0 元
```

3. 模拟交通红绿灯的点亮时间。请使用 instanceof 关键字模拟交通红绿灯的点亮时间，控制台的输出内容如下。

```
红灯亮 45 秒
黄灯亮 5 秒
绿灯亮 30 秒
```

4. 验证 3 条边能否构成三角形。创建一个抽象的 Graph 类，Graph 类中有一个计算周长的抽象 calculateCircumference() 方法。让 Triangle 类继承 Graph 类，先在 Triangle 类中声明三角形的 3 条边，再判断这 3 条边能否构成三角形，接着重写 Graph 类中的抽象方法。现有长分别为 3、4、5 的 3 条边和长分别为 1、4、5 的 3 条边，控制台分别输出这两组 3 条边能否构成三角形。如果能，则计算三角形的周长；如果不能，则输出原因。控制台的输出内容如下。

```
长为 3.0、4.0、5.0 的 3 条边能构成三角形，这个三角形的周长为 12.0
长为 1.0、4.0、5.0 的 3 条边不能构成三角形，因为三角形任意两边之和必须大于第三边
```

5. 计算两个数相加的结果。首先，创建一个表示增加的 Addable 接口，接口中有多个同名的表示两个数相加的抽象 add() 方法。然后，创建一个 Addition（加法）类，使之实现 Addable 接口。最后，创建 Test 类，并在控制台上输出如下内容。

```
7 + 4 = 11
7 + 4.4 = 11.4
7.11 + 4 = 11.11
```

第 8 章

异　常

在 Java 中，运行时错误会被程序作为异常抛出。以控制台的输入输出为例，如果一个程序要求用户在控制台上输入一个 int 型数值，用户却输入了一个 double 型数值，那么这个程序就会出现运行时错误，控制台将输出 InputMismatchException 异常，即“输入不匹配异常”。本章将对如何捕获并处理异常予以讲解。

8.1　什么是异常

在 Java 中，异常是对象，表示阻止程序正常运行的错误。换言之，在程序运行过程中，如果 Java 虚拟机检测到一个不能执行的操作，程序就会终止运行，同时抛出异常。

实例8-1 现以录入姓名、年龄、性别等个人信息为例，演示异常是如何被抛出的，关键代码如下。

```
Scanner sc = new Scanner(System.in);
System.out.println("请输入姓名：");
String name = sc.next();
System.out.println("请输入年龄：");
    int age = sc.nextInt();  → 年龄的数据类型是 int 型
System.out.println("请输入性别：");
String sex = sc.next();
System.out.println("个人信息录入成功！请核对：\n姓名："
    + name + "\t年龄：" + age + "\t性别：" + sex);
sc.close();
```

运行上述代码，根据提示信息，在控制台上依次输入 Leon 和 12.5 后的运行结果如图 8.1 所示。

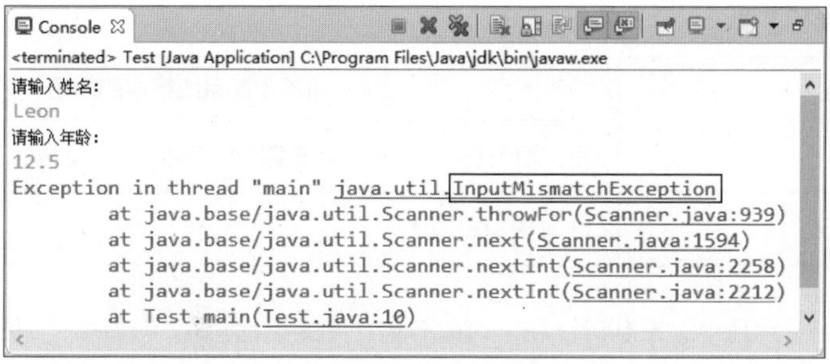

图 8.1　运行结果

> **说明**
>
> String 是 Java 中的对象，用于表示字符串对象。字符串对象的相关内容将在后续章节予以讲解。

由图 8.1 可知，在控制台输入 12.5 后，正在运行的程序被终止，后续的代码将不被执行。这是因为 Java 虚拟机检测到一个错误：12.5 是 double 型数值（而需要输入的年龄的数据类型是 int 型）。因此，程序会抛出 InputMismatchException 异常，即“输入不匹配异常”。

8.2　异常类型

异常是对象，由异常类来定义。所有的 Java 异常类都直接或间接地继承 java.lang 包中的 Throwable 类。Throwable 类主要包含 3 种类型的异常——系统错误、可控式异常和运行时异常。Throwable 类的框架结构如图 8.2 所示。

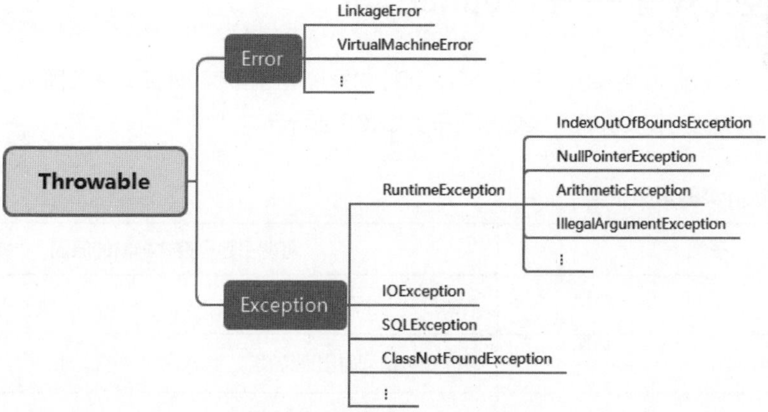

图 8.2　Throwable 类的框架结构

8.2.1　系统错误——Error 类

Java 使用 Error 类表示系统错误，系统错误是由 Java 虚拟机抛出的。系统错误很少发生，一旦发生，用户除了终止程序外，什么也不能做。Error 类的常见子类如表 8.1 所示。

表 8.1　Error 类的常见子类

子类	可能引起系统错误的原因
LinkageError	两个类相互依赖，一个类被编译的同时另一个类被修改，使之不相互兼容
VirtualMachineError	Java 虚拟机崩溃

实例8-2 控制台输出“用几小时来制订计划，可以节省几周的编程时间”，具体代码如下。

```
public class Demo {
    public static void main(String[] args) {
        System.out.println("用几小时来制订计划，可以节省几周的编程时间")
    }
}
```

上述代码的运行结果如图 8.3 所示。

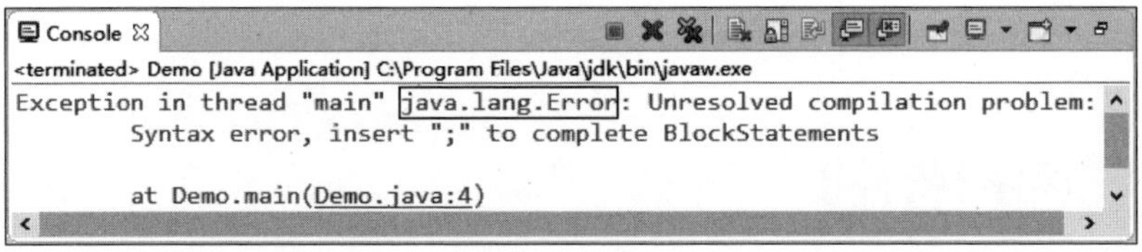

图 8.3　运行结果

由图 8.3 可知，Java 虚拟机检测到一个系统错误（输出语句的结尾处缺少分号），正在运行的程序被终止。

8.2.2　可控式异常——Exception 类

Java 使用 Exception 类表示可控式异常，可控式异常是由程序和外部环境共同引起的异常。这类异常能够被捕获并处理。Exception 类的常见子类如表 8.2 所示。

表 8.2　Exception 类的常见子类

子类	可能引起可控式异常的原因
IOException	试图打开一个不存在的文件
SQLException	数据库被访问时出现错误
ClassNotFoundException	试图使用一个不存在的类

实例8-3 读取 D 盘下不存在的 test.txt 文件中的内容，关键代码如下。

```
// 把D盘下的test.txt文件定义为路径名
String path = "D:\\test.txt";
```

```
try {
    // 读取D盘下的test.txt文件中的内容
    FileReader fis = new FileReader(path);
} catch (FileNotFoundException e) {
    e.printStackTrace();
}
```

上述代码的运行结果如图 8.4 所示。

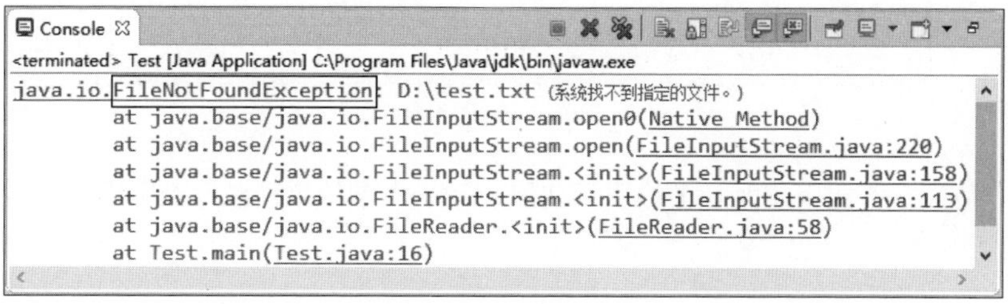

图 8.4 运行结果

程序因为没有找到 D 盘下的 test.txt 文件，所以通过 try...catch 代码块捕获 FileNotFoundException 异常。

说明

FileReader 类用于以字符型读取指定文件中的内容。
FileNotFoundException 是 IOException 类的子类。
try...catch 代码块用于捕获并处理程序抛出的异常。
printStackTrace() 方法用于在控制台上输出异常信息。

8.2.3 运行时异常——RuntimeException 类

Java 使用 RuntimeException 类表示运行时异常，运行时异常指的是程序的设计错误，例如，错误的数据类型转换、使用一个越界的下标访问数组中的元素等。RuntimeException 类的常见子类如表 8.3 所示。

表 8.3 RuntimeException 类的常见子类

子类	可能引起运行时异常的原因
IndexOutOfBoundsException	使用一个越界的下标访问数组中的元素
NullPointerException	通过一个值为 null 的引用变量访问一个对象
ArithmeticException	一个数除以 0
IllegalArgumentException	传递给方法的参数的数据类型不合适

实例8-4 使用 equals() 方法比较 null 和空字符串是否相等，关键代码如下。

```
String strNull = null;
String strEmpty = ""; // 空字符串
System.out.println("null和空字符串是否相等" + strNull.equals(strEmpty));
```

上述代码的运行结果如图 8.5 所示。

图 8.5 运行结果

由图 8.5 可知，不能用值为 null 的引用变量访问一个字符串对象，否则程序就会抛出空指针异常。

8.3 捕获异常

可控式异常是能够被捕获并处理的。因此，Java 提供了 try...catch...finally 代码块。在讲解 try...catch...finally 代码块之前，先详细地介绍 try...catch 代码块。

8.3.1 try...catch 代码块

try...catch 代码块用于捕获并处理异常。其中，try 代码块用于捕获可能发生异常的 Java 代码，catch 代码块用于处理指定类型的异常对象的 Java 代码。try...catch 代码块的语法格式如下。

```
try{
    //捕获可能发生异常的Java代码
} catch(Exceptiontype1 e1) {
    //处理异常对象e1的Java代码
} catch(Exceptiontype2 e2) {
    //处理异常对象e2的Java代码
}
...
catch(ExceptiontypeN eN) {
    //处理异常对象eN的Java代码
}
```

如果 try 代码块中的某行 Java 代码发生异常，那么程序将跳过 try 代码块中剩余的 Java 代码，进入 catch 块；然后根据异常对象的类型，查找处理这个异常对象的 Java 代码。如果 try 代码块中没有发生异常，那么程序将跳过 catch 代码块中的 Java 代码。

实例8-5 在录入姓名、年龄、性别等个人信息的过程中，因为年龄的数据类型是 int 型，所以在控制台输入 12.5 后，程序会抛出 InputMismatchException 异常，使用 try...catch 代码块捕获并处理这个异常，关键代码如下。

```
Scanner sc = new Scanner(System.in);
System.out.println("请输入姓名：");
try {
    String name = sc.next();
    System.out.println("请输入年龄：");
    int age = sc.nextInt();
    System.out.println("请输入性别：");
    String sex = sc.next();
    System.out.println("个人信息录入成功！请核对：\n姓名："
            + name + "\t年龄：" + age + "\t性别：" + sex);
} catch (InputMismatchException ime) {
    System.out.println("输入错误：年龄须是整数！");
}
sc.close();
```

捕获并处理 InputMismatchException 异常

上述代码的运行结果如图 8.6 所示。

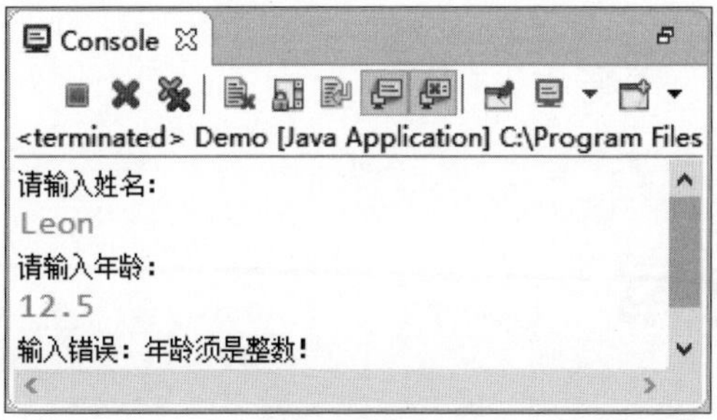

图 8.6　运行结果

以上述代码为例，如果不具体指定异常对象的类型（即 InputMismatchException），那么可以使用 InputMismatchException 的父类 Exception 来替换。使用 Exception 替换 InputMismatchException 后的代码如下。

```
...
catch (Exception e) {
    System.out.println("输入错误：年龄须是整数！");
}
```

8.3.2　finally 代码块

除了 try...catch 代码块外，一个完整的异常处理代码块还应该搭配 finally 代码块。如果一个程序使用 try...catch...finally 代码块捕获并处理异常，那么不管这个程序是否发生异常，finally 代码块中的 Java

代码都会被执行。

实例8-6 对于表示文本扫描器的 Scanner 对象，如果不调用 close() 方法予以关闭，就会继续扫描下一个文本单位。如果使用 try...catch...finally 代码块，为了释放 Scanner 对象占用的内存空间，需要把 Scanner 对象调用 close() 方法的代码置于 finally 代码块中，关键代码如下。

```
Scanner sc = new Scanner(System.in);
System.out.println("请输入姓名：");
try {
    String name = sc.next();
    System.out.println("请输入年龄：");
    int age = sc.nextInt();
    System.out.println("请输入性别：");
    String sex = sc.next();
    System.out.println("个人信息录入成功！请核对：\n姓名："
        + name + "\t年龄：" + age + "\t性别：" + sex);
} catch (InputMismatchException ime) {
    ime.printStackTrace();
} finally {
    sc.close();    → 关闭 Scanner 对象
}
```

8.4 抛出异常

所谓抛出异常，就是将异常从一个地方传递到另一个地方。换言之，当异常被抛出时，程序正常的执行流程就会被终止。那么如何捕获并处理被抛出的异常呢？Java 中的方法经常会抛出异常，所以当某个方法抛出异常时，调用这个方法的语句就会被置于 try...catch 代码块中，进而捕获并处理被抛出的异常。

Java 提供了 throws 和 throw 关键字用于抛出方法中发生的异常，本节将分别予以讲解。

8.4.1 throws 关键字

在声明一个方法时，可以使用 throws 关键字抛出这个方法可能发生的异常。如果这个方法可能抛出多个异常，那么可以使用逗号分隔这些异常。使用 throws 关键字抛出异常的语法格式如下。

```
返回值类型名 方法名(参数列表) throws 异常类型名 {
    方法体
}
```

实例8-7 编写一个程序，模拟期末考试测试题“计算 7 ÷ 0 的结果”，关键代码如下。

```
public static void main(String[] args) {
    try {
        divide(7, 0); // 调用表示除法的静态divide()方法，其中被除数是7，除数是0
    } catch (ArithmeticException e) { // 捕获并处理算术异常
        System.out.println("陷阱！除数不能为0。");
    }
}
/**
 * 表示除法的方法
 * @param dividend 被除数
 * @param divisor 除数
 * @return
 * @throws ArithmeticException 异常
 */
public static double divide(int dividend, int divisor) throws ArithmeticException {
    double result = dividend / divisor; // 计算"7 ÷ 0"
    return result; // 返回"7 ÷ 0"的结果
}
```

上述代码的运行结果如下。

```
陷阱！除数不能为0。
```

上述代码通过调用表示除法的静态 divide() 方法计算“7 ÷ 0”的结果。但是，当除数为 0 时，程序会发生 ArithmeticException 异常。因此，在声明 divide() 方法的同时，还需要使用 throws 关键字抛出这个方法可能发生的 ArithmeticException 异常。这样，把调用 divide() 方法的代码置于 try...catch 代码块中，就能够捕获并处理 ArithmeticException 异常。

8.4.2 throw 关键字

throw 关键字通常用于在方法体中抛出一个异常。当程序执行到 throw 语句时，就会被立即终止，throw 语句后的其他代码不执行。使用 throw 关键字抛出异常的语法格式如下。

```
throw new 异常类型名(异常信息);
```

实例8-8 使用 throw 关键字改写模拟期末考试测试题“计算 7 ÷ 0 的结果”的程序，关键代码如下。

```
public static void main(String[] args) {
    try {
```

```
        divide(7, 0); // 调用表示除法的静态divide()方法，其中被除数是7，除数是0
    } catch (ArithmeticException e) { // 捕获并处理异常
        e.printStackTrace(); // 输出异常信息
    }
}
/**
 * 表示除法的方法
 * @param dividend 被除数
 * @param divisor 除数
 * @return
 * @throws ArithmeticException 异常
 */
public static double divide(int dividend, int divisor) {
    if (divisor == 0) { // 如果除数是0
        // 抛出异常，并在控制台输出异常对象的信息，即"陷阱！除数不能为0。"
        throw new ArithmeticException("陷阱！除数不能为0。");
    }
    double result = dividend / divisor;
    return result;
}
```

上述代码的运行结果如图 8.7 所示。

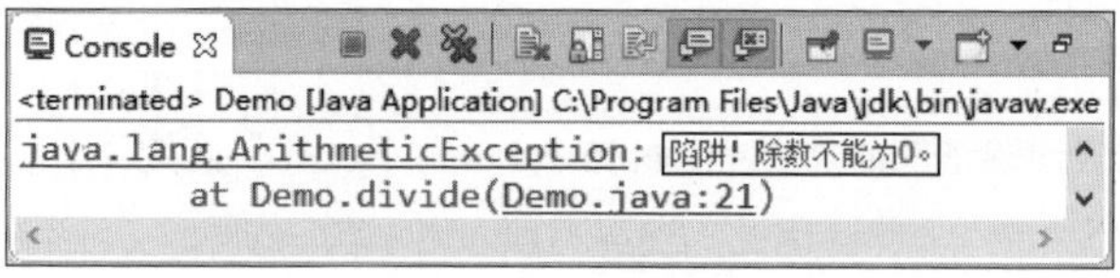

图 8.7　运行结果

8.5 自定义异常

使用 Java 提供的异常类可以描述程序设计过程中出现的大部分异常，但是有些情况是无法描述的。例如，要用一个负数描述一个人的年龄，关键代码如下。

```
int age = -50;
System.out.println("小丽今年  "+age+" 岁了！ ");
```

虽然上述代码运行时没有任何问题，但是人的年龄不可能是负数。这类问题不符合常理，而且 Java

虚拟机也无法检测到其中的错误。对于这类问题，需要通过自定义异常对其进行捕获并处理。

使用自定义异常类的步骤如下。

（1）创建继承 Exception 类的自定义异常类。

（2）在方法体中通过 throw 关键字抛出异常对象。

（3）如果在当前抛出异常的方法体中处理异常，应使用 try...catch 代码块捕获并处理；否则，在声明方法时，先使用 throws 关键字抛出这个方法可能发生的异常，再把调用这个方法的代码置于 try...catch 代码块中。

实例8-9 使用自定义异常处理年龄为负数的异常问题，步骤如下。

（1）创建一个继承 Exception 类的自定义异常类 MyException，关键代码如下。

```
public class MyException extends Exception {
public MyException(String ErrorMessage) { // MyException类的构造方法，参数为异常信息
    super(ErrorMessage); // 把异常信息传递给Exception类的构造方法
    }
}
```

（2）在项目中创建 Test 类，该类中包含一个带有 int 型参数的 avg() 方法，该方法用于检查年龄是否小于 0。如果小于 0，则使用 throw 关键字抛出一个自定义的 MyException 异常对象，并在 main() 方法中对其进行捕捉和处理，关键代码如下。

```
public class Test {
// 定义方法，使用throws关键字抛出MyException异常
    public static void avg(int age) throws MyException {
        if (age < 0) { // 如果年龄小于0
            throw new MyException("年龄不可以为负数"); // 抛出MyException异常对象
        } else {
            System.out.println("小丽今年  " + age + " 岁了！ ");
        }
    }
    public static void main(String[] args) {
        try {
            avg(-50);
        } catch (MyException e) {
            e.printStackTrace();
        }
    }
}
```

上述代码的运行结果如图 8.8 所示。

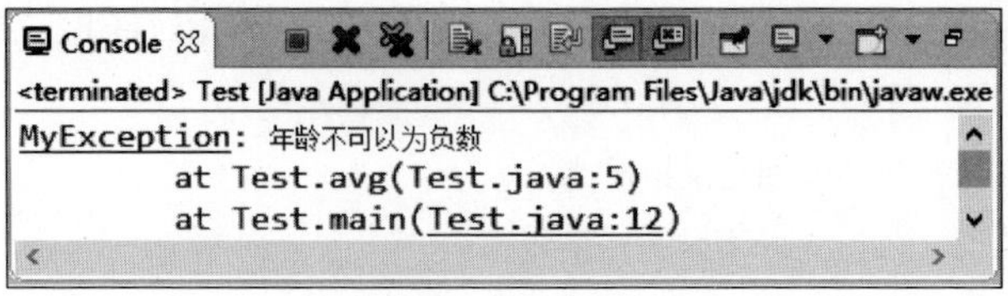

图 8.8　运行结果

动手练一练

1. 捕获任意两个数相乘时可能发生的异常。创建 Number 类，通过类中的 count() 方法可得到任意两个数相乘的结果，并在调用该方法的主方法中使用 try...catch 代码块捕获可能发生的异常。
2. 捕获控制台中输入的不是整数时的异常。模拟一个简单的整数计算器（只能进行两个整数的加、减、乘、除运算），并用 try...catch 代码块捕获 InputMismatchException 异常。
3. 捕获用户输入信息时的异常。编写一个信息录入程序，获取用户输入的姓名和年龄。如果用户输入的年龄不正确，则抛出异常并让用户重新输入；如果输入的年龄正确，则输出用户输入的信息，效果如图 8.9 所示。

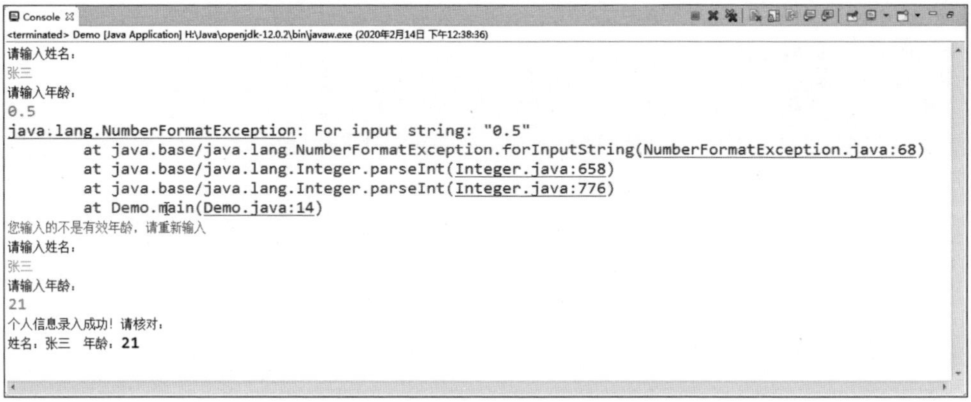
Console
<terminated> Demo [Java Application] H:\Java\openjdk-12.0.2\bin\javaw.exe (2020年2月14日 下午12:38:36)
请输入姓名：
张三
请输入年龄：
0.5
java.lang.NumberFormatException: For input string: "0.5"
at java.base/java.lang.NumberFormatException.forInputString(NumberFormatException.java:68)
at java.base/java.lang.Integer.parseInt(Integer.java:658)
at java.base/java.lang.Integer.parseInt(Integer.java:776)
at Demo.main(Demo.java:14)
您输入的不是有效年龄，请重新输入
请输入姓名：
张三
请输入年龄：
21
个人信息录入成功！请核对：
姓名：张三　年龄：21

图 8.9　捕获用户输入信息时的异常

4. 循环不会因为出现异常而中断。编写一段循环执行的代码，当代码中出现异常时，循环中断；修改这段代码，当代码中出现异常时，循环不会中断。
5. 捕获传递负整数时的异常。创建 Computer 类，该类中有一个计算两个数的最大公约数的方法，如果向该方法传递负整数，该方法就会抛出自定义异常。

第9章

字 符 串

在程序设计过程中，如果需要定义地理方位中的“东”“南”“西”和“北”，可以使用只能表示一个字符的char型予以实现。但是，哪种数据类型能够定义“东南”“西南”“东北”或者“西北”这4个地理方位呢？为此，Java提供了字符串对象。本章将对字符串对象的相关知识予以讲解。

9.1 字符串与String类型

字符串是由一个或者多个字符组成的字符序列。为了表示字符串，Java提供了String类型。String类型是一种引用类型，使用引用类型声明的变量称作引用变量，引用变量的作用是引用一个对象。String类型的变量又称作字符串对象。

下面将通过图9.1来展示上述内容中的专有名词。

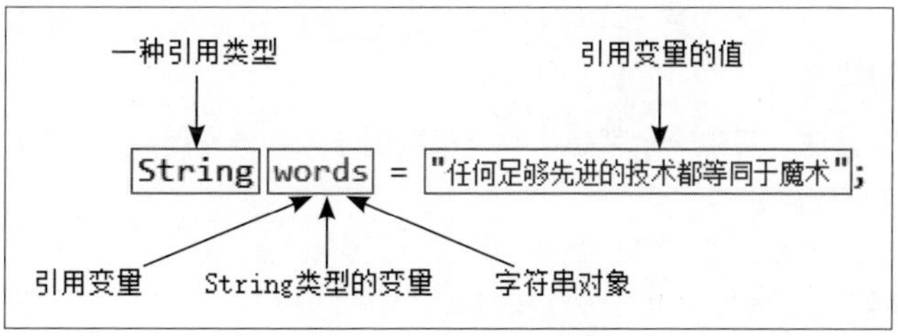

图9.1 专有名词示意图

说明

引用变量words的作用是引用一个值为“任何足够先进的技术都等同于魔术”的字符串对象。

初始化字符串对象有 6 种方式，分别如下。

1. 引用字符串常量

Java 允许直接将字符串常量赋给 String 型变量，示例代码如下。

```
String a = "当你试图解决一个不理解的问题时，复杂化就产生了。";
String b = "红烧排骨", c = "香辣肉丝";
```

如果两个字符串对象引用相同的字符串常量，那么这两个字符串对象的内存地址和内容均相同，示例代码如下。

```
String str1, str2;
str1 = "控制复杂性是编程的本质";
str2 = "控制复杂性是编程的本质";
```

两个字符串对象引用相同的常量，如图 9.2 所示。

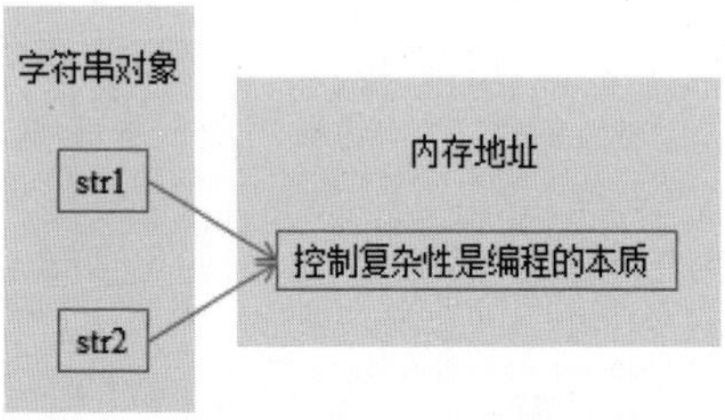

图 9.2　两个字符串对象引用相同的常量

2. 利用构造方法初始化

使用 new 关键字新建 String 对象，将字符串常量当作构造方法的参数，示例代码如下。

```
String str = new String("没有什么代码的执行速度比空代码更快");
String newStr = new String(str);
```

3. 利用字符串数组初始化

字符串有多个构造方法，其中一个就是将字符串数组作为参数，新建的对象就是将数组中所有字符拼接起来的字符串，示例代码如下。

```
char[] charArray = {'s', 'u', 'c', 'c' 'e', 's', 's'};
String str = new String(charArray);
```

4. 提取字符串数组的一部分并新建字符串对象

字符串的构造方法也可以指定字符串数组的拼接范围。例如，定义一个字符串数组 charArray[ ]，从该字符串数组中索引为 3 的位置开始，提取两个元素，新建一个字符串，代码如下。

```
char[] charArray = {'成', '功', '是', '失' '败', '之', '母'};
String str = new String(charArray, 3, 2);
```

5. 利用字节数组初始化

在程序设计过程中，经常会遇到将 byte 型数组转换为字符串的情况，那么如何处理这种情况呢？示例代码如下。

```
byte[] byteArray = {65, 66, 67, 68};
String str = new String(byteArray);
```

控制台输出的结果如下。

```
ABCD
```

说明

byte 型数组中的 65、66、67 和 68 对应 ASCII 码表中的 A、B、C 和 D。

6. 提取字节数组的一部分并新建字符串对象

可以提取字节数组的一部分并新建字符串对象。因为一个汉字占两字节，所以如果要取字节数组中的汉字，至少要提取两字节的内容，示例代码如下。

```
byte[] byteArray = {65, 66, 67, 68};
String str = new String(byteArray, 0, 2);
```

9.2 操作字符串对象

为了操作字符串对象，Java 提供了 String 类中的方法。这些方法能够实现连接字符串、获取字符串信息、比较字符串、替换字符串、分割字符串、转换字符串大小写，以及去除字符串首末空格等效果。下面依次讲解操作字符串对象的常用方法。

9.2.1 连接字符串

连接字符串有两种方式——使用“+”和使用 String 类的 concat() 方法。在程序设计过程中，“+”要比 concat() 方法更常用。

concat() 方法的语法格式如下。

```
public String concat(String str)
```

其中，str 表示要被连接的字符串对象，字符串对象 str 会被连接到当前字符串对象的末尾。

例如，分别使用“+”和 concat() 方法连接字符串“To be ”和“happy!”，关键代码如下。

```
String message1 = "To be " + "happy!";          // 使用"+"连接字符串
String message2 = "To be ".concat("happy!");    // 使用concat()方法连接字符串
```

说明

String 类的方法只能通过一个字符串对象来调用。因此，代码 "To be ".concat("happy!") 可以理解为值为“To be ”的字符串对象调用 concat() 方法，连接值为“happy!”的字符串对象。代码中“concat”前的“.”不能省略。

使用“+”还可以将字符串对象与其他数据类型的数据连接在一起。但是，当“+”用于数学运算时，需要特别注意运算符的优先级。

例如，在控制台上输出使用“+”连接字符串对象和整型数据后的结果，关键代码如下。

```
System.out.println("7 + 11 = " + 7 + 11);
System.out.println("7 + 11 = " + (7 + 11));
```

上述代码的运行结果如下。

```
7 + 11 = 711
7 + 11 = 18
```

不难看出，第一个输出结果因为没有使用括号，所以相当于先使用“+”把字符串对象“7 + 11 =”和整数 7 连接起来（得到新的字符串对象“7 + 11 = 7”），再使用“+”把字符串对象“7 + 11 = 7”和整数 11 连接起来（得到新的字符串对象“7 + 11 = 711”）。第二个输出结果相当于先计算整数 7 和 11 相加后的结果（即整数 18），再使用“+”把字符串对象“7 + 11 =”和整数 18 连接起来（得到新的字符串对象“7 + 11 = 18”）。

9.2.2 获取字符串信息

1. 获取字符串长度

使用 String 类的 length() 方法可以获得当前字符串的长度，即字符串中的字符个数。注意，这里空格也算字符。

例如，要在控制台上输出值为“有信念的人经得起任何磨砺。”的字符串对象的长度，关键代码如下。

```
String message = "有信念的人经得起任何磨砺。";
System.out.println("“" + message + "”的长度：" + message.length());
```

上述代码的运行结果如下。

```
"有信念的人经得起任何磨砺。"的长度：13
```

> 说明
>
> String 类的 length() 方法和数组的 length 属性有本质上的区别，在程序设计过程中，要注意区分。

2. 获取指定字符的索引

使用 String 类的 indexOf() 方法和 lastIndexOf() 方法都可以获得符合要求的指定字符（或者指定字符串）在目标字符串中的索引，其区别在于 indexOf() 方法用于获得第一个符合要求的索引值，lastIndexOf() 方法用于获得最后一个符合要求的索引。两个方法的语法格式分别如下。

```
public int indexOf(String str)
```

其中，str 表示需要查找的字符串。

```
public int lastIndexOf(String str)
```

其中，str 表示需要查找的字符串。

例如，要在控制台上输出值为“So say we can!”的字符串对象中字母 s 首次和最后出现的索引，关键代码如下。

```
String message = "So say we can!";
System.out.println("s首次出现的索引值：" + message.indexOf("s"));
System.out.println("s最后出现的索引值：" + message.lastIndexOf("s"));
```

上述代码的运行结果如下。

```
s首次出现的索引值：3
s最后出现的索引值：3
```

> 说明
>
> indexOf() 和 lastIndexOf() 方法都是区分大小写的。

3. 获取指定索引的字符

String 类的 charAt() 方法可用于获取字符串中指定索引的字符。charAt() 方法的语法格式如下。

```
public char charAt(int index)
```

其中，index 表示目标字符的索引，取值在 0 和“字符串的长度 -1”之间。

实例9-1 在控制台上输出值为“So say we can!”的字符串对象中索引为奇数的字符，关键代码如下。

```
String message = "So say we can!";
  System.out.println(message + "中索引值为奇数的字符: ");
  for (int i = 0; i < message.length(); i++) {
      if (i % 2 == 1) { // 如果i是奇数
          System.out.print(message.charAt(i) + "_");
      }
}
```

上述代码的运行结果如下。

```
So say we can!中索引值为奇数的字符:
o_s_y_w_ _a_!_
```

9.2.3 比较字符串

1. 比较字符串的全部内容

String 类的 equals() 方法可以用于比较两个字符串的内容是否完全相同，equalsIgnoreCase() 方法可以在忽略大小写的情况下比较两个字符串的内容是否完全相同。

equals() 方法的语法格式如下。

```
public boolean equals(Object anObject)
```

其中，anObject 表示用于比较的字符串对象。

equalsIgnoreCase() 方法的语法格式如下。

```
public boolean equalsIgnoreCase(String anotherString)
```

其中，anotherString 表示用于比较的字符串对象。

实例9-2 先使用 equals() 方法比较字符串对象“mrsoft”和“mrsoft”是否完全相同，再使用 equalsIgnoreCase() 方法比较字符串对象“mrsoft”和“MrSoft”是否完全相同，关键代码如下。

```
String message1 = "mrsoft";
String message2 = "mrsoft ";
String message3 = "MrSoft";
System.out.println(message1 + " equals " + message2 + ": " +
        message1.equals(message2));
System.out.println(message1 + " equalsIgnoreCase " + message3 + ": " +
        message1.equalsIgnoreCase(message3));
```

上述代码的运行结果如下。

```
mrsoft equals mrsoft : false
mrsoft equalsIgnoreCase MrSoft: true
```

2．比较字符串的开头和结尾

String 类的 startsWith() 方法可以用于判断目标字符串是否以指定字符串开头。startsWith() 方法的语法格式如下。

```
public boolean startsWith(String prefix)
```

其中，prefix 表示字符串前缀。

String 类的 endsWith() 方法可以用于判断目标字符串是否以指定字符串结尾。endsWith() 方法的语法格式如下。

```
public boolean endsWith(String suffix)
```

其中，suffix 表示字符串后缀。

实例9-3 判断值为“So say we can!”的字符串对象是否以“So”开头、以“!”结尾，关键代码如下。

```
String message = "So say we can!";
  boolean startsWith = message.startsWith("So");
  boolean endsWith = message.endsWith("!");
  System.out.println(message + "以So作为前缀: " + startsWith);
  System.out.println(message + "以!作为后缀: " + endsWith);
```

上述代码的运行结果如下。

```
So say we can!以So作为前缀: true
So say we can!以!作为后缀: true
```

9.2.4　替换字符串

String 类的 replace() 方法可以替换目标字符串中的指定字符串为另一个字符串。replace() 方法的语法格式如下。

```
public String replace(CharSequence target, CharSequence replacement)
```

- target：被替换的字符串。
- replacement：替换后的字符串。

> 说明
>
> replaceAll() 和 replaceFirst() 方法也可以用于字符串替换，请参考 API 文档。

实例9-4 把值为“So say we can!”的字符串对象中的空格全部替换为换行符“\n”，关键代码如下。

```
String message = "So say we can!";
String replace = message.replace(" ", "\n");
System.out.println("替换后字符串：\n" + replace);
```

上述代码的运行结果如下。

```
替换后字符串：
So
say
we
can!
```

9.2.5 分割字符串

String 类的 split() 方法用于分割字符串，返回值是一个字符串类型的数组。split() 方法的语法格式如下。

```
public String[] split(String regex)
```

其中，regex 表示用于分割字符串的指定字符串。

实例9-5 在控制台上输出值为“So say we can!”的字符串对象中单词的个数，关键代码如下。

```
String message = "So say we can!";
String[] split = message.split(" ");
System.out.println(message + "中共有" + split.length + "个单词！ ");
```

上述代码的运行结果如下。

```
So say we can!中共有4个单词!
```

9.2.6 转换字符串大小写

String 类的 toUpperCase() 方法和 toLowerCase() 方法分别用于将目标字符串中的英文字符全部转换为大写形式和小写形式。

toUpperCase() 方法的语法格式如下。

```
public String toUpperCase()
```

toLowerCase() 方法的语法格式如下。

```
public String toLowerCase()
```

实例9-6 在控制台上分别输出把值为“So say we can!”的字符串对象全部转换为大写形式和小写形式后的结果，关键代码如下。

```
String message = "So say we can!";
System.out.print(message);
System.out.println("转换为大写形式: " + message.toUpperCase());
System.out.print(message);
System.out.println("转换为小写形式: " + message.toLowerCase());
```

上述代码的运行结果如下。

```
So say we can!转换为大写形式: SO SAY WE CAN!
So say we can!转换为小写形式: so say we can!
```

9.2.7　去除字符串首尾的空格

String 类的 trim() 方法用于去除目标字符串首尾的空格。trim() 方法的语法格式如下。

```
public String trim()
```

实例9-7 在控制台上分别输出值为“过早地优化是罪恶之源。”的字符串对象去除首尾空格前、后的长度，关键代码如下。

```
String message = " 过早地优化是罪恶之源。 "; // 定义字符串
System.out.println("未去除首尾空格的字符串长度: " + message.length());
System.out.println("去除首尾空格后的字符串长度: " + message.trim().length());
```

上述代码的运行结果如下。

```
未去除首尾空格的字符串长度: 13
去除首尾空格后的字符串长度: 11
```

9.3 格式化字符串

String 类的 format() 方法用于格式化字符串对象。format() 方法有两种重载形式。本节只介绍 format() 方法比较常用的重载形式，其语法格式如下。

```
public static String format(String format,Object...args)
```

上述的 format() 方法使用指定的格式来格式化字符串对象。其中，format 代表格式化字符串对象时要使用的格式，args 代表被格式化的字符串对象。

9.3.1 日期格式化

使用 format() 方法对日期进行格式化时，会用到日期格式化转换符。常用的日期格式化转换符如表 9.1 所示。

表 9.1 常用的日期格式化转换符

转换符	说明	示例
%te	一个月中的某一天（整数 1 ~ 31）	6
%tb	指定语言环境的月份简称	Feb（英文）、二月（中文）
%tB	指定语言环境的月份全称	February（英文）、二月（中文）
%tA	指定语言环境的星期几全称	Monday（英文）、星期一（中文）
%ta	指定语言环境的星期几简称	Mon（英文）、星期一（中文）
%tc	包括全部日期和时间信息	星期二 六月 05 13:37:22 CST 2018（CST 为中国标准时间的英文缩写）
%tY	4 位数的年份	2018
%tj	一年中的第几天（001 ~ 366）	085
%tm	月份	06
%td	一个月中的第几天（01 ~ 31）	02
%ty	两位数的年份	18

实例9-8 在项目中新建 date 对象，假设当天是小明的生日，在控制台上以年、月、日的形式输出小明的生日，关键代码如下。

```
Date date = new Date(); // 新建对象
/*
 * "1$"表示格式化第一个参数,"tY"表示格式化日期中的年份字段
 * "%1$tY"输出的值为date对象中的年份, 例如2018
 * 同理, "%1$tm"输出月; "%1$td"输出日
 */
```

```
String message = String.format("小明的生日：%1$tY年%1$tm月%1$td日", date);
System.out.println(message);
```

上述代码的运行结果如下。

```
小明的生日：2020年11月12日
```

9.3.2 时间格式化

当使用 format() 方法对时间进行格式化时，会用到时间格式化转换符。时间格式化转换符要比日期格式化转换符更多、更精确，并且可以将时间格式化为时、分、秒和毫秒。常用的时间格式化转换符如表 9.2 所示。

表 9.2　常用的时间格式化转换符

转换符	说明	示例
%tH	两位数字的 24 小时制的小时（00 ~ 23）	14
%tI	两位数字的 12 小时制的小时（01 ~ 12）	05
%tk	两位数字的 24 小时制的小时（0 ~ 23）	5
%tl	两位数字的 12 小时制的小时（1 ~ 12）	10
%tM	两位数字的分钟（00 ~ 59）	05
%tS	两位数字的秒数（00 ~ 59）	12
%tL	3 位数字的毫秒数（000 ~ 999）	920
%tN	9 位数字的微秒数（000000000 ~ 999999999）	062000000
%tp	指定语言环境的上午或下午标记	下午（中文）、pm（英文）
%tz	相对于 GMT RFC 82 格式的数字时区偏移量	+0800
%tZ	时区缩写形式的字符串	CST
%ts	从 1970-01-01 00:00:00 至现在经过的秒数	1528175861
%tQ	从 1970-01-01 00:00:00 至现在经过的毫秒数	1528175911460

实例9-9 在控制台上输出 12 小时制的当前时间，关键代码如下。

```
Date date = new Date(); // 新建对象
String message = String.format("当前时间：%1$tI时%1$tM分%1$tS秒", date);
System.out.println(message);
```

上述代码的运行结果如下。

```
当前时间：02时21分48秒
```

9.3.3 日期和时间组合格式化

因为日期与时间经常是同时出现的，所以格式化转换符还定义了各种日期和时间组合的格式。常用的日期和时间组合的格式化转换符如表 9.3 所示。

表 9.3 常用的日期和时间组合的格式化转换符

转换符	说明	示例
%tF	“年-月-日”格式（4 位数的年份）	2018-06-05
%tD	“月/日/年”格式（两位数的年份）	06/05/18
%tc	全部日期和时间信息	星期二 六月 05 15:20:00 CST 2018
%tr	“时 : 分 : 秒下午（上午）”格式（12 小时制）	03:22:06 下午
%tT	“时 : 分 : 秒”格式（24 小时制）	15:23:50
%tR	“时 : 分”格式（24 小时制）	15:25

实例9-10 在控制台上输出格式为“时 : 分 : 秒”的当前时间，关键代码如下。

```
Date date = new Date(); // 新建日期对象
String message = String.format("当前时间：%tT", date);
System.out.println(message);
```

上述代码的运行结果如下。

```
当前时间：14:23:47
```

9.3.4 常规类型格式化

在程序设计过程中，经常需要对常规数据类型的数据进行格式化。格式化的方式有两种，即转换符和转换符标识。

常用的转换符如表 9.4 所示。

表 9.4 常用的转换符

转换符	说明	示例
%b、%B	结果被格式化为布尔类型	true
%h、%H	结果被格式化为哈希码	A05A5198
%s、%S	结果被格式化为字符串类型	"abcd"

续表

转换符	说明	示例
%c、%C	结果被格式化为字符类型	'a'
%d	结果被格式化为十进制整数	40
%o	结果被格式化为八进制整数	11
%x、%X	结果被格式化为十六进制整数	4b1
%e	结果被格式化为用计算机中的科学记数法表示的十进制数	1.700000e+01
%a	结果被格式化为带有效位数和指数的十六进制浮点值	0X1.C000000000001P4
%n	结果为特定于平台的行分隔符	
%%	结果为字面值 '%'	%

实例9-11 在控制台上分别输出十进制数 99 的八进制和十六进制表示形式，关键代码如下。

```
System.out.println(String.format("%1$d的八进制表示: %1$o", 99));
System.out.println(String.format("%1$d的十六进制表示: %1$x", 99));
```

上述代码的运行结果如下。

```
99的八进制表示: 143
99的十六进制表示: 63
```

常用的转换符标识如表 9.5 所示。

表 9.5　常用的转换符标识

转换符标识	说明
“-”	在最小宽度内左对齐，不可以与“0”填充标识同时使用
“#”	用于八进制和十六进制格式，在八进制前加一个 0，在十六进制前加一个 0x
“+”	显示数字的正负号
“ ”	在正数前加空格，在负数前加负号
“0”	在不够最小位数的结果前用 0 填充
“,”	只适用于十进制，每 3 位数字用“,”分隔
“(”	用圆括号把负数括起来

实例9-12 使用表 9.5 中的转换符标识格式化字符串，关键代码如下。

```
// 让字符串输出的最大长度为5，若长度不足，在前端补空格
System.out.println(String.format("输出长度为5的字符串: |%5d|", 123));
```

```
// 让字符串左对齐
System.out.println(String.format("左对齐: |%-5d|", 123));
// 在八进制前加一个0
System.out.println(String.format("33的八进制表示: %#o", 33));
// 在十六进制前加一个0x
System.out.println(String.format("33的十六进制表示: %#0x", 33));
// 显示数字的正负号
System.out.println(String.format("我是正数: %+d", 1));
// 显示数字的正负号
System.out.println(String.format("我是负数: %+d", -1));
// 在正数前补一个空格
System.out.println(String.format("我是正数, 前面有空格|% d|", 1));
// 在负数前补一个负号
System.out.println(String.format("我是负数, 前面有负号|% d|", -1));
// 让字符串输出的最大长度为5, 若长度不足, 在前端补0
System.out.println(String.format("前面不够的数用0填充: %05d", 12));
// 用逗号分隔数字
System.out.println(String.format("用逗号分隔: %,d", 123456789));
// 正数无影响
System.out.println(String.format("我是正数, 我没有括号: %(d", 13));
//用括号把负数括起来
System.out.println(String.format("我是负数, 我有括号: %(d", -13));
```

上述代码的运行结果如下。

```
输出长度为5的字符串: |  123|
左对齐: |123  |
33的八进制表示: 041
33的十六进制表示: 0x21
我是正数: +1
我是负数: -1
我是正数, 前面有空格| 1|
我是负数, 前面有负号|-1|
前面不够的数用0填充: 00012
用逗号分隔: 123,456,789
我是正数, 我没有括号: 13
我是负数, 我有括号: (13)
```

9.4 字符串对象与数值类型的相互转换

因为字符串对象与数值类型的变量之间不可以直接用“=”运算符，所以 Java 提供了很多用于字符串对象与数值类型的变量相互转换的方法。本节介绍这些方法。

1. 把字符串对象转换为数值类型的方法

不能通过强制类型转换把字符串对象转换为数值类型，因此 Java 提供了表 9.6 所示的静态方法予以实现。

表 9.6　将字符串对象转换为数值类型的静态方法

静态方法	说明
int Integer.parseInt(String s)	将字符串对象 s 转换成 int 型
byte Byte.parseByte(String s)	将字符串对象 s 转换成 byte 型
short Short.parseShort(String s)	将字符串对象 s 转换成 short 型
long Long.parseLong(String s)	将字符串对象 s 转换成 long 型
double Double.parseDouble(String s)	将字符串对象 s 转换成 double 型
float Float.parseFloat(String s)	将字符串对象 s 转换成 float 型

实例9-13 将字符串对象分别转换成 int、byte、short、long、double、float 型变量，关键代码如下。

```
// 新建字符串对象，赋予int型数字
String strInt = "235";
// 将字符串对象转换成int型变量
int intValue = Integer.parseInt(strInt);
// 输出结果
System.out.println("intValue中数字乘2的结果 = " + (intValue * 2));
// 新建字符串对象，赋予byte型数字
String strByte = "12";
// 将字符串对象转换成byte型变量
byte byteValue = Byte.parseByte(strByte);
// 输出结果
System.out.println("byteValue中数字除以2的结果 = " + (byteValue / 2));
// 新建字符串对象，赋予short型数字
String strShort = "35";
// 将字符串对象转换成short型变量
short shortValue = Short.parseShort(strShort);
// 输出结果
System.out.println("shortValue中数字加2的结果 = " + (shortValue + 2));
// 新建字符串对象，赋予long型数字
String strLong = "9876543200000";
// 将字符串对象转换成long型变量
long longValue = Long.parseLong(strLong);
```

```
// 输出结果
System.out.println("longValue中数字减去100000的结果 = " + (longValue - 100000L));
// 新建字符串对象，赋予double型数字
String strDouble = "3.1415926";
// 将字符串对象转换成double型变量
double doubleValue = Double.parseDouble(strDouble);
// 输出结果
System.out.println("doubleValue中数字加0.001的结果  = " + (doubleValue + 0.001));
// 新建字符串对象，赋予float型数字
String strFloat = "8.02f";
// 将字符串对象转换成float型变量
float floatValue = Float.parseFloat(strFloat);
// 输出结果
System.out.println("floatValue中数字  = " + floatValue);
```

上述代码的运行结果如下。

```
intValue中数字乘2的结果 = 470
byteValue中数字除以2的结果 = 6
shortValue中数字加2的结果 = 37
longValue中数字减去100000的结果 = 9876543100000
doubleValue中数字加0.001的结果  = 3.1425926
floatValue中数字  = 8.02
```

实例9-14 将字符串对象表示的二进制、八进制、十六进制或者二十八进制的值转换为十进制的值，关键代码如下。

```
// 初始化二进制字符串对象
String str_2 = "110001";
// 将字符串对象按照二进制解析
int binary = Integer.parseInt(str_2, 2);
// 输出结果
System.out.println("二进制转换为十进制：" + str_2 + " → " + binary);
// 初始化八进制字符串对象
String str_8 = "143";
// 将字符串对象按照八进制解析
int octal = Integer.parseInt(str_8, 8);
// 输出结果
System.out.println("八进制转换为十进制：" + str_8 + " → " + octal);
// 初始化十六进制字符串对象
String str_16 = "-FF";
```

```
// 将字符串对象按照十六进制解析
int hex = Integer.parseInt(str_16, 16);
// 输出结果
System.out.println("十六进制转换为十进制: " + str_16 + " → " + hex);
// 初始化二十八进制字符串对象
String str_28 = "amlk";
// 将字符串对象按照二十八进制解析
int value = Integer.parseInt(str_28, 28);
// 输出结果
System.out.println("二十八进制转换为十进制: " + str_28 + " → " + value);
```

上述代码的运行结果如下。

```
二进制转换为十进制: 110001 → 49
八进制转换为十进制: 143 → 99
十六进制转换为十进制: -FF → -255
二十八进制转换为十进制: amlk → 237376
```

2. 把数值类型转换为字符串对象的方法

数值类型转换为字符串对象的方法有两种——显式转换和隐式转换。

显式转换通过 String 类提供的方法予以实现，这些方法如表 9.7 所示。

表 9.7　把数值类型转换为字符串对象的方法

方法	说明
static String valueOf(double d)	以字符串的形式表示 double 型变量的值
static String valueOf(float f)	以字符串的形式表示 float 型变量的值
static String valueOf(int i)	以字符串的形式表示 int 型变量的值
static String valueOf(long l)	以字符串的形式表示 long 型变量的值

实例9-15 使用表 9.7 所示的相应方法分别以字符串的形式表示值为 520.1314 的 double 型变量和值为 5203344 的 int 型变量，关键代码如下。

```
String strDou = String.valueOf(520.1314);
String strInt = String.valueOf(5203344);
```

隐式转换是程序设计过程中常用的转换方式，其实现方式是先通过“+”运算符把数值和英文格式的闭合双引号连接起来，再通过“=”运算符把连接后的结果赋给字符串对象。关键代码如下。

```
// 通过"+"运算符把数值和英文格式的闭合双引号连接起来
String str1 = "" + 520.1314;
```

```
String str2 = "91" + 203344;
System.out.println("str1 = " + str1);
System.out.println("str2 = " + str2);
```

上述代码的运行结果如下。

```
str1 = 520.1314
str2 = 91203344
```

9.5 StringBuilder 类对象

StringBuilder 类对象表示的是一个长度可变的、执行效率较高的字符序列。相对于值不可修改的字符串对象，StringBuilder 类对象的值是可以直接修改的。因此，Java 提供了用于操作 StringBuilder 类对象的相关方法。本节将对 StringBuilder 类对象予以讲解。

9.5.1 新建 StringBuilder 类对象

新建 StringBuilder 类对象，不能像新建字符串对象一样直接引用字符串常量，必须使用 new 关键字。新建 StringBuilder 类对象有如下语法格式。

```
// 新建一个StringBuilder类对象，无初始值
StringBuilder sbd = new StringBuilder();
//新建一个StringBuilder类对象，初始值为"abc"
StringBuilder sbd = new StringBuilder("abc");
//新建一个StringBuilder类对象，可以容纳32个字符
StringBuilder sbd = new StringBuilder(32);
```

9.5.2 StringBuilder 类的常用方法

使用 StringBuilder 类的相关方法能够直接修改 StringBuilder 类对象的值。例如，在 StringBuilder 类对象的值的末尾处追加新的字符串，删除或替换 StringBuilder 类对象中的字符等。下面对 StringBuilder 类的常用方法进行讲解。

1. append() 方法

append() 方法用于在 StringBuilder 类对象的值的末尾处追加新的字符串，其效果相当于使用“+”运算符连接字符串。append() 方法的语法格式如下。

```
StringBuilder append(Object obj)
```

其中，obj 表示任意数据类型的对象，例如 String、int、double、boolean 等，都可以拼接到 StringBuilder 类对象的值的末尾处。

实例9-16 使用 append() 方法，在初始值为“锄禾日当午”的 StringBuilder 类对象基础上补齐《悯农》的剩余诗句，关键代码如下。

```
StringBuilder sbd = new StringBuilder("锄禾日当午，");
sbd.append("汗滴禾下土。");
sbd.append("谁知盘中餐，");
sbd.append("粒粒皆辛苦。");
System.out.println(sbd);
```

上述代码的运行结果如下。

```
锄禾日当午，汗滴禾下土。谁知盘中餐，粒粒皆辛苦。
```

2. setCharAt() 方法

setCharAt() 方法用于根据指定的索引修改 StringBuilder 类对象的值中的字符。setCharAt() 方法的语法格式如下。

```
void setCharAt(int index, char ch)
```

- index：被替换字符的索引。
- ch：替换后的新的字符。

实例9-17 找到并修改“如火如茶”中的错别字，关键代码如下。

```
StringBuilder sbd = new StringBuilder("如火如茶");
System.out.println("sbd的原值：" + sbd);
sbd.setCharAt(3, '荼'); // 将"茶"改成"荼"
System.out.println("sbd的新值：" + sbd);
```

上述代码的运行结果如下。

```
sbd的原值：如火如茶
sbd的新值：如火如荼
```

3. insert() 方法

insert() 方法用于在指定的位置向 StringBuilder 类对象的值中插入一个字符串。insert() 方法的语法格式如下。

```
StringBuilder insert(int offset, String str)
```

- offset：指定的位置。
- str：被插入的字符串。

实例9-18 把古诗“少小离家老大回，__________。儿童相见不相识，笑问客从何处来。”补充完整，关键代码如下。

```
StringBuilder sbd = new StringBuilder
("少小离家老大回,。儿童相见不相识，笑问客从何处来。");
System.out.println("sbd的原值：" + sbd);
sbd.insert(8, "乡音无改鬓毛衰");
System.out.println("sbd的新值：" + sbd);
```

上述代码的运行结果如下。

```
sbd的原值：少小离家老大回,__________。儿童相见不相识，笑问客从何处来。
sbd的新值：少小离家老大回，乡音无改鬓毛衰。儿童相见不相识，笑问客从何处来。
```

4. reverse() 方法

reverse() 方法用于倒置 StringBuilder 类对象的值，倒置就是前后颠倒所有字符的顺序。reverse() 方法的语法格式如下。

```
StringBuilder reverse()
```

实例9-19 颠倒词能够充分体现汉语灵动摇曳的特点，在控制台上输出“人名”的颠倒词，关键代码如下。

```
StringBuilder sbd = new StringBuilder("人名");
System.out.println("sbd的原值：" + sbd);
sbd.reverse();
System.out.println("sbd的新值：" + sbd);
```

上述代码的运行结果如下。

```
sbd的原值：人名
sbd的新值：名人
```

5. delete() 方法

delete() 方法用于删除 StringBuilder 类对象的值中从起始索引到“终止索引 -1”范围内的字符序列。delete() 方法的语法格式如下。

```
StringBuilder delete(int start, int end)
```

- start：起始索引（包含）。

✓ end：终止索引（不包含）。

StringBuilder 类对象的值被删除的范围是从 start 至 end−1。如果 start 等于 end，则 StringBuilder 类对象的值不发生改变。

实例9-20 删除“君子天行健以自强不息”中语句不通顺的部分，关键代码如下。

```
StringBuilder sbd = new StringBuilder("君子天行健以自强不息");
System.out.println("sbd的原值: " + sbd);
sbd.delete(2, 5); // 删除“天行健”
System.out.println("sbd的新值: " + sbd);
```

上述代码的运行结果如下。

```
sbd的原值: 君子天行健以自强不息
sbd的新值: 君子以自强不息
```

9.6 正则表达式

正则表达式是一种强大的文本处理工具。使用正则表达式能够验证某个字符串是否满足指定的文本格式。

实例9-21 正则表达式“^[0-9]*$”表示的是“要么是个完全数字的字符串，要么是个完全空的字符串”，代码如下。

```
System.out.println("2147483647".matches("^[0-9]*$"));
System.out.println("".matches("^[0-9]*$"));
System.out.println("-1".matches("^[0-9]*$"));
System.out.println("8.9".matches("^[0-9]*$"));
System.out.println("false".matches("^[0-9]*$"));
System.out.println("A".matches("^[0-9]*$"));
```

上述代码的运行结果如下。

```
true
true
false
false
false
false
```

从上述代码不难发现，String 类提供了 matches() 方法用于判断字符串是否匹配给定的正则表达式，而且 matches() 方法返回的是布尔值。matches() 方法的语法格式如下。

```
boolean matches(String regex)
```

其中，regex 表示正则表达式。

正则表达式是由一些具有特殊意义的字符组成的字符串，这些特殊字符被称为正则表达式的元字符。例如，正则表达式“\\d”表示整数 0 ~ 9 中的任意一个数字，其中“\d”就是元字符。正则表达式中的元字符如表 9.8 所示。

表 9.8　元字符

元字符	正则表达式中的写法	意义
.	\\.	任意一个字符
\d	\\d	整数 0 ~ 9 中的任意一个数字
\D	\\D	任意一个非数字字符
\s	\\s	空白字符，如“\t”“\n”
\S	\\S	非空白字符
\w	\\w	可用作标识符的字符，但不包括“$”
\W	\\W	不可用作标识符的字符
\p{Lower}	\\p{Lower}	小写字母 a ~ z
\p{Upper}	\\p{Upper}	大写字母 A ~ Z
\p{ASCII}	\\p{ASCII}	ASCII 码字符
\p{Alpha}	\\p{Alpha}	字母字符
\p{Digit}	\\p{Digit}	十进制数字，即 0 ~ 9
\p{Alnum}	\\p{Alnum}	数字或字母字符
\p{Punct}	\\p{Punct}	标点符号：!"#$%&'()*+,-./:;<=>?@[\]^_`{|}~
\p{Graph}	\\p{Graph}	可见字符：[\p{Alnum}\p{Punct}]
\p{Print}	\\p{Print}	可输出字符：[\p{Graph}\x20]
\p{Blank}	\\p{Blank}	空格或制表符：[\t]
\p{Cntrl}	\\p{Cntrl}	控制字符：[\x00-\x1F\x7F]

在正则表达式中，可以使用闭合的方括号“[ ]”将若干个字符括起来表示一个元字符，该元字符可代表方括号中的任何一个字符。如果把正则表达式写作“[abc]4”，那么字符串“a4”“b4”和“c4”都是能够匹配正则表达式的字符串。这类正则表达式还有很多格式，示例如下。

- [^456]：代表 4、5、6 之外的任意一个字符。
- [a-r]：代表 a~r 的任意一个英文字母。

- [a-zA-Z]：表示任意一个英文字母。
- [a-e[g-z]]：代表 a~e 或 g~z 中的任何一个字母（并运算）。
- [a-o&&[def]]：代表字母 d、e、f（交运算）。
- [a-d&&[^bc]]：代表字母 a、d（差运算）。
- (ab)|(13)|(50)：代表“ab”“13”和“50”中的任意值。

在正则表达式中允许使用限定修饰符来限定元字符出现的次数。例如，“A*”代表 A 可在字符串中出现 0 次或多次。限定修饰符如表 9.9 所示。

表 9.9　限定修饰符

限定修饰符	意义	示例
?	0 次或一次	A?
*	0 次或多次	A*
+	一次或多次	A+
{n}	正好出现 *n* 次	A{2}
{n,}	至少出现 *n* 次	A{3,}
{n,m}	出现 *n* 次至 *m* 次	A{2,6}

实例9-22 使用正则表达式来判断字符串变量的值是不是合法的 E-mail 地址，关键代码如下。

```
// 定义一个正则表达式，用于匹配格式为"×@×.com.cn"的E-mail地址
String regex = "\\w+@\\w+(\\.\\w{2,3})\\.\\w{2,3}";
// 定义要进行验证的邮箱
String str1 = "mrsoft@mrsoft.com.cn";
String str2 = "mrsoft@163.com";
// 判断字符串对象是否与正则表达式匹配
if (str1.matches(regex)) {
    System.out.println(str1 + "是一个合法的E-mail地址。");
}
if (str2.matches(regex)) {
    System.out.println(str2 + "是一个合法的E-mail地址。");
}
```

上述代码的运行结果如下。

```
mrsoft@mrsoft.com.cn是一个合法的E-mail地址。
```

说明

通常情况下，E-mail 地址的格式为“×@×.com.cn”。字符 × 表示一个或多个字符，@ 为 E-mail 地址中的特有符号，符号 @ 后还有一个或多个字符，之后是字符“.com”，也可能后面还有类似“.cn”

的字符。

因此，在正则表达式“\\w+@\\w+(\\.\\w{2,3})\\.\\w{2,3}”中有以下结论。

- - 字符集“\\w”用于匹配任意字符。
- 符号“+”表示字符可以出现一次或多次。
- 表达式“(\\.\\w{2.3})”用于匹配“.”后面紧跟的两个或 3 个字符组成的字符串，例如“.com”；
- 表达式“\\.\\w{2.3}”用于匹配“.”后面紧跟的两个或 3 个字符组成的字符串，例如“.cn”。

除了匹配合法的 E-mail 地址，正则表达式还能匹配很多与生活息息相关的数据，例如身份证号、QQ 号、IP 地址、域名、手机号码等。常用的正则表达式如表 9.10 所示。

表 9.10　常用的正则表达式

正则表达式	说明
^[0-9]*$	数字
^\d{n}$	*n* 位的数字
^\d{n,}$	至少 *n* 位的数字
^\d{m,n}$	*m* ~ *n* 位的数字
^(\-)?\d+(\.\d{1,2})?$	小数点后有 1 ~ 2 位小数的正数或负数
^[0-9]+(.[0-9]{2})?$	有两位小数的正实数
^[0-9]+(.[0-9]{1,3})?$	小数点后有 1 ~ 3 位小数的正实数
^[\u4e00-\u9fa5]{0,}$	汉字
^.{3,20}$	长度为 3 ~ 20 的所有字符
^[A-Z]+$	由 26 个大写英文字母组成的字符串
^[a-z]+$	由 26 个小写英文字母组成的字符串
^[A-Za-z]+$	由 26 个英文字母（大小写均可）组成的字符串
^[A-Za-z0-9]+$	由数字和 26 个英文字母（大小写均可）组成的字符串
[^~\x22]+	禁止输入含有“~”的字符
[a-zA-Z0-9][-a-zA-Z0-9]{0,62}(/.[a-zA-Z0-9][-a-zA-Z0-9]{0,62})+/.?	域名
^1(3|4|5|7|8)\d{9}$	手机号码
d{18}$	身份证号（18 位数字）
[1-9][0-9]{4,}	QQ 号（从 10000 开始）
((?:(?:25[0-5]|2[0-4]\\d|[01]?\\d?\\d)\\.){3}(?:25[0-5]|2[0-4]\\d|[01]?\\d?\\d))	IP 地址
[1-9]\d{5}(?!\d)	中国邮政编码

续表

正则表达式	说明
^[a-zA-Z]\w{5,17}$	密码（以字母开头，长度范围为 6 ~ 18，只能包含字母、数字和下画线）
^[a-zA-Z][a-zA-Z0-9_]{4,15}$	账号是否合法（以字母开头，允许 5 ~ 16 字节，允许包含字母、数字、下画线）

动手练一练

1. 输出身份证号中的出生年、月、日。用字符串变量记录一个身份证号，在控制台上输出这个身份证号中的出生年、月、日，如图 9.3 所示。

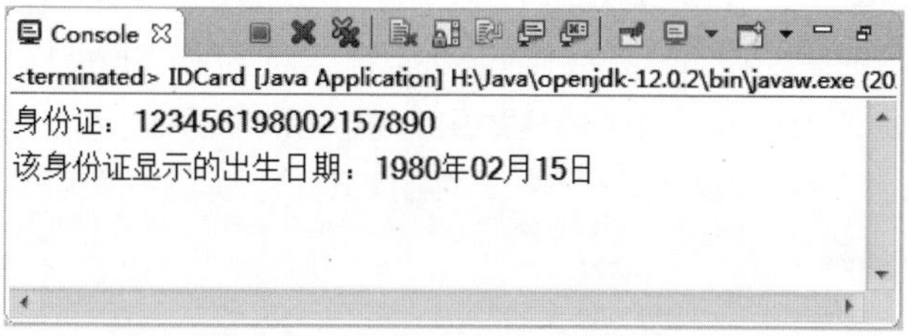

图 9.3　输出身份证号中的出生年、月、日

2. 实现用户的登录。某网站已注册 4 名用户，用户名和密码分别为 mrsoft 和 mingRI、mr 和 Mr1234、miss 和 MissYeah、Admin 和 admin，且用户信息存储在二维数组中。在控制台分别输入用户名和密码后实现用户的登录，如图 9.4 所示。

图 9.4　实现用户的登录

3. 将李四的名字从公司名单中删除。公司名单上有 5 名员工，名单的内容为“周七、张三、李四、王五、赵六”，员工李四申请离职后，请将李四的名字从公司名单中删除，如图 9.5 所示。

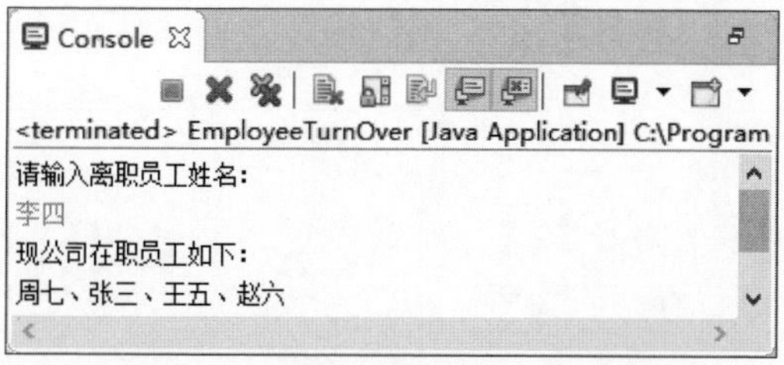

图 9.5　将李四的名字从公司名单中删除

4. 转置输出字符串。在控制台输入一个字符串，在不使用 StringBuilder 类的前提下，将此字符串转置输出，例如“百事可乐”转置后变为“乐可事百”，如图 9.6 所示。

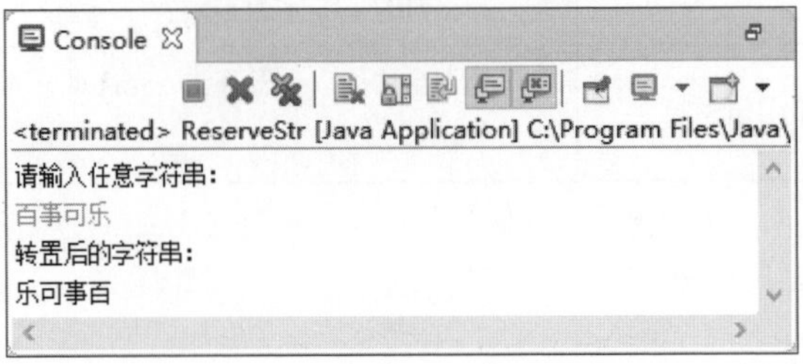

图 9.6　转置输出字符串

5. 开发自己的“简易虚拟机”。我们写的 Java 代码实际上并不是计算机真正执行的代码，Java 代码只是用来给人看的，计算机执行的实际上是字节码。Java 虚拟机把 .java 文件编译成 .class 文件的过程就是将 Java 代码翻译成字节码的过程。

   按照编译转码这个思路，我们也可以开发自己的“简易虚拟机”，然后自己设计开发语言，让“简易虚拟机”把我们设计的语言编译成 Java 代码再去执行。实现“简易虚拟机”的最简单方式就是替换字符串，例如，我们设计一款纯中文的开发语言，然后用“简易虚拟机”将中文编译成可执行的 Java 代码，如图 9.7 所示。如果有这样一款“简易虚拟机”，即使不懂英语的人也能利用我们设计的开发语言编写 Java 程序。

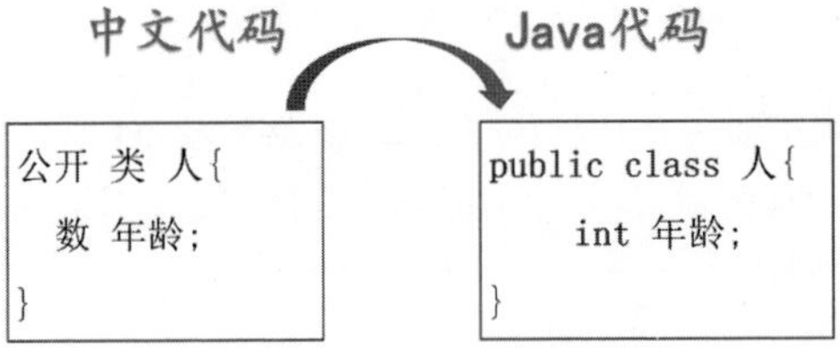

图 9.7　开发自己的“简易虚拟机”

第 10 章 常 用 类

为了提升 Java 程序的开发效率，Java 的类包为开发人员提供了很多常用类。正所谓“术业有专攻”，常用类主要包含可以将基本数据类型封装起来的包装类、解决常见数学问题的 Math 类、生成随机数的 Random 类，以及处理日期和时间的相关类。本章将对这些 Java 中常用的类进行讲解。

10.1 包装类

Java 是一门面向对象的语言，但在 Java 中不能定义基本数据类型的对象。为了能将基本数据类型视为对象进行处理，Java 中引入了包装类的概念，它主要将基本数据类型封装在包装类（如 int 型数值的包装类 Integer、boolean 型的包装类 Boolean 等）中，这样便可以把这些基本数据类型转换为对象并进行处理。Java 中的包装类及其对应的基本数据类型如表 10.1 所示。

表 10.1　Java 中的包装类及其对应的基本数据类型

包装类	对应的基本数据类型	包装类	对应的基本数据类型
Byte	byte	Short	short
Integer	int	Long	long
Float	float	Double	double
Character	char	Boolean	boolean

说明

Java 是可以直接处理基本数据类型的，但若需要将其作为对象来处理，就需要将其转换为包装类，这里的包装类相当于基本数据类型与对象之间的一个桥梁。为了方便包装类和基本数据类型间的

转换，Java 引入了装箱和拆箱的概念：装箱就是将基本数据类型转换为包装类，而拆箱就是将包装类转换为基本数据类型。这里只需要简单了解这两个概念即可。

10.1.1 Integer 类

java.lang 包中的 Integer 类、Byte 类、Short 类和 Long 类分别将基本数据类型 int、byte、short 和 long 封装成一个类。因为这些类都是 Number 的子类，区别就是封装不同的数据类型，而其包含的方法基本相同，所以本节以 Integer 类为例介绍整数包装类。

Integer 类在对象中包装了一个 int 类型的值，该类的对象包含一个 int 型的字段。该类不仅为 int 类型和 String 类型之间的互相转换提供了多个方法，还提供了一些其他处理 int 型的常量和方法。

1. 构造方法

Integer 类提供了两个常用构造方法。第一个构造方法的语法格式如下。

```
Integer (int number)
```

该方法以一个 int 型变量作为参数来获取 Integer 对象。

例如，以 int 型变量作为参数创建 Integer 对象，代码如下。

```
Integer number = new Integer(128);
Integer maxValue = new Integer(9999);
```

第二个构造方法的语法格式如下。

```
Integer (String str)
```

该方法以一个 String 型变量作为参数来获取 Integer 对象。

例如，以 String 型变量作为参数创建 Integer 对象，代码如下。

```
Integer number = new Integer("100");
Integer peopleCount = new Integer("200");
```

注意

如果要使用字符串变量创建 Integer 对象，那么字符串变量的值必须是 int 型字面值；否则，将会抛出 NumberFormatException 异常。例如，123456、999、0、0002、−10、+10 是 int 型字面值，而 abc、123L、5_6_7、6.0、3+4 不是。

2. 常用方法

Integer 类的常用方法如表 10.2 所示。

表 10.2　Integer 类的常用方法

方法	说明
Integer valueOf(String str)	返回保存指定的 String 值的 Integer 对象
int parseInt(String str)	返回包含在由 str 指定的字符串中的数字的等价整数值
String toString()	返回一个表示该 Integer 值的 String 对象（可以指定进制基数）
String toBinaryString(int i)	以二进制无符号整数形式返回一个整数参数的字符串表示形式
String toHexString(int i)	以十六进制无符号整数形式返回一个整数参数的字符串表示形式
String toOctalString(int i)	以八进制无符号整数形式返回一个整数参数的字符串表示形式
equals(Object IntegerObj)	比较此对象与指定的对象是否相等
int intValue()	以 int 型返回此 Integer 对象
short shortValue()	以 short 型返回此 Integer 对象
byte byteValue()	以 byte 型返回此 Integer 对象
int compareTo(Integer anotherInteger)	从数字角度比较两个 Integer 对象。如果这两个值相等，则返回 0；如果调用对象的数值小于 anotherInteger 的数值，则返回负值；如果调用对象的数值大于 anotherInteger 的数值，则返回正值

在表 10.2 列出的方法中，最常用的就是将表示数字的字符串转换为数字类型的 parseInt() 方法。例如，要把值为“1314”的字符串转换为 int 型数值，代码如下。

```
int a = Integer.parseInt("1314");
```

注意

当使用 parseInt() 方法时，参数字符串必须是有效的十进制数字字符串，否则会抛出 NumberFormatException 异常。

表 10.2 还列出了一些用于进制转换的方法，例如把二进制数、八进制数和十六进制数转换为十进制数。下面将对这些方法予以讲解。

当将二进制数转换为十进制数时，需要在数字前加 0B 前缀，语法格式如下。

```
int a = 0B110010;                          // 变量a的值为十进制数50
```

Integer 类提供的 toBinaryString() 方法可以将十进制数转换为二进制数的字符串形式，使用方法如下。

```
String s = Integer.toBinaryString(50);          // 字符串s的值为110010
```

当将八进制数转换为十进制数时，需要在数字前加 0 前缀，语法格式如下。

```
int a = 010;                                  // 变量a的值为十进制数8
```

Integer 类提供的 toOctalString() 方法可以将十进制数转换为八进制数的字符串形式，使用方法如下。

```
String s = Integer.toOctalString(8);          // 字符串s的值为10
```

当将十六进制数转换为十进制数时，需要在数字前加 0x 前缀，语法格式如下。

```
int a = 0x10;                                 // 变量a的值为十进制数16
```

Integer 类提供的 toHexString() 方法可以将十进制数转换为十六进制数的字符串形式，使用方法如下。

```
String s = Integer.toHexString(999);        // 字符串s的值为3e7
```

Integer 类可以将十进制数与任意进制数进行互相转换，实现这个功能需要用到下面两个方法。

```
public static Integer valueOf(String s, int radix)
```

valueOf() 方法可以将字符串 s 按照 radix 进制转换为十进制的 Integer 对象。例如，将七进制数 1001 转换为十进制数的代码如下。

```
int a = Integer.valueOf("1001", 7);
```

最后 a 的值为 344。

```
public static String toString(int i, int radix)
```

toString() 方法可以将十进制数 i 转换为 radix 进制数的字符串表现形式。例如，将十进制数 44027 转换为三十六进制数的代码如下。

```
String s = Integer.toString(44027, 36);
```

最后 s 的值为 xyz。因为每一位的值都大于 10，所以会用字母表示。

3. 常量

Integer 类提供的常量如表 10.3 所示。

表 10.3　Integer 类提供的常量

常量	说明
MAX_VALUE	表示 int 类型可取的最大值，即 $2^{31}-1$
MIN_VALUE	表示 int 类型可取的最小值，即 -2^{31}

续表

常量	说明
SIZE	以二进制补码形式表示 int 值的位数，值为 32
TYPE	表示基本类型 int 的 Class 实例

10.1.2 Double 类

Double 类和 Float 类是对 double、float 基本类型的封装，它们都是 Number 类的子类，都对小数进行操作，所以常用方法基本相同。本节将对 Double 类进行介绍，Float 类可以参考 Double 类的相关介绍。

Double 类在对象中包装一个基本类型为 double 的值，Double 类的每个对象都包含一个 double 型的字段。该类不仅为 String 型与 double 型的相互转换提供了多个方法，还提供了一些用于处理 double 型的常量和方法。

1. 构造方法

Double 类提供了两个常用构造方法。第一个构造方法的语法格式如下。

```
Double(double value)
```

该方法基于 double 参数创建 Double 类对象。

例如，要以 int 型变量作为参数创建 Double 对象，代码如下。

```
Double number = new Double(19.63);
```

第二个构造方法的语法格式如下。

```
Double(String str)
```

该方法以一个 String 型变量作为参数来获取 Double 对象。

例如，要以 String 型变量作为参数创建 Double 对象，代码如下。

```
Double number = new Double("0.0002");
```

2. 常用方法

Double 类的常用方法如表 10.4 所示。

表 10.4 Double 类的常用方法

方法	说明
Double valueOf(String str)	返回保存用参数字符串 str 表示的 double 型数值的 Double 对象
double parseDouble(String s)	返回一个新的 double 值，该值被初始化为用指定 String 表示的值，这与 Double 类的 valueOf() 方法一样

续表

方法	说明
double doubleValue()	以 double 型返回此 Double 对象
boolean isNaN()	如果此 double 型数值是非数字（NaN）值，则返回 true；否则，返回 false
int intValue()	以 int 型返回 double 型数值
byte byteValue()	以 byte 型返回 Double 对象值（通过强制转换）
long longValue()	以 long 型返回此 double 的值（通过强制转换）
int compareTo(Double d)	对两个 Double 对象进行数值比较。如果两个值相等，则返回 0；如果调用对象的数值小于 d 的数值，则返回负值；如果调用对象的数值大于 d 的数值，则返回正值
boolean equals(Object obj)	将此对象与指定的对象比较
String toString()	返回此 Double 对象的字符串表示形式
String toHexString(double d)	返回 double 参数的十六进制字符串表示形式

实例10-1 Double 类一些常用方法的应用如下。

```
Double dNum = Double.valueOf("3.14");
System.out.println("3.14是不是非数字值: " + Double.isNaN(dNum.doubleValue()));
System.out.println("3.14转换为int型数值: " + dNum.intValue());
System.out.println("值为3.14的Double对象与3.14的比较结果: " + dNum.equals(3.14));
System.out.println("3.14的十六进制表示: " + Double.toHexString(dNum));
```

上述代码的运行结果如下。

```
3.14是不是非数字值: false
3.14转换为int型数值: 3
值为3.14的Double对象与3.14的比较结果: true
3.14的十六进制表示: 0x1.91eb851eb851fp1
```

3. 常量

Double 类提供的常量如表 10.5 所示。

表 10.5　Double 类提供的常量

常量	说明
MAX_EXPONENT	返回 int 型数值，表示有限 double 型变量可能具有的最大指数
MIN_EXPONENT	返回 int 型数值，表示标准化 double 型变量可能具有的最小指数
NEGATIVE_INFINITY	返回 double 型数值，表示保存 double 型的负无穷大值的常量
POSITIVE_INFINITY	返回 double 型数值，表示保存 double 型的正无穷大值的常量

10.1.3　Boolean 类

Boolean 类将基本类型为 boolean 的值包装在一个对象中。一个 Boolean 类的对象只包含一个类型为 boolean 的字段。此外，此类为 boolean 和 String 的相互转换提供了许多方法，还提供了处理 boolean 型时非常有用的一些其他常量和方法。

1. 构造方法

Boolean 类提供了两个常用的构造方法，第一个构造方法的语法格式如下。

```
Boolean(boolean value)
```

该方法创建一个表示 value 参数的 Boolean 对象。

例如，创建一个表示 value 参数的 Boolean 对象，代码如下。

```
Boolean b1 = new Boolean(true);
Boolean b2 = new Boolean(false);
```

第二个构造方法的语法格式如下。

```
Boolean(String str)
```

该方法以 String 变量作为参数创建 Boolean 对象。如果 String 参数不为 null 且在忽略大小写时等于 true，则分配一个表示 true 值的 Boolean 对象；否则，分配一个表示 false 值的 Boolean 对象。

例如，以 String 变量作为参数创建 Boolean 对象，代码如下。

```
Boolean bool1 = new Boolean("true");
Boolean bool2 = new Boolean("false");
Boolean bool3 = new Boolean("ok");
```

2. 常用方法

Boolean 类的常用方法如表 10.6 所示。

表 10.6　Boolean 类的常用方法

方法	说明
boolean booleanValue()	将 Boolean 对象的值以对应的 boolean 型数值返回
boolean equals(Object obj)	判断调用该方法的对象与 obj 是否相等。当且仅当参数不是 null 而且与调用该方法的对象一样都表示同一个 boolean 型数值的 Boolean 对象时，才返回 true
boolean parseBoolean(String s)	将字符串参数解析为 boolean 型数值
String toString()	返回表示该 boolean 型数值的 String 对象
boolean valueOf(String s)	返回一个用指定的字符串表示值的 boolean 型数值

实例10-2 使用不同参数创建 Boolean 对象。

```
Boolean b1 = new Boolean(true);
Boolean b2 = new Boolean("ok");
System.out.println("b1: " + b1.booleanValue());
System.out.println("b2: " + b2.booleanValue());
```

上述代码的运行结果如下。

```
b1: true
b2: false
```

3. 常量

Boolean 类提供的常量如表 10.7 所示。

表 10.7 Boolean 类提供的常量

常量	说明
TRUE	对应基值 true 的 Boolean 对象
FALSE	对应基值 false 的 Boolean 对象
TYPE	基本类型 boolean 的 Class 对象

10.1.4 Character 类

Character 类在对象中包装一个基本类型为 char 的值，该类为确定字符的类别（小写字母、数字等）提供了多个方法，并可以很方便地将字符从大写转换成小写，反之亦然。

1. 构造方法

Character 类的构造方法的语法格式如下。

```
Character(char value)
```

该类的构造方法的参数必须是一个 char 型的数据。该构造方法可以将一个 char 型数据包装成一个 Character 类对象。一旦 Character 类被创建，它包含的数值就不能改变了。

例如，以 char 型变量作为参数创建 Character 对象，代码如下。

```
Character c1 = new Character('k');
Character c2 = new Character('3');
Character c3 = new Character('\n');
```

2. 常用方法

Character 类提供了很多方法来完成对字符的操作，常用的方法如表 10.8 所示。

表 10.8　Character 类的常用方法

方法	说明
char charvalue()	返回此 Character 对象的值
int compareTo(Character anotherCharacter)	根据数字比较两个 Character 对象，若这两个对象相等，则返回 0
Boolean equals(Object obj)	将调用该方法的对象与指定的对象相比较
char toUpperCase(char ch)	将字符参数转换为大写
char toLowerCase(char ch)	将字符参数转换为小写
String toString()	返回一个表示指定 char 型数值的 String 对象
char charValue()	返回此 Character 对象的值
boolean isUpperCase(char ch)	判断指定字符是不是大写英文字母
boolean isLowerCase(char ch)	判断指定字符是不是小写英文字母
boolean isLetter(char ch)	判断指定字符是不是字母
boolean isDigit(char ch)	判断指定字符是不是数字

实例10-3 isUpperCase() 方法可以判断字符是不是大写英文字母，toLowerCase() 方法可以将大写英文字母转换为小写，这两个方法的使用方法如下。

```
Character mychar1 = new Character('A');
if (Character.isUpperCase(mychar1)) {                    // 判断是不是大写字母
    System.out.println(mychar1 + "是大写字母 ");
    System.out.println(“转换为小写字母的结果: " + Character.toLowerCase(mychar1));
}
```

上述代码的运行结果如下。

```
A是大写字母
转换为小写字母的结果: a
```

实例10-4 isLowerCase() 方法可以判断字符是不是小写英文字母，toUpperCase() 方法可以将小写英文字母转换为大写，这两个方法的使用方法如下。

```
Character mychar2 = new Character('a');
if (Character.isLowerCase(mychar2)) {                    // 判断是不是小写字母
    System.out.println(mychar2 + "是小写字母");
    System.out.println("转换为大写字母的结果: " + Character.toUpperCase(mychar2));
}
```

上述代码的运行结果如下。

```
a是小写字母
转换为大写字母的结果：A
```

如果要判断某个字符是不是 0 ~ 9 中的某个数字，那么需要借助 Character 类提供的 isDigit(char ch) 方法予以实现。

例如，使用 isDigit(char ch) 方法分别判断 0、'0'、'a' 和 56 是不是 0 ~ 9 中的某个数字，代码如下。

```
System.out.println(Character.isDigit(0));       // Unicode中的空字符
System.out.println(Character.isDigit('0'));     // 数字0
System.out.println(Character.isDigit('a'));     // 字符a
System.out.println(Character.isDigit(56));      // Unicode中的字符'8'
```

上述代码的运行结果如下。

```
false
true
false
true
```

此外，Character 类还提供了用于判断某个字符是不是英文字母的 isLetter(char ch) 方法。

例如，使用 isLetter(char ch) 方法分别判断 '?'、'\n'、'a'、'A' 和 69 是不是英文字母，代码如下。

```
System.out.println(Character.isLetter('?'));    // 字符问号
System.out.println(Character.isLetter('\n'));   // 换行符
System.out.println(Character.isLetter('a'));    // 字符a
System.out.println(Character.isLetter('A'));    // 字符A
System.out.println(Character.isLetter(69));     // Unicode码中的字符E
```

上述代码的运行结果如下。

```
false
false
true
true
true
```

10.1.5 Number 类

前面介绍了 Java 中的包装类，对于数值型包装类，它们有一个共同的父类——Number 类。该类是一个抽象类，它是 Byte、Integer、Short、Long、Float 和 Double 类的父类，其子类必须提供将表示的数值转换为 byte、int、short、long、float 和 double 型数值的方法（见表 10.9）。例如，doubleValue() 方法返回双精度值，floatValue() 方法返回浮点值。

表 10.9　数值型包装类的共有方法

方法	说明
byte byteValue()	以 byte 型返回指定的数值
int intValue()	以 int 型返回指定的数值
float floatValue()	以 float 型返回指定的数值
short shortValue()	以 short 型返回指定的数值
long longValue()	以 long 型返回指定的数值
double doubleValue()	以 double 型返回指定的数值

Number 类的方法分别被 Number 的各子类所实现，也就是说，在 Number 类的所有子类中都包含以上这几个方法。

10.2　Math 类

在前面的章节中，我们已经学习过“+”“-”“*”“/”“%”等基本算术运算符，使用它们可以进行基本的数学运算。但是，如果碰到了一些复杂的数学运算，该怎么办呢？Java 提供了一个执行基本数学运算的 Math 类。该类不仅包括常用的数学运算方法，如三角函数方法、指数函数方法、对数函数方法、平方根函数方法等，还提供了一些常用的数学常量，如 PI、E 等。本节将介绍 Math 类和其中的一些常用方法。

10.2.1　Math 类概述

Math 类位于 java.lang 包中，由系统默认调用。该类提供了众多数学函数方法，主要包括三角函数方法、指数函数方法、取整函数方法、取最大值函数方法、取最小值函数方法和取绝对值函数方法。这些方法都被定义为 static 形式，因此在程序中可以直接通过类名进行调用。使用方式如下。

```
Math.数学方法
```

除了函数方法之外，在 Math 类中还存在一些常用的数学常量，如 PI、E 等。这些数学常量作为 Math 类的成员变量出现，调用起来也很简单，可以使用如下形式调用。

```
Math.PI                    //表示圆周率的值
Math.E                     //表示自然对数的底数e的值
```

例如，下面的代码用来分别输出 PI 和 E 的值。

```
System.out.println("圆周率π的值: " + Math.PI);
System.out.println("自然对数的底数e的值: " + Math.E);
```

上述代码的运行结果如下。

```
圆周率π的值: 3.141592653589793
自然对数的底数e的值: 2.718281828459045
```

10.2.2 常用数学运算方法

Math 类中的常用数学运算方法较多，包括三角函数方法、指数函数方法、取整函数方法，以及取最大值、最小值和绝对值函数方法。下面分别进行介绍。

1. 三角函数方法

Math 类中的三角函数方法如表 10.10 所示。

表 10.10　Math 类中的三角函数方法

方法	说明
double sin(double a)	返回角的正弦
double cos(double a)	返回角的余弦
double tan(double a)	返回角的正切
double asin(double a)	返回一个值的反正弦
double acos(double a)	返回一个值的反余弦
double atan(double a)	返回一个值的反正切
double toRadians(double angdeg)	将角度转换为弧度
double toDegrees(double angrad)	将弧度转换为角度

以上每个方法的参数和返回值都是 double 型，这样设置是有一定道理的，参数以弧度代替角度来实现，其中 1° 等于（π/180）弧度，所以 180° 可以使用 π 弧度来表示。除了获取正弦、余弦、正切、反正弦、反余弦、反正切之外，Math 类还提供了角度和弧度相互转换的方法 toRadians() 和 toDegrees()。但需要注意的是，角度与弧度的转换通常是不精确的。

实例10-5 Math 类中的三角函数方法的使用方法如下。

```
public class TrigonometricFunction {
    public static void main(String[] args) {
        // 取90°的正弦
        System.out.println("90°的正弦值: " + Math.sin(Math.PI / 2));
        System.out.println("0°的余弦值: " + Math.cos(0)); // 取0°的余弦
```

```
        // 取60°的正切
        System.out.println("60°的正切值: " + Math.tan(Math.PI / 3));
        // 取2的平方根与2商的反正弦
        System.out.println("2的平方根与2商的反正弦值: " + Math.asin(Math.sqrt(2) / 2));
        // 取2的平方根与2商的反余弦
        System.out.println("2的平方根与2商的反余弦值: " + Math.acos(Math.sqrt(2) / 2));
        System.out.println("1的反正切值: " + Math.atan(1));      // 取1的反正切
        // 取120°的弧度值
        System.out.println("120°的弧度值: " + Math.toRadians(120.0));
        // 取π/2的角度
        System.out.println("π/2的角度值: " + Math.toDegrees(Math.PI / 2));
    }
}
```

上述代码的运行结果如下。

```
90°的正弦值: 1.0
0°的余弦值: 1.0
60°的正切值: 1.7320508075688767
2的平方根与2商的反正弦值: 0.7853981633974484
2的平方根与2商的反余弦值: 0.7853981633974483
1的反正切值: 0.7853981633974483
120°的弧度值: 2.0943951023931953
π/2的角度值: 90.0
```

通过运行结果可以看出，90°的正弦值为1，0°的余弦值为1，60°的正切值与Math.sqrt(3)的值应该是一致的，也就是取3的平方根。在结果中可以看到第4~6行的值是基本相同的，这个值换算后正是45°，也就是获取的Math.sqrt(2)/2的反正弦值、反余弦值与1的反正切值都是45°。最后两行输出语句实现的是角度和弧度的转换，其中Math.toRadians(120.0)语句获取120°的弧度值，而Math.toDegrees(Math.PI/2)语句获取π/2的角度值。读者可以将这些具体的值使用π的形式表示出来，与上述结果应该是基本一致的，这些结果不能做到十分精确，因为π本身也是一个近似值。

2. 指数函数方法

Math类中的指数函数方法如表10.11所示。

表10.11 Math类中的指数函数方法

方法	说明
double exp(double a)	用于获取e的*a*次方，即取e^a
double double log(double a)	用于取自然对数
double double log10(double a)	用于取底数为10的对数

续表

方法	说明
double sqrt(double a)	用于取 *a* 的平方根，其中 *a* 的值不能为负值
double cbrt(double a)	用于取 *a* 的立方根
double pow(double a,double b)	用于取 *a* 的 *b* 次方

指数运算包括求方根、取对数和求 *n* 次方的运算。为了使读者更好地理解这些指数函数方法的用法，下面举例说明。

实例10-6 Math 类提供的指数函数方法的使用方法如下。

```
public class ExponentFunction {
    public static void main(String[] args) {
        System.out.println("e的平方值: " + Math.exp(2));  // 取e的2次方
        // 取以e为底2的对数
        System.out.println("以e为底2的对数值: " + Math.log(2));
        // 取以10为底2的对数
        System.out.println("以10为底2的对数值: " + Math.log10(2));
        System.out.println("4的平方根值: " + Math.sqrt(4));   // 取4的平方根
        System.out.println("8的立方根值: " + Math.cbrt(8));   // 取8的立方根
        System.out.println("2的2次方值: " + Math.pow(2, 2));  // 取2的2次方
    }
}
```

上述代码的运行结果如下。

```
e的平方值: 7.38905609893065
以e为底2的对数值: 0.6931471805599453
以10为底2的对数值: 0.3010299956639812
4的平方根值: 2.0
8的立方根值: 2.0
2的2次方值: 4.0
```

3. 取整函数方法

在具体的问题中，取整操作也很普遍，所以 Java 在 Math 类中添加了取整函数方法。Math 类中常用的取整函数方法如表 10.12 所示。

表 10.12　Math 类中常用的取整函数方法

方法	说明
double ceil(double a)	返回大于或等于参数的最小整数
double floor(double a)	返回小于或等于参数的最大整数

续表

方法	说明
double rint(double a)	返回与参数最接近的整数，如果两个同为整数且同样接近，则结果取偶数
double round(float a)	将参数加上 0.5 后返回与参数最接近的整数
double round(double a)	将参数加上 0.5 后返回与参数最接近的整数，然后强制转换为长整型

以数 1.5 作为参数，使用取整函数方法后的返回值在坐标轴上的表示如图 10.1 所示。

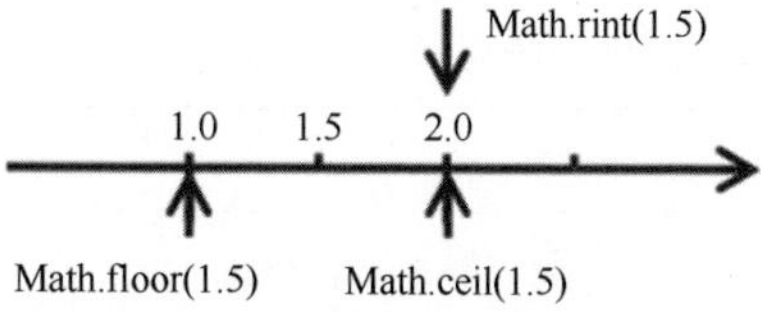

图 10.1　使用取整函数方法后的返回值

注意

由于 1.0 和 2.0 与 1.5 的距离都是 0.5 个单位长度，因此 Math.rint() 返回偶数 2.0。

实例10-7 演示取整函数方法的取值效果，具体代码如下。

```
public class IntFunction {
    public static void main(String[] args) {
        // 返回第一个大于或等于参数的整数
        System.out.println("使用ceil()方法取整: " + Math.ceil(5.2));
        // 返回第一个小于或等于参数的整数
        System.out.println("使用floor()方法取整: " + Math.floor(2.5));
        // 返回与参数最接近的整数
        System.out.println("使用rint()方法取整: " + Math.rint(2.7));
        // 返回与参数最接近的整数
        System.out.println("使用rint()方法取整: " + Math.rint(2.5));
        // 将参数加上0.5后返回最接近的整数
        System.out.println("使用round()方法取整: " + Math.round(3.4f));
        // 将参数加上0.5后返回最接近的整数，并将结果强制转换为长整型
        System.out.println("使用round()方法取整: " + Math.round(2.5));
    }
}
```

上述代码的运行结果如下。

```
使用ceil()方法取整: 6.0
使用floor()方法取整: 2.0
使用rint()方法取整: 3.0
```

```
使用rint()方法取整: 2.0
使用round()方法取整: 3
使用round()方法取整: 3
```

4. 取最大值、最小值、绝对值函数方法

Math 类还有一些常用的数据操作方法，例如取最大值、最小值、绝对值函数方法等，如表 10.13 所示。

表 10.13　Math 类中其他的常用数据操作方法

方法	说明
double max(double a,double b)	取 *a* 与 *b* 的最大值
int min(int a,int b)	取 *a* 与 *b* 的最小值，参数的类型为整型
long min(long a,long b)	取 *a* 与 *b* 的最小值，参数的类型为长整型
float min(float a,float b)	取 *a* 与 *b* 的最小值，参数的类型为浮点型
double min(double a,double b)	取 *a* 与 *b* 的最小值，参数的类型为双精度型
int abs(int a)	返回整型参数的绝对值
long abs(long a)	返回长整型参数的绝对值
float abs(float a)	返回浮点型参数的绝对值
double abs(double a)	返回双精度型参数的绝对值

实例10-8 调用 Math 类中的方法求两数的最大值、最小值和求绝对值的代码如下。

```
public class AnyFunction {
    public static void main(String[] args) {
        System.out.println("4和8中的较大者:" + Math.max(4, 8));
        System.out.println("4.4和4中的较小者: " + Math.min(4.4, 4));
        // 取两个参数的最小值
        System.out.println("-7的绝对值: " + Math.abs(-7));   // 取参数的绝对值
    }
}
```

上述代码的运行结果如下。

```
4和8中的较大者:8
4.4和4中的较小者: 4.0
-7的绝对值: 7
```

10.3 随机数

在实际开发中生成随机数的操作是很普遍的，所以在程序中生成随机数的操作很重要。Java 为生成随机数提供 Math 类的 random() 方法和 Random 类的各种方法。下面分别进行讲解。

10.3.1 Math.random() 方法

Math 类中存在一个 random() 方法，用于生成随机数字。该方法默认生成大于或等于 0.0 且小于 1.0 的 double 型随机数，即 0 ≤ Math.random()<1.0。

> **注意**
>
> Math.random() 的结果不会出现 1.0 这个值。

Math.random() 方法的使用方式如下。

```
double d = Math.random();
```

实例10-9 使用 Math.random() 方法实现一个简单的猜数字小游戏。要求先使用 Math.random() 方法生成 0 ~ 100 的一个随机数字，然后用户输入猜测的数字，判断输入的数字是否与随机生成的数字匹配。如果不匹配，提示相应的信息；如果匹配，则表示猜中，游戏结束。具体代码如下。

```
import java.util.Scanner;
public class NumGame {
    public static void main(String[] args) {
        System.out.println("————————猜数字游戏————————\n");
        int iNum;
        int iGuess;
        Scanner in = new Scanner(System.in);     // 创建Scanner对象，用于输入
        iNum = (int) (Math.random() * 100);      // 生成0 ~ 100的随机数
        System.out.print("请输入你猜的数字：");
        iGuess = in.nextInt();                   // 输入首次猜测的数字
        // 判断输入的数字是否为-1或者基准数
        while ((iGuess != -1) && (iGuess != iNum)) {
            // 若猜测的数字小于基准数，则提示用户输入的数太小，请重新输入
            if (iGuess < iNum) {
                System.out.print("太小，请重新输入：");
                iGuess = in.nextInt();
```

```
            } else {  // 若猜测的数字大于基准数，则提示用户输入的数太大，请重新输入
                System.out.print("太大，请重新输入：");
                iGuess = in.nextInt();
            }
        }
        // 若最后一次输入的数字是-1，循环结束的原因是用户选择退出游戏
        if (iGuess == -1) {
            System.out.println("退出游戏！");
        } else {     // 若最后一次输入的数字不是-1，用户猜对数字，获得成功，游戏结束
            System.out.println("恭喜你，你赢了，猜中的数字是" + iNum);
        }
        System.out.println("\n————————游戏结束————————");
    }
}
```

上述代码的运行结果如图 10.2 所示。

图 10.2　运行结果

除了随机生成数字以外，使用 Math 类的 random() 方法还可以随机生成字符，例如，使用下面的代码随机生成 a ~ z 的字母。

```
(char)('a'+Math.random()*('z'-'a'+1));
```

通过上述表达式可以求出更多的随机字符，如 A~Z 的随机字母，进而推理出求任意两个字符之间的随机字符，这可以使用以下语句表示。

```
(char)(cha1+Math.random()*(cha2-cha1+1));
```

在这里可以将这个表达式设计为一个方法，参数设置为随机生成字符的上限与下限。下面举例说明。

实例10-10 在项目中创建 MathRandomChar 类，在类中编写 GetRandomChar() 方法生成随机字符，并在主方法中输出该字符，具体代码如下。

```
public class MathRandomChar {
    // 获取任意字符之间的随机字符
    public static char GetRandomChar(char cha1, char cha2) {
        return (char) (cha1 + Math.random() * (cha2 - cha1 + 1));
    }
    public static void main(String[] args) {
        // 获取a~z的随机字符
        System.out.println("任意小写字符" + GetRandomChar('a', 'z'));
        // 获取A~Z的随机字符
        System.out.println("任意大写字符" + GetRandomChar('A', 'Z'));
        // 获取0~9的随机字符
        System.out.println("0 ~ 9的任意数字字符" + GetRandomChar('0', '9'));
    }
}
```

上述代码的运行结果如下。

```
任意小写字符t
任意大写字符W
0 ~ 9的任意数字字符8
```

注意

Math.random() 方法返回的值实际上是伪随机数，它通过复杂的运算得到一系列数。该方法将当前时间作为随机数生成器的参数，所以每次执行程序都会产生不同的随机数。

10.3.2　Random 类

除了 Math 类的 random() 方法之外，Java 还提供了另外一种获取随机数的方式，那就是使用 java.util.Random 类（简称 Random 类）。该类表示一个随机数生成器，可以通过实例化一个 Random 类对象创建一个随机数生成器，语法格式如下。

```
Random r = new Random();
```

其中，r 是指 Random 类对象。

当以这种方式实例化对象时，Java 编译器会把系统当前时间作为随机数生成器的种子，因为每时每刻的时间都不相同，所以生成的随机数将不同。但是如果运行速度太快，也会生成相同的随机数。

在实例化 Random 类对象时，也可以设置随机数生成器的种子，语法格式如下。

```
Random r = new Random(seedValue);
```

- r：Random 类对象。
- seedValue：随机数生成器的种子。

Random 类提供了获取各种数据类型随机数的方法，其中的常用方法如表 10.14 所示。

表 10.14　Random 类中获取随机数的常用方法

方法	说明
int nextInt()	返回一个随机整数
int nextInt(int n)	返回大于或等于 0 并且小于 *n* 的随机整数
long nextLong()	返回一个随机长整型值
boolean nextBoolean()	返回一个随机布尔型值
float nextFloat()	返回一个随机浮点型值
double nextDouble()	返回一个随机双精度型值
double nextGaussian()	返回一个概率密度为高斯分布的双精度值

最常用的方法是 nextInt(int n) 方法，*n* 指定了随机数的最大值。例如，要生成 0 ~ 100 的一个随机数，代码如下。

```
Random r = new Random();
int a = r.nextInt(100 + 1);
```

因为随机数不会取到 *n* 值，所以如果要让生成的随机数包含 100，需要将最大值设为 100+1。

不管是 Math.random() 方法还是 Random 类提供的方法，随机数的起始值都是 0，但实际开发过程中很多随机数不能从 0 开始。如果要设置随机数的取值范围，需要在 random() 方法之外再做一次计算。

任何一个随机数的范围都可以写成类似复数的形式，即 $a+bi$。i 的取值范围为 $0 \leqslant i < 1$。例如，0 ~ 99 这个取值范围可以写成 $0+(99+1)i$。如果最小值不是 0 而是 10，最大值不变，范围就变成 10 ~ 99，这个范围可以写成 $10+(99+1-10)i$。

当 $0 \leqslant i < 1$ 时，$10+(99+1-10)i$ 的取值范围的计算过程如下。

因为 $0 \leqslant i < 1$，所以有

$10+(99+1-10)\times 0 \leqslant 10+(99-10)i < 10+(99+1-10)\times 1$

$10+90\times 0 \leqslant 10+(99-10)i < 10+90\times 1$

$10 \leqslant 10+(99-10)i < 100$

因为 Math.random() 的取值范围和 i 的相同，所以取 x~y 的随机数的代码可以写成如下形式。

```
x + Math.random() * (y-x)
```

注意

使用 Math.random() 方法获得的结果应该强制转换为 int 型，否则小数点后面会有数字，例如 99.3147。

Random 类的 nextInt(int n) 方法的取值范围为 [0, *n*)，根据上述公式，$x \sim y$ 的值可以写成如下形

式（假设 Random 类的对象为 r）。

```
x + r.nextInt(y - x)
```

10.4 日期和时间类

在程序设计中，经常需要处理日期 / 时间，Java 提供了专门的日期和时间类来完成相应的操作。本节将对 Java 中的日期和时间类进行详细讲解。

10.4.1 Date 类

Date 类用于表示日期和时间，它位于 java.util 包中，使用此类时需要先将其导入。

使用 import 语句导入的方式如下。

```
import java.util.Date;
```

直接使用完整类名创建对象的方式如下。

```
java.util.Date date;
```

当在程序中使用该类表示日期和时间时，需要使用其构造方法创建 Date 类的对象，其构造方法如表 10.15 所示。

表 10.15 Date 类的构造方法

构造方法	说明
Date()	分配 Date 类对象并初始化此对象，以表示分配它的时间（精确到毫秒）
Date(long date)	分配 Date 类对象并初始化此对象，以表示自标准基准时间（即 1970 年 1 月 1 日 00:00:00 GMT）以来的指定时间（用多少毫秒表示），GMT 是格林尼治标准时的英文缩写

例如，使用 Date 类的第二个构造方法创建一个 Date 类的对象，代码如下。

```
long timeMillis = System.currentTimeMillis();
Date date=new Date(timeMillis);
```

上面代码中的 System 类的 currentTimeMillis() 方法主要用来获取系统当前时间距标准基准时间多少毫秒。另外需要注意的是，创建 Date 类对象时使用的是 long 型整数，而不是 double 型数值，这主要是因为使用 double 型数值可能会降低精度。

当使用 Date 类创建的对象表示日期 / 时间时，涉及最多的操作就是比较，例如，比较两个人的生日，哪个较早，哪个又晚一些，或者两人的生日完全相同。Date 类常用的方法如表 10.16 所示。

表 10.16　Date 类的常用方法

方法	说明
boolean after(Date when)	测试当前日期是否在指定的日期之后
boolean before(Date when)	测试当前日期是否在指定的日期之前
long getTime()	获取自 1970 年 1 月 1 日 00:00:00 GMT 开始到现在所经历的时间（用多少毫秒表示）
void setTime(long time)	设置当前 Date 类对象所表示的日期 / 时间值，该值用以表示 1970 年 1 月 1 日 00:00:00 GMT 以后多少毫秒的时间点

实例10-11 获取当前日期，并输出到当前日期所经历的毫秒数，代码如下。

```
Date date = new Date();              // 创建现在的日期
long value = date.getTime();         // 获取毫秒数
System.out.println("日期：" + date);
System.out.println("到现在所经历的毫秒数：" + value);
```

运行此代码后，将在控制台输出日期及自 1970 年 1 月 1 日 00:00:00 GMT 开始至今所经历的毫秒数，结果如下所示。

```
日期：Mon Oct 29 11:44:32 CST 2018
到现在所经历的毫秒数：1540784672921
```

说明

由于 Date 类中创建对象的时间是变化的，因此每次运行程序在控制台所输出的结果都是不一样的。

10.4.2　格式化日期 / 时间

如何将日期 / 时间显示为“2016-02-29”或者“17:39:50”这样的日期 / 时间格式呢？Java 提供了 DateFormat 类来实现类似的功能。

DateFormat 类是日期 / 时间格式化子类的抽象类，它位于 java.text 包中，可以按照指定的格式对日期 / 时间进行格式化。DateFormat 类提供了很多方法，以获得基于默认或给定语言环境和多种格式化风格的默认日期 / 时间格式。格式化风格主要包括如下 4 种。

- SHORT：完全为数字，如 11.13.52 或 3:30pm。
- MEDIUM：较长，如 Jan 12, 1952。
- LONG：更长，如 January 12, 1952 或 3:30:32pm。
- FULL：完全指定，如 Tuesday、April 12、1952 AD。

另外，使用 DateFormat 类还可以自定义日期 / 时间的格式。要格式化一个当前语言环境下的日期，首先需要创建 DateFormat 类的一个对象，由于它是抽象类，因此可以使用其静态工厂方法 getDateInstance() 进行创建，语法格式如下。

```
DateFormat df = DateFormat.getDateInstance();
```

getDateInstance() 方法获取的是该国家 / 地区的标准日期格式。另外，DateFormat 类还提供了一些其他静态工厂方法，例如，使用 getTimeInstance() 方法可获取该国家 / 地区的时间格式，使用 getDateTimeInstance() 方法可获取日期和时间格式。

DateFormat 类的常用方法如表 10.17 所示。

表 10.17　DateFormat 类的常用方法

方法	说明
String format(Date date)	将一个 Date 格式化为日期 / 时间字符串
Calendar getCalendar()	获取与此日期 / 时间格式器相关联的日历
static DateFormat getDateInstance()	获取日期格式器，该格式器具有默认语言环境的默认格式化风格
static DateFormat getDateTimeInstance()	获取日期 / 时间格式器，该格式器具有默认语言环境的默认格式化风格
static DateFormat getInstance()	获取日期 / 时间格式器，该格式器具有 SHORT 格式化风格
static DateFormat getTimeInstance()	获取时间格式器，该格式器具有默认语言环境的默认格式化风格
Date parse(String source)	将字符串解析成一个日期，并返回这个日期的 Date 类对象

例如，将当前日期按照 DateFormat 默认格式输出。

```
DateFormat df = DateFormat.getInstance();
System.out.println(df.format(new Date()));
```

上述代码的运行结果如下。

```
18-10-24 上午10:13
```

输出长类型格式的当前时间。

```
DateFormat df = DateFormat.getTimeInstance(DateFormat.LONG);
System.out.println(df.format(new Date()));
```

上述代码的运行结果如下。

```
上午10时13分48秒
```

输出长类型格式的当前日期。

```
DateFormat df = DateFormat.getDateInstance(DateFormat.LONG);
System.out.println(df.format(new Date()));
```

上述代码的运行结果如下。

```
2018年10月24日
```

输出长类型格式的当前日期和时间。

```
DateFormat df = DateFormat.getDateTimeInstance(DateFormat.LONG, DateFormat.LONG);
System.out.println(df.format(new Date()));
```

上述代码的运行结果如下。

```
2018年10月24日 上午10时13分48秒
```

由于 DateFormat 类是一个抽象类，因此不能用 new 关键字创建实例对象。除了使用 getXXXInstance() 方法创建其对象外，还可以使用其子类，例如 SimpleDateFormat 类。该类是一个以与语言环境相关的方式来格式化和分析日期的具体类，它允许进行格式化（日期→文本）、分析（文本→日期）和规范化。

SimpleDateFormat 类提供了 19 个格式化字符，让开发者可以随意编写日期格式。这 19 个格式化字符如表 10.18 所示。

表 10.18 SimpleDateFormat 的格式化字符

字母	日期或时间元素	表示	示例
G	Era 标志符	Text	AD
y	年	Year	1996; 96
M	年中的月份	Month	July; Jul; 07
w	年中的周数	Number	27
W	月份中的周数	Number	2
D	年中的天数	Number	189
d	月份中的天数	Number	10
F	月份中的星期	Number	2
E	星期中的天数	Text	Tuesday; Tue
a	am/pm 标记	Text	pm
H	一天中的小时数（整数 0 ~ 23）	Number	0
k	一天中的小时数（整数 1 ~ 24）	Number	24
K	am/pm 中的小时数（整数 0 ~ 11）	Number	0
h	am/pm 中的小时数（整数 1 ~ 12）	Number	12
m	小时中的分钟数	Number	30

续表

字母	日期或时间元素	表示	示例
s	分钟中的秒数	Number	55
S	毫秒数	Number	978
z	时区	General time zone	Pacific Standard Time; PST; GMT-08:00
Z	时区	RFC 822 time zone	-800

通常这些字符出现的数量会影响数字的格式。其中，yyyy 表示 4 位数的年份，如 2008；yy 表示两位数的年份，如 2008 会显示为 08；但若只有一个 y，会按照 yyyy 显示；如果 y 超过 4 个，如 yyyyyy，会在 4 位数的年份左侧补 0，结果为 002008。

常用的日期 / 时间格式如表 10.19 所示。

表 10.19　常用的日期 / 时间格式

日期 / 时间	对应的格式
2018/10/25	yyyy/MM/dd
2018.10.25	yyyy.MM.dd
2018-09-15 13:30:25	yyyy-MM-dd HH:mm:ss
2018 年 10 月 24 日 10 时 25 分 07 秒 星期三	yyyy 年 MM 月 dd 日 HH 时 mm 分 ss 秒 EE
下午 3 时	ah 时
今年已经过去了 297 天	今年已经过去了 D 天

10.4.3　Calendar 类

打开 Java API 可以看到 java.util.Date 类提供的大部分方法已经过时了，因为 Date 类在设计之初没有考虑国际化，而且很多方法也不能满足用户的需求。例如，对于获取指定时间的年 / 月 / 日、时 / 分 / 秒信息，或者对日期 / 时间进行加减运算等复杂的操作，Date 类已经不能胜任。所以，JDK 提供了新的时间处理类 Calendar 类。

Calendar 类是一个抽象类，它为特定瞬间与诸如 YEAR、MONTH、DAY_OF_MONTH、HOUR 等日历字段之间的转换提供了一些方法，并为操作日历字段（例如，获得下星期的日期）提供了一些方法。另外，该类还为实现包范围外的具体日历系统提供了其他字段和方法，这些字段和方法被定义为 protected。

Calendar 类提供了一个类方法 getInstance()，用于获得此类型的一个通用的对象。Calendar 类的 getInstance() 方法会返回一个 Calendar 对象，其日历字段已由当前日期 / 时间初始化，其代码如下。

```
Calendar rightNow = Calendar.getInstance();
```

说明

由于 Calendar 类是一个抽象类，不能用 new 关键字创建实例对象，因此除了使用 getInstance() 方法创建其对象外，还可以使用其子类（例如 GregorianCalendar 类）创建其对象。

Calendar 类提供的常用字段如表 10.20 所示。

表 10.20　Calendar 类提供的常用字段

字段	说明
DATE	get 和 set 的字段数字，指示一个月中的某天
DAY_OF_MONTH	get 和 set 的字段数字，指示一个月中的某天
DAY_OF_WEEK	get 和 set 的字段数字，指示一个星期中的某天
DAY_OF_WEEK_IN_MONTH	get 和 set 的字段数字，指示当前月中的第几个星期
DAY_OF_YEAR	get 和 set 的字段数字，指示当前年中的天数
HOUR	get 和 set 的字段数字，指示上午或下午的小时
HOUR_OF_DAY	get 和 set 的字段数字，指示一天中的小时
MILLISECOND	get 和 set 的字段数字，指示一秒中的毫秒
MINUTE	get 和 set 的字段数字，指示一小时中的分钟
MONTH	指示月份的 get 和 set 的字段数字，一月用 0 记录
SECOND	get 和 set 的字段数字，指示一分钟中的秒
time	日历的当前时间，以毫秒为单位，表示自 1970 年 1 月 1 日 0:00:00 GMT 后经过的时间
WEEK_OF_MONTH	get 和 set 的字段数字，指示当前月中的星期数
WEEK_OF_YEAR	get 和 set 的字段数字，指示当前年中的星期数
YEAR	指示年的 get 和 set 的字段数字

Calendar 类提供的常用方法如表 10.21 所示。

表 10.21　Calendar 类提供的常用方法

方法	说明
void add(int field, int amount)	根据日历的规则，为给定的日历字段添加或减去指定的时间量
boolean after(Object when)	判断此 Calendar 表示的时间是否在指定 Object 表示的时间之后，返回判断结果
boolean before(Object when)	判断此 Calendar 表示的时间是否在指定 Object 表示的时间之前，返回判断结果
int get(int field)	返回给定日历字段的值
static Calendar getInstance()	使用默认时区和语言环境获得一个日历
Date getTime()	返回一个表示此 Calendar 时间值的 Date 对象
long getTimeInMillis()	返回此 Calendar 的时间值，以毫秒为单位

续表

方法	说明
abstract　void roll(int field, boolean up)	在给定的时间字段上添加或减去（上 / 下）单个时间单元，不更改更大的字段
void set(int field, int value)	将给定的日历字段设置为给定值
void set(int year, int month, int date)	设置日历字段 YEAR、MONTH 和 DAY_OF_MONTH 的值
void set(int year, int month, int date, int hourOfDay, int minute)	设置日历字段 YEAR、MONTH、DAY_OF_MONTH、HOUR_OF_DAY 和 MINUTE 的值
void set(int year, int month, int date, int hourOfDay, int minute, int second)	设置字段 YEAR、MONTH、DAY_OF_MONTH、HOUR、MINUTE 和 SECOND 的值
void setTime(Date date)	使用给定的 Date 值设置此 Calendar 的时间值
void setTimeInMillis(long millis)	使用给定的 long 值设置此 Calendar 的当前时间值

说明

从表 10.21 中可以看到，add() 方法和 roll() 方法都用来为给定的日历字段添加或减去指定的时间量，它们的主要区别如下：使用 add() 方法时会影响大的字段，类似数学里加法的进位或错位；而使用 roll() 方法设置的日期字段只进行增大或减小，不会更改更大的字段。

实例10-12 Calendar 类最善于做日期 / 时间的计算，通过 Calendar 类提供的 add()、set() 和 get() 方法可以灵活地输出当前月份的日历，具体代码如下。

```
import java.util.Calendar;
public class MyCalendar {
    public static void main(String[] args) {
        StringBuilder str = new StringBuilder();      // 用于记录输出内容
        Calendar c = Calendar.getInstance();          // 获取当前日历对象
        int year = c.get(Calendar.YEAR);              // 当前年
        int month = c.get(Calendar.MONTH) + 1;        // 当前月
        c.add(Calendar.MONTH, 1);                     // 向后加一个月
        c.set(Calendar.DAY_OF_MONTH, 0);              // 日期变为上个月最后一天
        int dayCount = c.get(Calendar.DAY_OF_MONTH);  // 获取月份总天数
        c.set(Calendar.DAY_OF_MONTH, 1);              // 将日期设为月份第一天
        int week = c.get(Calendar.DAY_OF_WEEK);       // 获取第一天的星期数
        int day = 1;                                  // 从第一天开始
        str.append("\t\t" + year + "-" + month + "\n");  // 显示年 / 月
        str.append("日\t一\t二\t三\t四\t五\t六\n");   // 星期列
        for (int i = 1; i <= 7; i++) {            // 先输出空白日期
            if (i < week) {                       // 如果当前星期小于第一天的星期
                str.append("\t");                 // 不记录日期
```

```
            } else {
                str.append(day + "\t");  // 记录日期
                day++;// 日期递增
            }
        }
        str.append("\n");                // 换行
        int i = 1;                       // 7天换一行功能用到的临时变量
        while (day <= dayCount) {        // 如果当前天数小于或等于最大天数
            str.append(day + "\t");      // 记录日期
            if (i % 7 == 0) {            // 如果输出到第七天
                str.append("\n");        // 换行
            }
            i++;                         // 临时变量递增
            day++;                       // 天数递增
        }
        System.out.println(str);         // 输出日历
    }
}
```

上述代码的运行结果如图 10.3 所示。

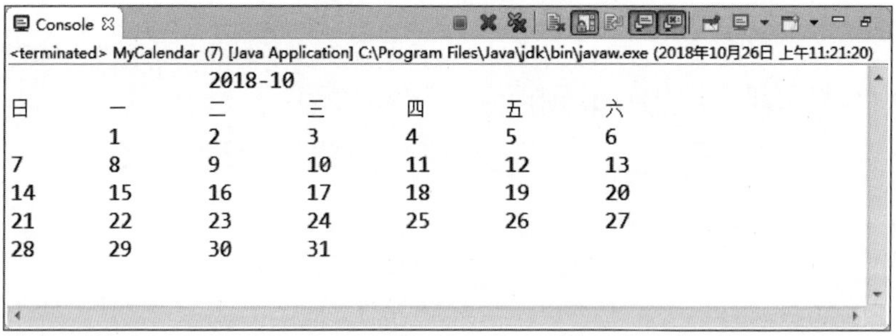

图 10.3　输出的当前月份日历表

最后做以下几点总结。

- "c.set(Calendar.DAY_OF_MONTH, 0);"获取的是上个月的最后一天，所以调用前需要将月份往后加一个月。
- Calendar.MONTH 的第一个月是使用 0 记录的，所以在获取月份数字后要加 1。年和日是从 1 开始记录的，不需要加 1。
- Calendar.DAY_OF_WEEK 的第一天是周日，周一是第二天，周六是最后一天。

动手练一练

1. 解析条形码。使用 Integer 类的常用方法指出条形码"6936983800013"中的"商品的国家代码""商品的生产厂商代码”“商品的厂内商品代码”和“校验码”，运行结果如图 10.4 所示。（提示：若条形码前 3 位为 690 ~ 699，则表示产地为中国。）

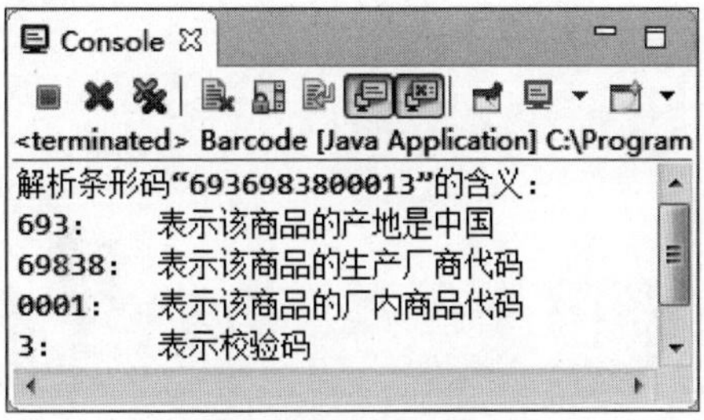

图 10.4　解析条形码

2. 实现加密算法。拆解一个字符串，将数字的 Unicode 码加 50，大写英文字母的 Unicode 码加 20，小写字母的 Unicode 码减 10，空白内容变成“.”字符。对字符串“Java SE Development Kit 11”进行加密，加密后的结果为“^\q\.gY.X`q`gjkh`io._do.cc”。
3. 实现倒计时。假设 2164 年 10 月 16 日是一个特殊的日期，请编写一个计时器，计算当前日期距离 2164 年 10 月 16 日还剩多少天。
4. 寻找距离 *A* 地最近的地点。把 *A* 地设为坐标原点，*B* 地的坐标为（3.8，4.2），*C* 地的坐标为（3.2，4.5），在不计算出结果的前提下，使用 Math.min() 方法输出 *B*、*C* 哪一个地点距 *A* 地更近。
5. 银行存、取款的原则是整存整取，当前银行的定期利率为 2.65%，当用户输入存款金额和存款年限后，待达到存款年限时，输出该用户能取回多少钱。

第 11 章

泛型类与集合类

JDK 1.5 版本中引入了泛型的概念。泛型允许在定义类、接口、方法时声明类型形参，通过类型形参在创建对象、调用方法时指定参数的数据类型。以集合为例，在没有泛型时，集合中的元素被当作 Object 类型处理，当程序从集合中取出元素时，如果对元素进行强制类型转换，那么程序就容易出现 ClassCastExeception 异常；而使用泛型的集合可以限制集合中元素的数据类型，如果试图向集合中添加与指定数据类型不相符的元素，编译器就会报错，进而使程序更加健壮。

集合类包括 Set（集合）类、List（队列）类和 Map（键值对）类。集合可以看作一个没有内存空间限制、想装多少元素就装多少元素的容器。Java 提供了许多操作集合中元素的方法，例如，使用迭代器遍历集合、向集合中添加元素、删除集合中的元素和查询集合中的元素等。

11.1 泛型类

Java 中的参数化类型被称为泛型。以集合为例，集合可以使用泛型限制被添加元素的数据类型，如果把不符合指定数据类型的元素添加到集合内，编译器就会报错。例如，Set<String> 表示 Set 只能存储字符串类型的元素，如果把非字符串类型的元素添加到 Set 内，编译器就会报错，如图 11.1 所示。

```
        Set<String> set = new HashSet<>();
        set.add("123");
        set.add("456");
        /*
         * 因为789的数据类型为int型，
         * 而Set<String>表明Set集合只能保存字符串类型的对象，
         * 所以编辑器会报错
         */
        set.add(789);
```

图 11.1 编译器报错

除了集合，泛型还用于定义类、接口、方法等。

11.1.1　定义泛型类

定义泛型类的语法格式如下。

```
class类名<T> {
}
```

其中，T 表示泛型，是某种数据类型的替代符，在创建类对象时需要指明 T 的具体类型，否则会默认 T 为 Object 类型。

例如，定义一个带泛型的 Car 类，泛型名称为 T，为 Car 类添加 hull 属性，hull 的类型采用泛型，代码如下。

```
public class Car<T> {
    private T hull;
}
```

说明

通常泛型是用单个大写英文字母命名的。在定义泛型类时，一般类型名称使用 T 来表示，而容器的元素使用 E 来表示。

11.1.2　泛型类的用法

1. 在定义泛型类时声明多个传入参数的类型

在定义泛型类时，可以声明多个传入参数的类型，语法格式如下。

```
class MutiOverClass<T1,T2> {
}
```

其中，MutiOverClass 为泛型类的类名，T1 和 T2 代表传入参数的类型，代码如下。

```
MutiOverClass<Boolean, Float> = new MutiOverClass<Boolean, Float>(true, 2.89f);
```

2. 在定义泛型类时声明数组类型

在定义泛型类时，也可以声明数组类型。

例如，创建 Book<T> 类，在类中创建 T 类型的数组属性，在构造方法中为这个属性赋值，代码如下。

```
public class Book<T> {                      // 定义带泛型的Book<T>类
    private T[] bookInfo;                   // 数组类型形参
    public Book(T[] bookInfo) {
        this.bookInfo = bookInfo;
```

```
    }
}
```

在程序中给 Book 类设定泛型并传入值的方法如下。

```
String[] info = { "《Java开发详解》", "明日科技", "119.00"};
Book<String> book = new Book<String>(info);
```

3. 在集合类中声明元素的类型

在集合中应用泛型可以保证集合中元素的数据类型的唯一性，从而提高代码的安全性和可维护性。

例如，Set<E> 集合的泛型限定了集合中可以存放的元素类型，创建 Set 对象时指定类型的语法格式如下。

```
Set<Integer> number = new HashSet<Integer>();     // 集合中只能存放整数
```

从 JDK 7 版本开始，第二个泛型可以不写，Java 虚拟机会自动判断，因此上面的代码可写为如下形式。

```
Set<Integer> number = new HashSet<>();
```

除了 Integer 类型以外，还可以给 Set 设置任何类型，代码如下。

```
Set<Double> set1 = new HashSet<>();       // 集合中只能存放浮点数
Set<String> set2 = new HashSet<>();       // 集合中只能存放字符串
Set<Set> set3 = new HashSet<>();          // 集合中只能存放其他集合
Set set4 = new HashSet();  // 不使用泛型，泛型默认为Object，集合中可以存放任何值
```

> **说明**
>
> 基本数据类型无法作为泛型，需要使用对应的包装类类型。

对 List 和 Map 同样可以设置泛型，设置方法与 Set 相同。List<E> 的泛型限定了队列中可以存放的元素。Map<K,V> 有两个泛型，K 限定了键的类型，V 限定了值的类型。

11.2 集合类概述

java.util 包中的集合类就像一个装有多个对象的容器，提到容器就不难想到数组。数组与集合的不同之处在于：数组的长度是固定的，而集合的长度是可变的；数组既可以存放基本类型的数据，又可以存放对象，而集合只能存放对象。集合类中较常用的是 List 类和 Set 类。Map 类虽不是集合，但经常和

集合一起使用，其中 List 类的 List 接口和 Set 类的 Set 接口都继承了 Collection 接口。除提供了 List 接口和 Set 接口外，List 类和 Set 类还提供了不同的实现类。List 类、Set 类和 Map 类的继承关系如图 11.2 所示。

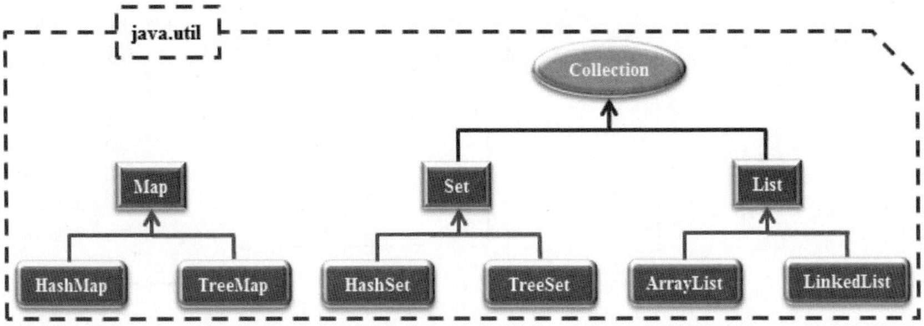

图 11.2　List 类、Set 类和 Map 类的继承关系

说明

Collection 接口虽然不能直接被使用，但提供了操作集合和集合中元素的方法，而且 List 接口和 Set 接口都可以调用 Collection 接口的方法。Collection 接口的常用方法如表 11.1 所示。

表 11.1　Collection 接口的常用方法

方法	说明
add(Object e)	将指定的对象添加到当前集合内
remove(Object o)	将指定的对象从当前集合内移除
isEmpty()	用于判断当前集合是不是空集合，返回 boolean 型数值
iterator()	返回用于遍历集合内元素的迭代器对象
size()	获取当前集合中元素的个数，返回 int 型数值

11.3　Set 类

Set 类中的元素不按特定的方式排序，只是简单地存储在 Set 类中，但 Set 类中的元素不能重复。

11.3.1　Set 接口

Set 接口继承了 Collection 接口。因为 Set 类中的元素不能重复，所以在向 Set 类中添加元素时，需要先判断新增元素是否已经存在于集合中，再确定是否执行添加操作。向 Set 类中添加元素的流程如图 11.3 所示。

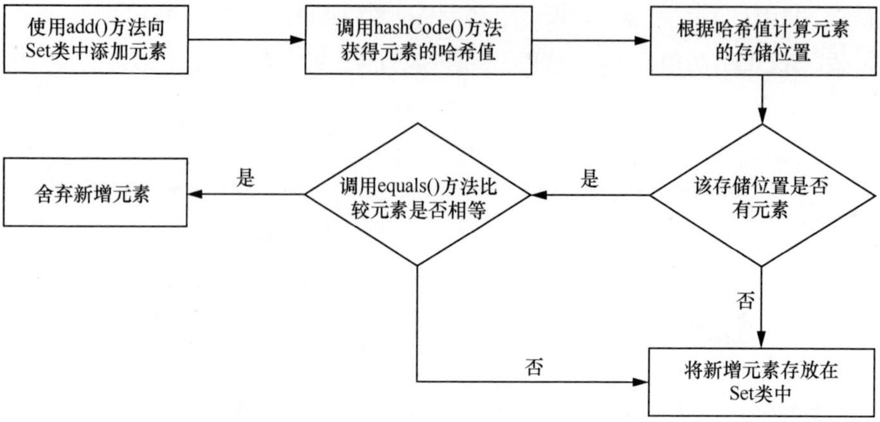

图 11.3　向 Set 类中添加元素的流程

11.3.2　Set 接口的实现类

Set 接口有很多实现类，常用的是 HashSet 类和 TreeSet 类。HashSet 类利用哈希码排列元素的实现类可以存储 null 对象。TreeSet 类不仅实现了 Set 接口，还实现了 java.util.SortedSet 接口，因此 TreeSet 类通过 Comparable 接口自定义元素排序规则，例如升序排列、降序排列。注意，TreeSet 类不可以存储 null 对象。

除了使用 Collection 接口中的方法外，TreeSet 类还提供了其他操作集合中元素的方法，如表 11.2 所示。

表 11.2　TreeSet 类增加的方法

方法	说明
first()	返回当前 Set 中的第一个（最低）元素
last()	返回当前 Set 中的最后一个（最高）元素
comparator()	返回对当前 Set 中的元素进行排序的比较器。如果使用的是自然顺序，则返回 null
headSet(E toElement)	返回一个新的 Set，新集合包含 toElement 之前的所有元素
subSet(E fromElement, E toElement)	返回一个新的 Set，新集合包含从 fromElement 开始到 toElement 之前的元素的所有元素
tailSet(E fromElement)	返回一个新的 Set，新集合包含从 fromElement 开始的所有元素

虽然 HashSet 类和 TreeSet 类都是 Set 接口的实现类，它们不允许有重复元素，但 HashSet 类在遍历集合中的元素时不关心元素之间的顺序，而 TreeSet 类则会按自然顺序（升序）遍历集合中的元素。

实例11-1 向 HashSet 集合中添加元素，并输出集合对象，查看集合中的元素值和排列顺序，代码如下。

```
import java.util.*;
public class Demo {
```

```
    public static void main(String args[]) {
        HashSet<String> hashset = new HashSet<>(); // 哈希集合
        hashset.add("零基础学Java"); // 向集合中添加数据
        hashset.add("Java从入门到精通");
        hashset.add("Java从入门到项目实践");
        hashset.add("Python从入门到项目实践");
        hashset.add("Android从入门到精通");
        System.out.println(hashset);
    }
}
```

上述代码的运行结果如下。

```
[Java从入门到精通, Android从入门到精通, Python从入门到项目实践, Java从入门到项目
实践, 零基础学Java]
```

从这个结果中看不出元素排列的规则，因为集合使用哈希算法计算出的哈希码对元素进行排列。

实例11-2 把上一段代码中的 HashSet 改为 TreeSet，比较一下两者排列顺序的不同，代码如下。

```
import java.util.*;
public class Demo {
    public static void main(String args[]) {
        TreeSet<String> treeset = new TreeSet<>();
        treeset.add("零基础学Java");                    // 向集合中添加数据
        treeset.add("Java从入门到精通");
        treeset.add("Java从入门到项目实践");
        treeset.add("Python从入门到项目实践");
        treeset.add("Android从入门到精通");
        System.out.println(treeset);
    }
}
```

上述代码的运行结果如下。

```
[Android从入门到精通, Java从入门到精通, Java从入门到项目实践, Python从入门到项目
实践, 零基础学Java]
```

从这个结果可以看出 TreeSet 类排列元素的顺序是按照字符串首字母进行的。

11.3.3 Iterator 接口

如果要把 Set 类中的元素依次输出，需要用到迭代器。java.util 包中的 Iterator 接口是一个专门用于遍历集合中元素的迭代器，其常用方法如表 11.3 所示。

表 11.3　Iterator 接口的常用方法

方法	说明
hasNext()	如果仍有元素可以迭代，则返回 true
next()	返回迭代的下一个元素
remove()	从迭代器指向的 Collection 中移除迭代器返回的最后一个元素（可选操作）

注意

Iterator 接口的 next() 方法的返回值类型是 Object。

当使用 Iterator 接口时，应使用 Collection 接口的 iterator() 方法创建一个 Iterator 对象。

实例11-3 创建 IteratorTest 类，首先在 main() 方法中创建数据类型为 String 的 List 对象，然后使用 add() 方法向集合中添加元素，最后使用 Iterator 遍历并输出集合中的元素，代码如下。

```
import java.util.*; // 导入java.util包
public class IteratorTest {
    public static void main(String args[]) {
        Collection<String> co = new HashSet<>(); // 实例化集合类对象
        co.add("零基础学Java");                   // 向集合中添加数据
        co.add("Java从入门到精通");
        co.add("Java从入门到项目实践");
        Iterator<String> it = co.iterator();      // 获取集合的迭代器
        while (it.hasNext()) {                    // 判断是否有下一个元素
            String str = (String) it.next();      // 获取迭代出的元素
            System.out.println(str);
        }
    }
}
```

上述代码的运行结果如下。

```
Java从入门到精通
Java从入门到项目实践
零基础学Java
```

除使用 Iterator 接口外，还可以使用 foreach 循环自动迭代集合中的元素。虽然使用 foreach 循环的代码量要比使用 Iterator 接口的少很多，但 foreach 循环的灵活性不如 Iterator 迭代器的灵活性。

实例11-4 实例 11-3 的代码可以简化为以下形式。

```
Collection<String> co = new HashSet<>();    // 实例化集合类对象
co.add("零基础学Java");                      // 向集合中添加数据
```

```
co.add("Java从入门到精通");
co.add("Java从入门到项目实践");
for (String s:co){     // 使用foreach循环自动迭代，循环变量类型为集合的泛型类型
    System.out.println(s);
}
```

上述代码的运行结果（与实例 11-3 的运行结果一致）如下。

```
Java从入门到精通
Java从入门到项目实践
零基础学Java
```

为了快速向 Set 类中添加元素，JDK 9 版本为常用的集合接口新增了 of() 方法，这个方法解决了集合每添加一个元素就要调用一次 add() 方法的问题，使用方式如下。

```
Set<String> s1 = Set.of("零基础学Java", "Java从入门到精通", "Java从入门到项目实践");
Set<Integer> s2 = Set.of(12, 65, 782, 999, 100, -8);
```

说明

List 接口和 Map 接口同样提供了 of() 方法。

11.4　List 类

List 类包括 List 接口及其所有实现类。List 类中的元素允许重复，且集合中元素的顺序就是元素被添加时的顺序，用户可通过索引值（元素在集合中的位置）访问集合中的元素。

11.4.1　List 接口

因为 List 接口继承了 Collection 接口，所以 List 接口可以使用 Collection 接口中的所有方法。除 Collection 接口中的所有方法外，List 接口还提供了两个非常重要的方法，如表 11.4 所示。

表 11.4　List 接口提供的两个重要方法

方法	说明
get(int index)	获得指定索引的元素
set(int index , Object obj)	将集合中指定索引的对象修改为指定的对象

11.4.2 List 接口的实现类

因为 List 接口不能被实例化，所以 Java 为其提供了实现类，其中常用的实现类是 ArrayList 类与 LinkedList 类。

ArrayList 类以数组的形式保存集合中的元素，能够根据索引位置随机且快速地访问集合中的元素。

LinkedList 类以链表结构（一种数据结构）保存集合中的元素，随机访问集合中元素的性能较差，但向集合中插入元素和删除集合中的元素的性能出色。

分别使用 ArrayList 类和 LinkedList 类实例化 List 接口的语法格式如下。

```
List<E> list = new ArrayList<>();
List<E> list2 = new LinkedList<>();
```

其中，E 代表元素的数据类型。如果集合中的元素均为字符串类型，那么 E 为 String。

虽然 ArrayList 类和 LinkedList 类采用的数据结构不一样，但二者的使用方式基本一致。

实例11-5 以 ArrayList 类为例，向队列中添加元素并依次输出，代码如下。

```
import java.util.*;
public class ListTest {
    public static void main(String[] args) {
        List<String> list = new ArrayList<>();        // 创建数组队列
        list.add("零基础学Java");                      // 向集合中添加元素
        list.add("Java从入门到精通");
        list.add("Java从入门到项目实践");
        list.add("Python从入门到项目实践");
        list.add("Android从入门到精通");

        for (int j = 0; j < list.size(); j++) {      // 循环遍历集合
            System.out.println(list.get(j));          // 获取指定索引的值
        }
    }
}
```

上述代码的运行结果如下。

```
零基础学Java
Java从入门到精通
Java从入门到项目实践
Python从入门到项目实践
Android从入门到精通
```

如果想删除某个元素，将该元素的索引作为 remove() 方法的参数即可，例如，要删除队列中索引为 2 的元素，代码如下。

```
list.remove(2);
```

注意

队列与数组相同，索引也从 0 开始。

当从队列中删除一个元素之后，队列的长度会减 1，因此在某些情况下，使用 for 循环删除队列中的元素会出现“失准”现象。

实例11-6 要先删除索引为 2 的元素，再删除索引为 3 的元素，错误写法如下。

```
import java.util.*;
public class Demo {
    public static void main(String args[]) {
        List<Integer> list = new ArrayList<>();
        list.add(0);
        list.add(1);
        list.add(2);
        list.add(3);
        list.add(4);

        list.remove(2);
        list.remove(3);

        System.out.println(list);
    }
}
```

开发者想要删除的是“2”和“3”这两个数字，但上述代码运行的结果如下。

```
[0, 1, 3]
```

结果中删除的却是“2”和“4”这两个数字。出现“误删”的原因是第一次删除索引为 2 的元素后，后面的元素全部向前移动一位，导致这些元素的索引全改变了，效果如图 11.4 所示，所以在索引为 3 的位置上的数字实际上是“4”。

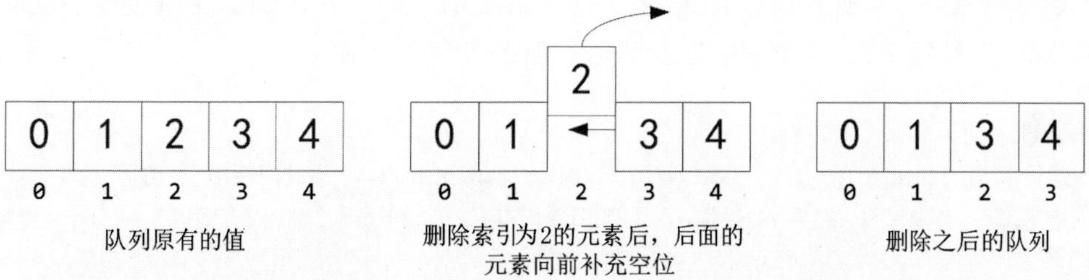

图 11.4　在队列里删除元素“2”之后，后面的元素会向前补位

以下两种方案可以解决这种问题。

- 在 for 循环中执行 remove() 方法后，让循环变量 i 的值不变。
- 优先删除索引值大的元素。

11.5 Map 类

如果想使用 Java 存储具有映射关系的数据，那么就需要使用 Map 类。Map 类由 Map 接口及其实现类组成。

11.5.1 Map 接口

Map 接口虽然没有继承 Collection 接口，但提供了键（key）到值（value）的映射关系。Map 接口不能包含相同的键，并且每个键只能映射一个值。Map 接口的常用方法如表 11.5 所示。

表 11.5 Map 接口的常用方法

方法	说明
put(Object key, Object value)	向 Map 类中添加键和值
containsKey(Object key)	如果 Map 类中包含指定的键，则返回 true
containsValue(Object value)	如果 Map 类中包含指定的值，则返回 true
get(Object key)	如果 Map 类中包含指定的键，则返回与键映射的值；否则，返回 null
keySet()	返回一个新的 Set 类，用来存储 Map 类中所有的键
values()	返回一个新的 Collection 类，用来存储 Map 类中的值

11.5.2 Map 接口的实现类

Map 接口常用的实现类有 HashMap 类和 TreeMap 类。

HashMap 类虽然能够通过哈希表快速查找其内部的映射关系，但不能保证映射的顺序。在 Map 类中，因为键不能重复，所以最多只有一个键为 null，但可以有无数多个值为 null。

TreeMap 类不仅实现了 Map 接口，还实现了 java.util.SortedMap 接口。由于使用 TreeMap 类实现的 Map 存储键值对时，需要根据键进行排序，因此键不能为 null。

! 多学两招

建议使用 HashMap 类实现 Map，因为用 HashMap 类实现的 Map 添加和删除映射关系的效率更高。但是，如果希望 Map 中的元素存在一定的顺序，应该使用 TreeMap 类实现 Map。

根据不同需求，可灵活选用 HashMap 类和 TreeMap 类。以效率最高的 HashMap 类为例，在 Map 中写一个简历，内容包括姓名、年龄、学历、职业和工作经验，代码如下。

```
Map<String, String> map = new HashMap<>();
map.put("姓名", "孙悟空");
map.put("年龄", "500岁");
map.put("学历", "菩提祖师培训班");
map.put("职业", "神仙");
map.put("工作经验", "种过桃，养过马，砸过凌霄殿，取过大乘经");
```

要读取简历中的值，需要调用 Map 的 get() 方法，参数是 Map 中的 key，代码如下。

```
String value1 = map.get("姓名");        // value1获得的值是"孙悟空"
String value2 = map.get("职业");        // value2获得的值是"神仙"
String value3 = map.get("父母");        // value3获得的值是null
```

使用 keySet() 方法可以获取 Map 中全部的键，并把它们封装成一个集合，使用方式如下。

```
Set<String> set = map.keySet();          // 构建Map中所有键的Set
Iterator<String> it = set.iterator();   // 创建Iterator
System.out.println("key: ");
while (it.hasNext()) {                   // 遍历并输出Map中的键
    System.out.print(it.next() + "  ");
}
```

上述代码的运行结果如下。

```
key:
姓名  职业  学历  年龄  工作经验
```

使用 values() 方法可以获取 Map 中全部的值，并把它们封装到一个 Collection 接口对象中，值的存放顺序与 keySet() 方法中键的存放顺序一一对应，使用方式如下。

```
Collection<String> coll = map.values(); // 构建Map中所有值的集合
it = coll.iterator();
System.out.println("\nvalue值: ");
while (it.hasNext()) { // 遍历并输出Map中的值
    System.out.print(it.next() + "  ");
}
```

上述代码的运行结果如下。

```
值:
孙悟空  神仙  菩提祖师培训班  500岁  种过桃，养过马，砸过凌霄殿，取过大乘经
```

动手练一练

1. 赵四刚刚（通过 Date 类获取当前时间）在银行向账号为“6666 7777 8888 9996 789”的银行卡上存入“8,888.00RMB”，存入后卡上余额还有“18,888.88RMB”。现要将“银行名称”“存款时间”“户名”“卡号”“币种”“存款金额”“账户余额”等信息通过泛型类 BankList<T> 在控制台上输出。
2. 编写泛型类 Score<T>，在该泛型类中创建 List 并定义 4 个方法，分别是用来添加分数的 insertScore() 方法、用来获得最高分的 getMaxValue() 方法、用来获得最低分的 getMinValue() 方法和用来获得分数的 getScore() 方法。现有 5 位裁判为选手打分（分数分别为 9.2、8.8、8.5、9.0 和 8.8），去掉一个最高分和最低分后，计算该选手的最后得分。
3. 使用 ArrayList 类模拟账户存取款，代码运行结果如图 11.5 所示。

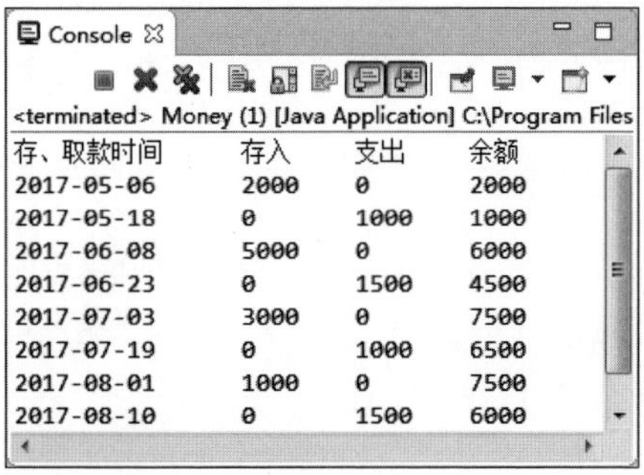

图 11.5 模拟账户存取款

4. 使用 TreeSet 类实现定制排序（降序），例如对 -5、-7、3、6、10 进行排序。

第 12 章

Swing 程序设计

Swing 比 AWT 更强大、性能更加优良。Swing 中的大多数组件为轻量级组件，使用 Swing 开发出的窗体风格会与当前操作系统（例如 Windows、Linux 等）的窗体风格保持一致。本章主要讲解 Swing 中的窗体、布局管理器、面板、标签、图标、按钮组件、列表框组件、文本组件、事件监听器等内容。

12.1 Swing 概述

Swing 主要用来开发 GUI（Graphical User Interface，图形用户界面）程序。GUI 包括窗体、菜单、按钮等元素，经常使用的 QQ、360 安全卫士等均为 GUI 程序。Java 语言为 Swing 程序的开发提供了丰富的类库，这些类分别存储在 java.awt 和 javax.swing 包中。Swing 提供了丰富的组件，在开发 Swing 程序时，这些组件被广泛地应用。

Swing 组件是完全由 Java 语言编写的组件。因为 Java 语言不依赖本地平台（即“操作系统”），所以 Swing 组件可以应用于任何平台。基于“跨平台”这一特性，Swing 组件被称作“轻量级组件”；反之，依赖于本地平台的组件被称作“重量级组件”。

在 Swing 包的层次结构和继承关系中，比较重要的类是 Component 类、Container 类和 JComponent 类。Swing 包的层次结构和继承关系如图 12.1 所示。

常用的 Swing 组件如表 12.1 所示。

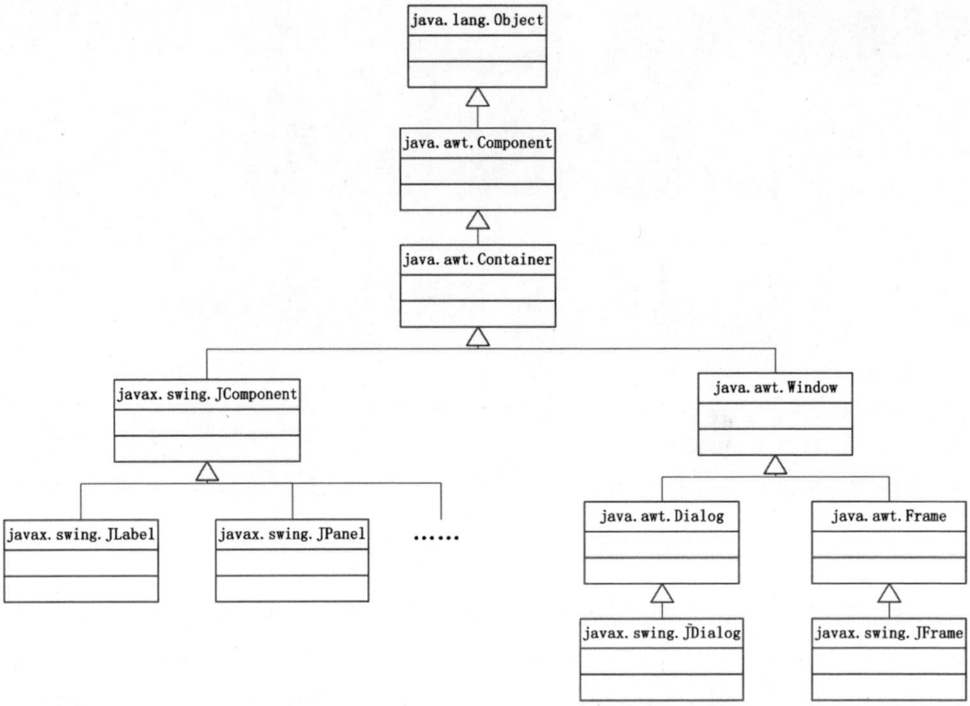

图 12.1　Swing 包的层次结构和继承关系

表 12.1　常用的 Swing 组件

组件	说明
JButton	代表按钮
JCheckBox	代表复选框
JComBox	代表下拉列表框
JFrame	代表窗体
JDialog	代表对话框
JLabel	代表标签
JRadioButton	代表单选按钮
JList	代表列表框
JTextField	代表文本框
JPasswordField	代表密码框
JTextArea	代表文本域
JOptionPane	代表选项面板

12.2　Swing 常用窗体

在开发 Swing 程序时，窗体是 Swing 组件的承载体。Swing 中常用的窗体包括 JFrame 和 JDialog。本节将分别予以讲解。

12.2.1　JFrame

开发 Swing 程序的流程如下。

首先通过继承 javax.swing.JFrame 类创建一个窗体，然后向这个窗体中添加组件，最后为添加的组件设置监听事件。

JFrame 类的常用构造方法包括以下两种形式。

- public JFrame()：创建一个初始不可见、没有标题的窗体。
- public JFrame(String title)：创建一个不可见、具有标题的窗体。

例如，创建一个具有标题且不可见的窗体的关键代码如下。

```
JFrame jf = new JFrame("登录系统");
Container container = jf.getContentPane();
```

在创建窗体后，先调用 getContentPane() 方法将窗体转换为容器，再调用 add() 方法或者 remove() 方法向容器中添加组件或者删除容器中的组件。

向容器中添加按钮的关键代码如下。

```
JButton okBtn = new JButton("确定")
container.add(okBtn);
```

删除容器中的按钮的关键代码如下。

```
container.remove(okBtn);
```

创建窗体后，要对窗体进行设置，例如，设置窗体的位置、大小、是否可见等。JFrame 类为实现上述设置操作提供了以下方法。

- setBounds(int x, int y, int width, int height)：设置窗体左上角在屏幕中的坐标为 (x, y)，窗体的宽度为 width，窗体的高度为 height。
- setLocation(int x, int y)：设置窗体左上角在屏幕中的坐标为 (x, y)。
- setSize(int width, int height)：设置窗体的宽度为 width，高度为 height。
- setVisible(boolean b)：设置窗体是否可见，当 b 为 true 时，表示可见；当 b 为 false 时，表示不可见。
- setDefaultCloseOperation(int operation)：设置窗体的关闭方式，默认值为 DISPOSE_ON_CLOSE。

Java 语言提供了多种关闭窗体的方式，常用的有 4 种，如表 12.2 所示。

表 12.2　关闭窗体的 4 种方式

窗体关闭方式	说明
DO_NOTHING_ON_CLOSE	表示单击“关闭”按钮时，窗体无任何操作
DISPOSE_ON_CLOSE	表示单击“关闭”按钮时，隐藏并释放窗体
HIDE_ON_CLOSE	表示单击“关闭”按钮时，隐藏窗体
EXIT_ON_CLOSE	表示单击“关闭”按钮时，退出窗体并关闭程序

实例12-1 创建 JFrameTest 类，使之继承 JFrame 类，在 JFrameTest 类中创建一个内容为“这是一个 JFrame 窗体”的标签后，把这个标签添加到窗体中，代码如下。

```
import java.awt.*;                                  //导入AWT包
import javax.swing.*;                               //导入Swing包
public class JFrameTest extends JFrame {            //继承JFrame类
    public void CreateJFrame(String title) {
        JFrame jf = new JFrame(title);
        Container container = jf.getContentPane(); // 获取主容器
        JLabel jl = new JLabel("这是一个JFrame窗体");
        jl.setHorizontalAlignment(SwingConstants.CENTER);
                                                    // 使标签上的文字居中
        container.add(jl);                          // 将标签添加到容器中
        container.setBackground(Color.white);       // 设置容器的背景颜色
        jf.setVisible(true);                        // 使窗体可见
        jf.setSize(300, 150);                       // 设置窗体大小
        jf.setDefaultCloseOperation(WindowConstants.EXIT_ON_CLOSE);
                                                    // 关闭窗体则停止程序
    }
    public static void main(String args[]) {        // 主方法
        new JFrameTest().CreateJFrame("创建一个JFrame窗体");
    }
}
```

说明

在上面的代码中使用 import 关键字导入了 java.awt.* 和 javax.swing.* 这两个包，在开发 Swing 程序时，通常需要使用这两个包。

运行结果如图 12.2 所示。

QQ 的聊天框中有一个“向好友发送窗口抖动”的功能。所谓窗口抖动，可以理解为抖动窗体。抖动窗体实际上是一个动画效果，在一定时间内让窗体坐标有规律地变化，在视觉上看到的就是抖动效果。实现动画效果需要用到线程方面的知识，例如，Thread.sleep() 方法可以让程序休眠指定的毫秒。窗体每抖动一次都要休眠几十毫秒，如果不休眠，抖动频率会过快，肉眼觉察不到动画效果。

图 12.2　运行结果

实例12-2 下面这段代码用于让一个小窗体抖动起来。

```
import javax.swing.JFrame;
public class ShakeFrame extends JFrame {
    public ShakeFrame() {
        setBounds(200, 200, 150, 150);
        setDefaultCloseOperation(EXIT_ON_CLOSE);
        setVisible(true);
        shaking();          // 调用抖动方法，让窗体显示之后立即抖动
    }
    private void shaking() {                      // 抖动方法
        int count = 10;                           // 抖动次数
        int range = 5;                            // 抖动幅度
        int vector = 1;                           // 抖动方向
        int x = getX();                           // 获取窗体横坐标
        int y = getY();                           // 获取窗体纵坐标
        for (int i = 0; i < count; i++) {         // 循环10次
            x += range * vector;                  // 横坐标变化
            y += range * vector;                  // 纵坐标变化
            vector *= -1;                         // 方向变化
            setLocation(x, y);                    // 重新设置窗体位置
            try {
                Thread.sleep(50);                 // 休眠50ms
            } catch (InterruptedException e) {
                e.printStackTrace();
            }
        }
    }
    public static void main(String[] args) {
        new ShakeFrame();
    }
}
```

运行之后可以立即看到窗体抖动效果。如果想再次触发抖动效果，调用该类的 shaking() 方法即可。

12.2.2 JDialog

JDialog 继承了 java.awt.Dialog 类，其功能是从一个窗体中弹出另一个窗体，例如，在使用 IE 浏览器时弹出的确定对话框。JDialog 与 JFrame 类似，使用时也需要先调用 getContentPane() 方法把 JDialog 对话框转换为容器，再对 JDialog 对话框进行设置。

JDialog 类常用的构造方法如下。

- public JDialog()：创建一个没有标题和父窗体的对话框。
- public JDialog(Frame f)：创建一个没有标题但指定父窗体的对话框。
- public JDialog(Frame f, boolean model)：创建一个没有标题但指定父窗体和模式的对话框。如果 model 为 true，那么弹出对话框之后，用户无法操作父窗体。
- public JDialog(Frame f, String title)：创建一个指定标题和父窗体的对话框。
- public JDialog(Frame f, String title, boolean model)：创建一个指定标题、父窗体和模式的对话框。

实例12-3 创建 MyJDialog 类，使之继承 JDialog 窗体，在父窗体中添加按钮，当用户单击按钮时，弹出对话框，代码如下。

```
import java.awt.*;
import java.awt.event.*;
import javax.swing.*;
class MyJDialog extends JDialog {                          // 继承JDialog类
    public MyJDialog(MyFrame frame) {
        // 实例化一个JDialog类对象，指定对话框的父窗体、窗体标题和类型
        super(frame, "第一个JDialog窗体", true);
        Container container = getContentPane();            // 获取主容器
        container.add(new JLabel("这是一个对话框"));        // 在容器中添加标签
        setBounds(120, 120, 100, 100); // 设置对话框窗体在桌面显示的坐标和大小
    }
}
public class MyFrame extends JFrame {                      // 创建父窗体类
    public MyFrame() {
        Container container = getContentPane();            // 获取窗体主容器
        container.setLayout(null);                         // 容器使用null布局
        JButton bl = new JButton("弹出对话框");             // 定义一个按钮
        bl.setBounds(10, 10, 100, 21);       // 定义按钮在容器中的坐标和大小
        bl.addActionListener(new ActionListener() {    // 为按钮添加单击事件
            public void actionPerformed(ActionEvent e) {
                MyJDialog dialog = new MyJDialog(MyFrame.this);
                                                           // 创建MyJDialog
                dialog.setVisible(true);                   // 使对话框可见
            }
        });
```

```
        container.add(bl);                          // 将按钮添加到容器中
        container.setBackground(Color.WHITE);       // 容器背景色为白色
        setSize(200, 200);                          // 窗体大小
        // 若关闭窗体，则停止程序
        setDefaultCloseOperation(WindowConstants.EXIT_ON_CLOSE);
        setVisible(true);                           // 使窗体可见
    }
    public static void main(String args[]) {
        new MyFrame();
    }
}
```

运行结果如图 12.3 所示。

图 12.3　运行结果

在本实例中，为了使对话框从父窗体弹出，首先创建一个 JFrame 窗体，然后向父窗体中添加一个按钮，接着为按钮添加一个鼠标单击监听事件，最后通过用户单击按钮实现弹出对话框的功能。

12.3　常用布局管理器

在开发 Swing 程序时，在容器中使用布局管理器能够设置窗体的布局，进而控制 Swing 组件的位置和大小。本节主要介绍常用的布局管理器。

12.3.1　绝对布局管理器

绝对布局指的是硬性指定组件在容器中的位置和大小，其中组件的位置通过绝对坐标的方式来指定。使用绝对布局管理器的步骤如下。

（1）使用 Container.setLayout(null) 取消容器的布局管理器。

（2）使用 Component.setBounds(int x, int y, int width, int height) 设置每个组件在容器中的位置和大小。

实例12-4 创建继承 JFrame 窗体的 AbsolutePosition 类，设置布局管理器为绝对布局管理器，在窗体中创建两个按钮组件，将按钮分别定位在不同的位置上，代码如下。

```
import java.awt.*;
import javax.swing.*;
public class AbsolutePosition extends JFrame {
    public AbsolutePosition() {
        setTitle("本窗体使用绝对布局");                // 窗体标题
        setLayout(null);                             // 使用null布局
        setBounds(0, 0, 250, 150);                   // 设置窗体的坐标与宽、高
        Container c = getContentPane();              // 获取主容器
        JButton b1 = new JButton("按钮1");
        JButton b2 = new JButton("按钮2");
        b1.setBounds(10, 30, 80, 30);                // 设置按钮的位置与大小
        b2.setBounds(60, 70, 100, 20);
        c.add(b1); // 将按钮添加到容器中
        c.add(b2);
        setVisible(true);                            // 使窗体可见
        // 若关闭窗体，则停止程序
        setDefaultCloseOperation(WindowConstants.EXIT_ON_CLOSE);
    }
    public static void main(String[] args) {
        new AbsolutePosition();
    }
}
```

运行结果如图 12.4 所示。

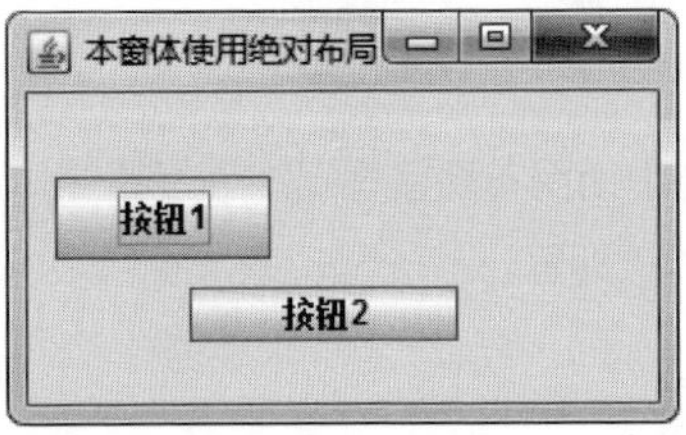

图 12.4　运行结果

12.3.2　流布局管理器

流布局（FlowLayout）管理器是 Swing 中基本的布局管理器。当使用流布局管理器摆放组件时，组件从左到右地摆放；当组件占据了当前行的所有空间时，溢出的组件会移动到当前行的下一行。默认

情况下，每一行组件的排列方式被指定为居中对齐，但是通过设置可以更改其排列方式。

FlowLayout 类具有以下常用的构造方法。

- public FlowLayout()。
- public FlowLayout(int alignment)。
- public FlowLayout(int alignment,int horizGap,int vertGap)。

构造方法中的 alignment 参数表示使用流布局管理器时每一行组件的排列方式，该参数可以设置为 FlowLayout.LEFT、FlowLayout.CENTER 或 FlowLayout.RIGHT，如表 12.3 所示。

表 12.3　alignment 参数的值

参数的值	说明
FlowLayout.LEFT	每一行组件的排列方式被指定为左对齐
FlowLayout.CENTER	每一行组件的排列方式被指定为居中对齐
FlowLayout.RIGHT	每一行组件的排列方式被指定为右对齐

在 public FlowLayout(int alignment, int horizGap, int vertGap) 构造方法中，还存在 horizGap 与 vertGap 两个参数，这两个参数分别以像素为单位指定组件的水平间隔与垂直间隔。

实例12-5 创建 FlowLayoutPosition 类，并继承 JFrame 类。设置当前窗体的布局管理器为流布局管理器，运行程序后调整窗体大小，查看流布局管理器对组件的影响，代码如下。

```
import java.awt.*;
import javax.swing.*;
public class FlowLayoutPosition extends JFrame {
    public FlowLayoutPosition() {
        setTitle("本窗体使用流布局管理器");          // 设置窗体标题
        Container c = getContentPane();
        // 窗体使用流布局，组件右对齐，组件的水平间距为10像素，垂直间距为10像素
        setLayout(new FlowLayout(FlowLayout.RIGHT, 10, 10));
        for (int i = 0; i < 10; i++) {          // 在容器中循环添加10个按钮
            c.add(new JButton("button" + i));
        }
        setSize(300, 200);                      // 设置窗体大小
        // 若关闭窗体，则停止程序
        setDefaultCloseOperation(WindowConstants.DISPOSE_ON_CLOSE);
        setVisible(true);                       // 设置窗体可见
    }
    public static void main(String[] args) {
        new FlowLayoutPosition();
```

```
    }
}
```

运行结果如图 12.5 所示。使用鼠标改变窗体大小，组件的摆放位置也会相应地发生变化。

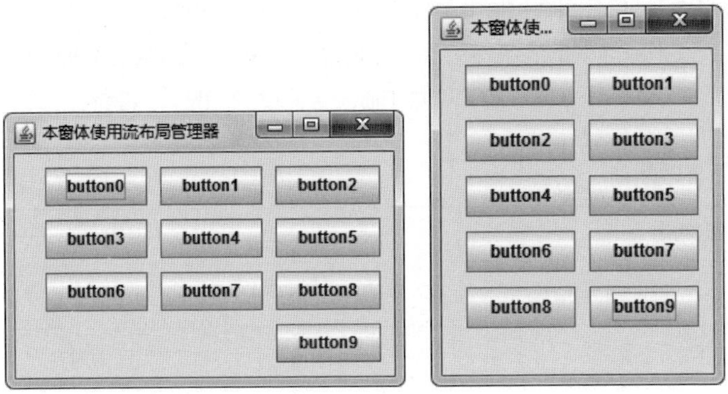

图 12.5　运行结果

12.3.3　边界布局管理器

使用 Swing 创建窗体后，容器默认的布局管理器是边界布局（BorderLayout）管理器。边界布局管理器把容器划分为东（EAST）、南（SOUTH）、西（WEST）、北（NORTH）、中（CENTER）5 个区域，如图 12.6 所示。

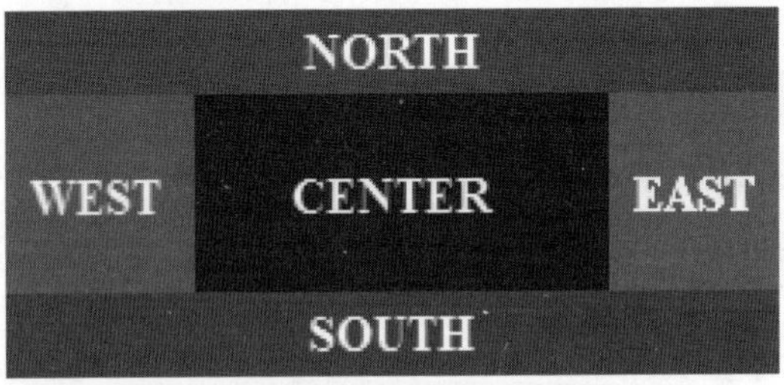

图 12.6　边界布局管理器的区域划分

当组件被添加到被设置为边界布局管理器的容器中时，需要使用 BorderLayout 类中的成员变量指定被添加的组件在边界布局管理器的区域。BorderLayout 类的成员变量如表 12.4 所示。

表 12.4　BorderLayout 类的成员变量

成员变量	说明
BorderLayout.NORTH	在容器中添加组件时，组件被置于北部
BorderLayout.SOUTH	在容器中添加组件时，组件被置于南部
BorderLayout.EAST	在容器中添加组件时，组件被置于东部
BorderLayout.WEST	在容器中添加组件时，组件被置于西部
BorderLayout.CENTER	在容器中添加组件时，组件被置于中部

说明

如果使用了边界布局管理器，在向容器中添加组件时，如果不指定要把组件添加到哪个区域，那么当前组件会被默认添加到 CENTER 区域；如果向同一个区域中添加多个组件，那么后放入的组件会覆盖先放入的组件。

add() 方法用于实现向容器中添加组件的功能，并设置组件的摆放位置。add() 方法常用的语法格式如下。

```
public void add(Component comp, Object constraints)
```

- comp：被添加的组件。
- constraints：被添加组件的布局约束对象。

实例12-6 创建 BorderLayoutPosition 类，并继承 JFrame 类，设置该窗体的布局管理器为边界布局管理器，分别在窗体的东部、南部、西部、北部、中部添加 5 个按钮，代码如下。

```
import java.awt.*;
import javax.swing.*;
public class BorderLayoutPosition extends JFrame {
    public BorderLayoutPosition() {
        setTitle("这个窗体使用边界布局管理器");
        Container c = getContentPane();          // 获取主容器
        setLayout(new BorderLayout());           // 使用边界布局
        JButton centerBtn = new JButton("中" );
        JButton northBtn = new JButton("北");
        JButton southBtn = new JButton("南");
        JButton westBtn = new JButton("西");
        JButton eastBtn = new JButton("东");
        c.add(centerBtn, BorderLayout.CENTER); // 在中部添加按钮
        c.add(northBtn, BorderLayout.NORTH);   // 在北部添加按钮
        c.add(southBtn, BorderLayout.SOUTH);   // 在南部添加按钮
        c.add(westBtn, BorderLayout.WEST);     // 在西部添加按钮
        c.add(eastBtn, BorderLayout.EAST);     // 在东部添加按钮
        setSize(350, 200);                     // 设置窗体大小
        setVisible(true);                      // 设置窗体可见
        // 若关闭窗体，则停止程序
        setDefaultCloseOperation(WindowConstants.DISPOSE_ON_CLOSE);
    }
    public static void main(String[] args) {
        new BorderLayoutPosition();
    }
}
```

运行结果如图 12.7 所示。

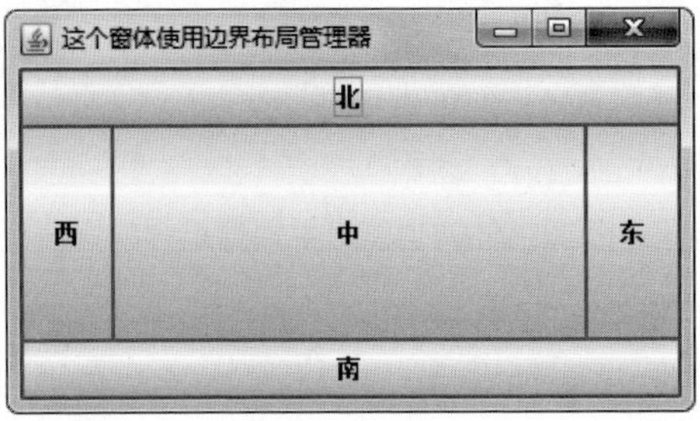

图 12.7 运行结果

12.3.4 网格布局管理器

网格布局（GridLayout）管理器能够把容器划分为网格，组件可以按行、列进行排列。在网格布局管理器中，网格的个数由行数和列数决定，且每个网格的大小都相同，例如，一个两行两列的网格布局管理器能够产生 4 个大小相等的网格。组件从网格的左上角开始，按照从左到右、从上到下的顺序被添加到网格中，且每个组件都会填满整个网格。当改变窗体大小时，组件的大小也会随之改变。

网格布局管理器主要有以下两个常用的构造方法。

- public GridLayout(int rows, int columns)。
- public GridLayout(int rows, int columns, int horizGap, int vertGap)。

其中，参数 rows 和 columns 分别代表网格的行数和列数，这两个参数只允许有一个参数为 0，用于表示一行或一列可以排列任意多个组件；参数 horizGap 和 vertGap 分别代表网格的水平间距与垂直间距。

实例12-7 创建 GridLayoutPosition 类，并继承 JFrame 类，该窗体使用网格布局管理器，实现一个 7 行 3 列的网格后，向每个网格中添加按钮组件，代码如下。

```
import java.awt.*;
import javax.swing.*;
public class GridLayoutPosition extends JFrame {
    public GridLayoutPosition() {
        Container c = getContentPane();
    // 设置容器使用网格布局管理器，设置7行3列的网格。组件的水平间距为5像素，垂直间距为5像素
        setLayout(new GridLayout(7, 3, 5, 5));
        for (int i = 0; i < 20; i++) {
            c.add(new JButton("button" + i));    // 循环添加按钮
        }
        setSize(300, 300);
        setTitle("这是一个使用网格布局管理器的窗体");
        setVisible(true);
```

```
        setDefaultCloseOperation(WindowConstants.EXIT_ON_CLOSE);
    }
    public static void main(String[] args) {
        new GridLayoutPosition();
    }
}
```

运行结果如图 12.8 所示。当改变窗体的大小时，组件的大小也会随之改变。

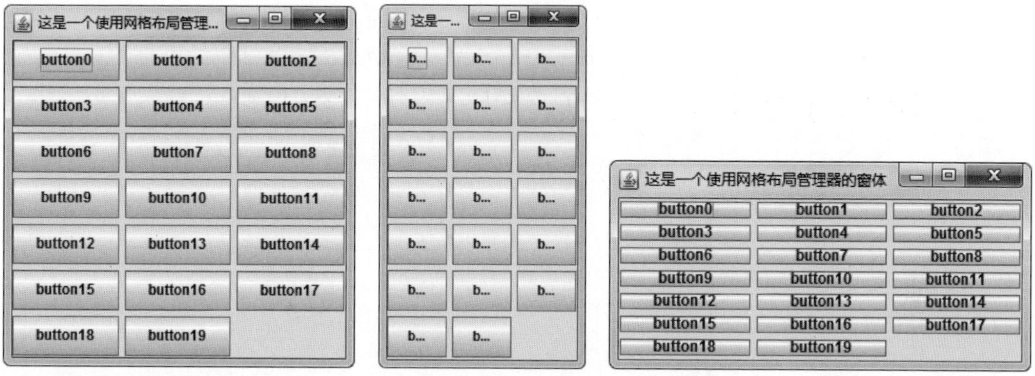

图 12.8　运行结果

12.4　常用面板

在 Swing 程序设计中，面板是一个容器，用于容纳其他组件，但面板也必须被添加到其他容器中。Swing 中常用的面板包括 JPanel 面板和 JScrollPane 面板。下面将分别予以讲解。

12.4.1　JPanel 面板

JPanel 面板继承 java.awt.Container 类。当使用 JPanel 面板时，必须依赖 JFrame 窗体。

实例12-8 创建 JPanelTest 类，并继承 JFrame 类。首先设置窗体的布局管理器为 2 行 2 列的网格布局管理器，然后创建 4 个面板，并为这 4 个面板设置不同的布局管理器，最后向每个面板中添加按钮，代码如下。

```
import java.awt.*;
import javax.swing.*;
public class JPanelTest extends JFrame {
    public JPanelTest() {
        Container c = getContentPane();
// 将整个容器设置为2行2列的网格布局，组件的水平间距是10像素，垂直间距是10像素
```

```
        c.setLayout(new GridLayout(2, 2, 10, 10));
        // 初始化一个面板，此面板使用1行4列的网格布局，组件的水平间距是10像素，垂直间距是10像素
        JPanel p1 = new JPanel(new GridLayout(1, 4, 10, 10));
        // 初始化一个面板，此面板使用边界布局
        JPanel p2 = new JPanel(new BorderLayout());
        // 初始化一个面板，此面板使用1行2列的网格布局，组件的水平间距是10像素，垂直间距是10像素
        JPanel p3 = new JPanel(new GridLayout(1, 2, 10, 10));
        // 初始化一个面板，此面板使用2行1列的网格布局，组件的水平间距是10像素，垂直间距是10像素
        JPanel p4 = new JPanel(new GridLayout(2, 1, 10, 10));
        // 给每个面板都添加边框和标题，使用BorderFactory类生成带标题的边框对象
        p1.setBorder(BorderFactory.createTitledBorder("面板1"));
        p2.setBorder(BorderFactory.createTitledBorder("面板2"));
        p3.setBorder(BorderFactory.createTitledBorder("面板3"));
        p4.setBorder(BorderFactory.createTitledBorder("面板4"));
        // 向面板1中添加按钮
        p1.add(new JButton("b1"));
        p1.add(new JButton("b1"));
        p1.add(new JButton("b1"));
        p1.add(new JButton("b1"));
        // 向面板2中添加按钮
        p2.add(new JButton("b2"), BorderLayout.WEST);
        p2.add(new JButton("b2"), BorderLayout.EAST);
        p2.add(new JButton("b2"), BorderLayout.NORTH);
        p2.add(new JButton("b2"), BorderLayout.SOUTH);
        p2.add(new JButton("b2"), BorderLayout.CENTER);
        // 向面板3中添加按钮
        p3.add(new JButton("b3"));
        p3.add(new JButton("b3"));
        // 向面板4中添加按钮
        p4.add(new JButton("b4"));
        p4.add(new JButton("b4"));
        // 向容器中添加面板
        c.add(p1);
        c.add(p2);
        c.add(p3);
        c.add(p4);
        setTitle("在这个窗体中使用了面板");
        setSize(500, 300);
        setVisible(true);
        setDefaultCloseOperation(WindowConstants.DISPOSE_ON_CLOSE); // 关闭动作
    }
    public static void main(String[] args) {
        new JPanelTest();
    }
}
```

运行结果如图 12.9 所示。

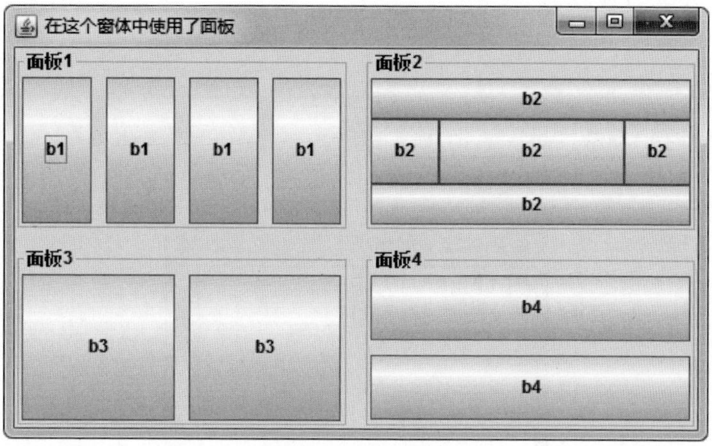

图 12.9　运行结果

12.4.2　JScrollPane 面板

JScrollPane 面板是带滚动条的面板，用于在较小的窗体中显示较大篇幅的内容。需要注意的是，JScrollPane 面板不能使用布局管理器，且只能容纳一个组件。如果需要向 JScrollPane 面板中添加多个组件，那么需要先将多个组件添加到 JPanel 面板中，再将 JPanel 面板添加到 JScrollPane 面板中。

实例12-9 创建 JScrollPaneTest 类，并继承 JFrame 类。首先，初始化文本域组件，并指定文本域组件的大小；然后，创建一个 JScrollPane 面板，并把文本域组件添加到 JScrollPane 面板中；最后，把 JScrollPane 面板添加到窗体中。代码如下。

```
import java.awt.*;
import javax.swing.*;
public class JScrollPaneTest extends JFrame {
    public JScrollPaneTest() {
        Container c = getContentPane();          // 获取主容器
        // 创建文本区域组件，文本域默认有20行、50列
        JTextArea ta = new JTextArea(20, 50);
        // 创建JScrollPane滚动面板，并将文本域放到滚动面板中
        JScrollPane sp = new JScrollPane(ta);
        c.add(sp);                                // 将该面板添加到主容器中
        setTitle("带滚动条的文字编译器");
        setSize(200, 200);
        setVisible(true);
        setDefaultCloseOperation(WindowConstants.DISPOSE_ON_CLOSE);
    }
```

```
    public static void main(String[] args) {
        new JScrollPaneTest();
    }
}
```

运行结果如图 12.10 所示。

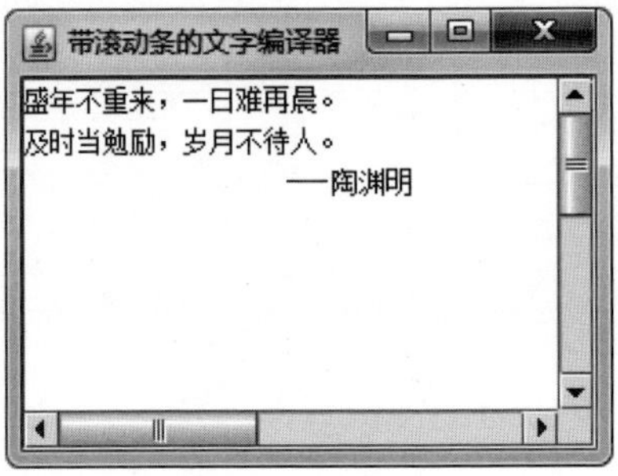

图 12.10 运行结果

12.5 标签与图标

在 Swing 程序设计中，标签（JLabel）用于显示文本、图标等内容。在 Swing 应用程序的用户界面中，用户能够通过标签上的文本、图标等内容获得相应的提示信息。本节将对标签和图标予以讲解。

12.5.1 标签

标签（JLabel）的父类是 JComponent 类。虽然标签中不能添加监听器，但是对标签显示的文本、图标等内容可以指定对齐方式。

使用 JLabel 类的构造方法可以创建多种标签，例如，显示只有文本的标签、只有图标的标签或包含文本和图标的标签等。JLabel 类常用的构造方法如下。

- public JLabel()：创建一个不带图标或文本的标签。
- public JLabel(Icon icon)：创建一个带图标的标签。
- public JLabel(Icon icon, int alignment)：创建一个带图标的标签，并设置图标的水平对齐方式。
- public JLabel(String text, int alignment)：创建一个带文本的标签，并设置文本的水平对齐方式。
- public JLabel(String text, Icon icon, int alignment)：创建一个带文本和图标的 JLabel 对象，并设置文本和图标的水平对齐方式。

实例12-10 向 JPanel 面板中添加一个 JLabel 组件，关键代码如下。

```
JLabel labelContacts = new JLabel("联系人");          //设置标签的文本内容
labelContacts.setForeground(new Color(0, 102, 153));  //设置标签的字体颜色
labelContacts.setFont(new Font("宋体", Font.BOLD, 13)); //设置标签的字体、样式、大小
labelContacts.setBounds(0, 0, 194, 28);               //设置标签的位置及大小
panelTitle.add(labelContacts);                        //把标签放到面板中
```

12.5.2 图标

在 Swing 程序设计中，图标经常被添加到标签、按钮等组件中。使用 javax.swing.ImageIcon 类可以依据现有的图片创建图标。ImageIcon 类实现了 Icon 接口，它有多个构造方法，常用的构造方法如下。

- public ImageIcon()：创建一个 ImageIcon 对象，然后使用 ImageIcon 对象调用 setImage (Image image) 方法设置图片。
- public ImageIcon(Image image)：依据现有的图片创建图标。
- public ImageIcon(URL url)：依据现有图片的路径创建图标。

实例12-11 创建 MyImageIcon 类，并继承 JFrame 类，在类中创建 ImageIcon 对象。首先使用 ImageIcon 对象依据现有的图片创建图标，然后使用 public JLabel(String text, int alignment) 构造方法创建一个 JLabel 对象，最后使用 JLabel 对象调用 setIcon() 方法为标签设置图标，代码如下。

```
import java.awt.*;
import java.net.URL;
import javax.swing.*;
public class MyImageIcon extends JFrame {
    public MyImageIcon() {
        Container container = getContentPane();
        JLabel jl = new JLabel("这是一个JFrame窗体"); // 创建标签
        URL url = MyImageIcon.class.getResource("pic.png"); // 获取图片所在的URL
        Icon icon = new ImageIcon(url);                 // 获取图片的Icon对象
        jl.setIcon(icon);                               // 为标签设置图片
        jl.setHorizontalAlignment(SwingConstants.CENTER); // 设置文字放置在标签中间
        jl.setOpaque(true);                             // 使标签处于不透明状态
        container.add(jl);                              // 将标签添加到容器中
        setSize(300, 200);                              // 设置窗体大小
        setVisible(true);                               // 使窗体可见
        setDefaultCloseOperation(WindowConstants.EXIT_ON_CLOSE);
                                                        // 若关闭窗体，则停止程序
    }
```

```
    public static void main(String args[]) {
        new MyImageIcon();
    }
}
```

运行结果如图 12.11 所示。

图 12.11　运行结果

注意

java.lang.Class 类中的 getResource() 方法可以获取资源文件的路径。

12.6　按钮组件

在 Swing 程序设计中，按钮是较常见的组件，用于触发特定的动作。Swing 提供了多种按钮组件，如按钮、单选按钮、复选框等。本节将分别进行讲解。

12.6.1　按钮

Swing 按钮由 JButton 对象表示。JButton 常用的构造方法如下所示。

- public JButton()：创建一个不带文本和图标的按钮。
- public JButton(String text)：创建一个带文本的按钮。
- public JButton(Icon icon)：创建一个带图标的按钮。
- public JButton(String text, Icon icon)：创建一个带文本和图标的按钮。

创建 JButton 对象后，如果要对 JButton 对象进行设置，那么可以使用 JButton 类提供的方法实现。JButton 类的常用方法如表 12.5 所示。

表 12.5　JButton 类的常用方法

方法	说明
setIcon(Icon defaultIcon)	设置按钮的图标
setToolTipText(String text)	为按钮设置提示文字
setBorderPainted(boolean b)	如果 b 的值为 true 且按钮有边框，那么绘制边框；borderPainted 属性的默认值为 true
setEnabled(boolean b)	设置按钮是否可用；当 b 的值为 true 时，表示按钮可用；当 b 的值为 false 时，表示按钮不可用

实例12-12 创建 JButtonTest 类，并继承 JFrame 类，在窗体中创建按钮组件，设置按钮的图标，为按钮添加动作监听器，代码如下。

```
import java.awt.*;
import java.awt.event.*;
import javax.swing.*;
public class JButtonTest extends JFrame {
    public JButtonTest() {
        Icon icon = new ImageIcon("src/imageButton.jpg"); // 获取图片文件
        setLayout(new GridLayout(3, 2, 5, 5));           // 设置网格布局管理器
        Container c = getContentPane();                   // 获取主容器
        JButton btn[] = new JButton[6];                   // 创建按钮数组
        for (int i = 0; i < btn.length; i++) {
            btn[i] = new JButton();                       // 实例化数组中的对象
            c.add(btn[i]);                                // 将按钮添加到容器中
        }
        btn[0].setText("不可用");
        btn[0].setEnabled(false);                         // 设置按钮不可用
        btn[1].setText("有背景色");
        btn[1].setBackground(Color.YELLOW);
        btn[2].setText("无边框");
        btn[2].setBorderPainted(false);                   // 设置按钮边框不显示
        btn[3].setText("有边框");
        // 添加红色线型边框
        btn[3].setBorder(BorderFactory.createLineBorder(Color.RED));
        btn[4].setIcon(icon);                             // 为按钮设置图标
        btn[4].setToolTipText("图片按钮");        // 设置鼠标悬停时提示的文字
        btn[5].setText("可单击");
        btn[5].addActionListener(new ActionListener() {  // 为按钮添加监听事件
            public void actionPerformed(ActionEvent e) {
                // 弹出确认对话框
          JOptionPane.showMessageDialog(JButtonTest.this, "单击按钮");
            }
        });
        setDefaultCloseOperation(EXIT_ON_CLOSE);
        setVisible(true);
        setTitle("创建不同样式的按钮");
```

```
        setBounds(100, 100, 400, 200);
    }
    public static void main(String[] args) {
        new JButtonTest();
    }
}
```

运行结果如图 12.12 所示。

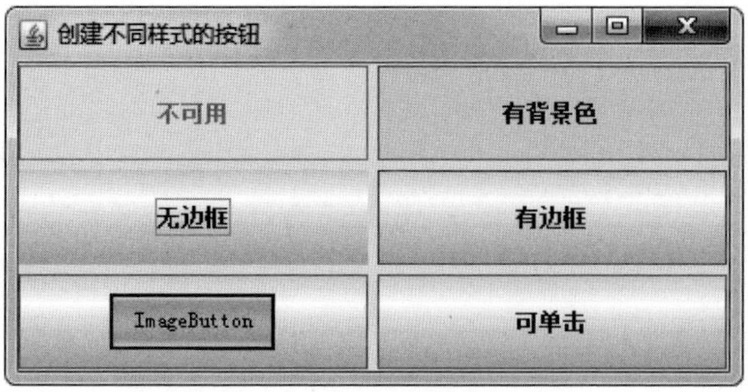

图 12.12　运行结果

12.6.2　单选按钮

Swing 单选按钮由 JRadioButton 对象表示。在 Swing 程序设计中，需要把多个单选按钮添加到按钮组中，当用户选中某个单选按钮时，按钮组中的其他单选按钮将不能被同时选中。

1. 单选按钮

创建 JRadioButton 对象需要使用 JRadioButton 类的构造方法。JRadioButton 类常用的构造方法如下。

- public JRadioButton()：创建一个未被选中、文本未设定的单选按钮。
- public JRadioButton(Icon icon)：创建一个未被选中、文本未设定但具有指定图标的单选按钮。
- public JRadioButton(Icon icon, boolean selected)：创建一个具有指定图标、选择状态但文本未设定的单选按钮。
- public JRadioButton(String text)：创建一个具有指定文本但未被选中的单选按钮。
- public JRadioButton(String text, Icon icon)：创建一个具有指定文本、指定图标但未被选中的单选按钮。
- public JRadioButton(String text, Icon icon, boolean selected)：创建一个具有指定文本、指定图标和选择状态的单选按钮。

根据上述构造方法的相关介绍不难发现，单选按钮的图标、文本和选择状态等属性能够被同时设定。例如，使用 JRadioButton 类的构造方法创建一个文本为“选项 A”的单选按钮，关键代码如下。

```
JRadioButton rbtn = new JRadioButton( "选项A" );
```

2. 按钮组

Swing 按钮组由 ButtonGroup 对象表示，多个单选按钮被添加到按钮组中后，能够实现“选项有多个，但只能选中一个”的效果。ButtonGroup 对象被创建后，可以使用 add() 方法把多个单选按钮添加到 ButtonGroup 对象中。

例如，在应用程序窗体中定义一个单选按钮组，代码如下。

```
JRadioButton jr1 = new JRadioButton();
JRadioButton jr2 = new JRadioButton();
JRadioButton jr3 = new JRadioButton();
ButtonGroup group = new ButtonGroup();         //按钮组
group.add(jr1);
group.add(jr2);
group.add(jr3);
```

实例12-13 创建 RadioButtonTest 类，并继承 JFrame 类。窗体中有男、女两种性别可以选择，且只能选择其一，具体代码如下。

```
import javax.swing.*;
public class RadioButtonTest extends JFrame {
    public RadioButtonTest() {
        setDefaultCloseOperation(JFrame.EXIT_ON_CLOSE);
        setTitle( "单选按钮的使用" );
        setBounds(100, 100, 240, 120);
        getContentPane().setLayout(null);                    // 设置绝对布局
        JLabel lblNewLabel = new JLabel("请选择性别: ");
        lblNewLabel.setBounds(5, 5, 120, 15);
        getContentPane().add(lblNewLabel);
        JRadioButton rbtnNormal = new JRadioButton("男");
        rbtnNormal.setSelected(true);
        rbtnNormal.setBounds(40, 30, 75, 22);
        getContentPane().add(rbtnNormal);
        JRadioButton rbtnPwd = new JRadioButton("女");
        rbtnPwd.setBounds(120, 30, 75, 22);
        getContentPane().add(rbtnPwd);
        /**
         * 创建按钮组，把交互面板中的单选按钮添加到按钮组中
```

```
        */
        ButtonGroup group = new ButtonGroup();
        group.add(rbtnNormal);
        group.add(rbtnPwd);
    }
    public static void main(String[] args) {
        RadioButtonTest frame = new RadioButtonTest(); // 创建窗体对象
        frame.setVisible(true);                        // 使窗体可见
    }
}
```

运行结果如图 12.13 所示。当选中某一个单选按钮时，另一个单选按钮会取消选中状态。

图 12.13　单选按钮组件的应用

12.6.3 复选框

复选框由 JCheckBox 对象表示。与单选按钮不同的是，窗体中的复选框可以被选中多个，这是因为每一个复选框都提供“被选中”和“不被选中”两种状态。

JCheckBox 的常用构造方法如下。

- public JCheckBox()：创建一个文本、图标未被设定且默认未被选中的复选框。
- public JCheckBox(Icon icon, Boolean checked)：创建一个具有指定图标、指定初始时是否被选中但文本未设定的复选框。
- public JCheckBox(String text, Boolean checked)：创建一个具有指定文本、指定初始时是否被选中但图标未被设定的复选框。

实例12-14 创建 CheckBoxTest 类，并继承 JFrame 类。窗体中有 3 个复选框和一个普通按钮，当单击普通按钮时，在控制台上分别输出 3 个复选框的选中状态，代码如下。

```
import java.awt.*;
import java.awt.event.*;
import javax.swing.*;
public class CheckBoxTest extends JFrame {
    public CheckBoxTest() {
        setVisible(true);
        setBounds(100, 100, 170, 110);                 // 窗体坐标和大小
```

```
        setDefaultCloseOperation(EXIT_ON_CLOSE);
        Container c = getContentPane();              // 获取主容器
        c.setLayout(new FlowLayout());               // 容器使用流布局
        JCheckBox c1 = new JCheckBox("1");           // 创建复选框
        JCheckBox c2 = new JCheckBox("2");
        JCheckBox c3 = new JCheckBox("3");
        c.add(c1);                                   // 向容器中添加复选框
        c.add(c2);
        c.add(c3);
        JButton btn = new JButton( “打印” );         // 创建"打印"按钮
        btn.addActionListener(new ActionListener() {  // "打印"按钮的动作事件
            public void actionPerformed(ActionEvent e) {
                // 在控制台分别输出3个复选框的选中状态
                System.out.println(c1.getText() + "按钮选中状态: " + c1.isSelected());
                System.out.println(c2.getText() + "按钮选中状态: " + c2.isSelected());
                System.out.println(c3.getText() + "按钮选中状态: " + c3.isSelected());
            }
        });
        c.add(btn);                                  // 向容器中添加"打印"按钮
    }
    public static void main(String[] args) {
        new CheckBoxTest();
    }
}
```

运行结果如图 12.14 所示。

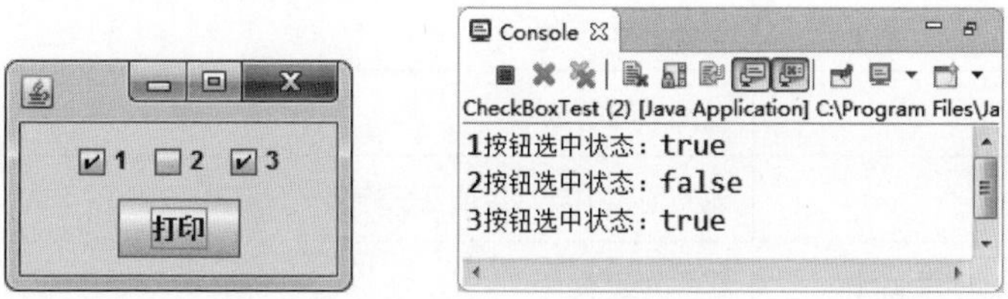

图 12.14 运行结果

12.7 列表框组件

Swing 提供两种列表框组件，分别为下拉列表框与列表框。下拉列表框与列表框都是带有一系列列表项的组件，用户可以从中选择需要的列表项。列表框较下拉列表框更直观，它将所有的列表项罗列在列表框中；但下拉列表框较列表框更便捷、美观，它将所有的列表项隐藏起来，当用户选用其中的列表项时才会显现出来。本节将详细讲解列表框与下拉列表框的应用。

12.7.1 下拉列表框

初次使用 Swing 中的下拉列表框时，会感觉到 Swing 中的下拉列表框与 Windows 操作系统中的下拉列表框有一些相似。实际上，两者并不完全相同，因为 Swing 中的下拉列表框不仅可以供用户从中选择列表项，还提供编辑列表项的功能。

下拉列表框是一个条状的显示区，具有下拉功能。在下拉列表框的右侧存在一个倒三角形的按钮，当用户单击该按钮时，下拉列表框中的项将会以列表形式显示出来。

下拉列表框由 JComboBox 对象表示，JComboBox 类是 javax.swing.JComponent 类的子类。JComboBox 类的常用构造方法如下。

- public JComboBox(ComboBoxModel dataModel)：创建一个 JComboBox 对象，下拉列表框中的列表项使用 ComboBoxModel 中的列表项，ComboBoxModel 是一个用于组合框的数据模型。
- public JComboBox(Object[ ] arrayData)：创建一个包含指定数组中的元素的 JComboBox 对象。
- public JComboBox(Vector vector)：创建一个包含指定 Vector 对象中的元素的 JComboBox 对象；Vector 对象中的元素可以通过整数索引进行访问，而且 Vector 对象中的元素可以根据需求被添加或者移除。

JComboBox 类的常用方法如表 12.6 所示。

表 12.6 JComboBox 类的常用方法

方法	说明
addItem(Object anObject)	添加列表项
getItemCount()	返回列表中的项数
getSelectedItem()	返回当前所选项
getSelectedIndex()	返回列表中与给定项匹配的第一个选项
removeItem(Object anObject)	移除列表项
setEditable(boolean aFlag)	确定 JComboBox 中的字段是否可编辑，若参数设置为 true，表示可以编辑；否则，不能编辑

实例12-15 创建 JComboBoxTest 类，并继承 JFrame 类，窗体中有一个包含多个列表项的下拉列表框。当单击“确定”按钮时，把被选择的列表项显示在标签上，代码如下。

```
import java.awt.event.*;
import javax.swing.*;
```

```
public class JComboBoxTest extends JFrame {
    public JComboBoxTest() {
        setDefaultCloseOperation(JFrame.EXIT_ON_CLOSE);
        setTitle("下拉列表框的使用");
        setBounds(100, 100, 317, 147);
        getContentPane().setLayout(null);        // 设置绝对布局
        JLabel lblNewLabel = new JLabel("请选择证件：");
        lblNewLabel.setBounds(28, 14, 80, 15);
        getContentPane().add(lblNewLabel);
        JComboBox<String> comboBox = new JComboBox<String>(); // 创建一个下拉列表框
        comboBox.setBounds(110, 11, 80, 21);    // 设置坐标
        comboBox.addItem("身份证");              // 为下拉列表框添加项
        comboBox.addItem("军人证");
        comboBox.addItem("学生证");
        comboBox.addItem("工作证");
        comboBox.setEditable(true);
        getContentPane().add(comboBox);          // 将下拉列表框添加到容器中
        JLabel lblResult = new JLabel("");
        lblResult.setBounds(0, 57, 146, 15);
        getContentPane().add(lblResult);
        JButton btnNewButton = new JButton("确定");
        btnNewButton.setBounds(200, 10, 67, 23);
        getContentPane().add(btnNewButton);
        btnNewButton.addActionListener(new ActionListener() { // 为按钮添加监听事件
            @Override
            public void actionPerformed(ActionEvent arg0) {
                // 获取下拉列表框中的选择项
                lblResult.setText("您选择的是" + comboBox.getSelectedItem());
            }
        });
    }
    public static void main(String[] args) {
        JComboBoxTest frame = new JComboBoxTest();          // 创建窗体对象
        frame.setVisible(true);                             // 使窗体可见
    }
}
```

运行结果如图 12.15 所示。

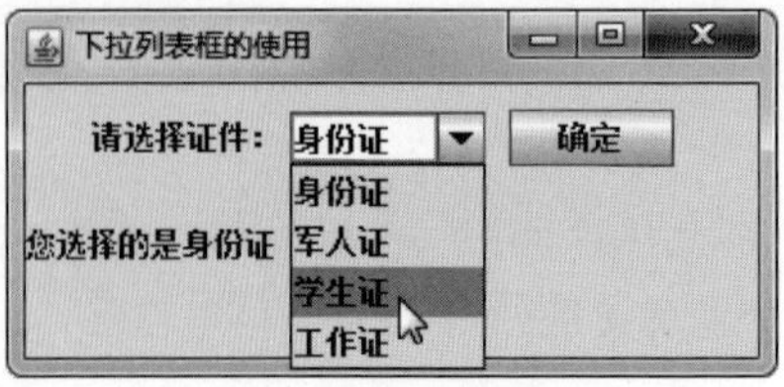

图 12.15　运行结果

12.7.2　列表框

列表框组件被添加到窗体中后，就会被指定长和宽。如果列表框的大小不足以容纳列表项的个数，那么需要设置列表框的滚动效果，即把列表框添加到滚动面板中。用户在选择列表框中的列表项时，可以通过单击列表项的方式选择列表项，也可以通过按住 Shift 键并单击列表项的方式连续选择列表项，还可以通过按住 Ctrl 键并单击列表项的方式跳跃式选择列表项，并在非选择状态和选择状态之间反复切换。

列表框由 JList 对象表示，JList 类的常用构造方法如下。

- public void JList()：创建一个空的 JList 对象。
- public void JList(Object[ ] listData)：创建一个显示指定数组中的元素的 JList 对象。
- public void JList(Vector listData)：创建一个显示指定 Vector 中的元素的 JList 对象。
- public void JList(ListModel dataModel)：创建一个显示指定的非 null 模型的元素的 JList 对象。

例如，使用数组类型的数据作为创建 JList 对象的参数，关键代码如下。

```
String[] contents = {"列表1","列表2","列表3","列表4"};
JList jl = new JList(contents);
```

又如，使用 Vector 类型的数据作为创建 JList 对象的参数，关键代码如下。

```
Vector contents = new Vector();
JList jl = new JList(contents);
contents.add("列表1");
contents.add("列表2");
contents.add("列表3");
contents.add("列表4");
```

实例12-16 创建 JListTest 类，并继承 JFrame 类，在窗体中创建列表框对象。当单击“确认”按钮时，把被选择的列表项显示在文本域上，代码如下。

```
import java.awt.Container;
import java.awt.event.*;
import javax.swing.*;
public class JListTest extends JFrame {
    public JListTest() {
```

```
        Container cp = getContentPane();          // 获取窗体主容器
        cp.setLayout(null);                       // 容器使用绝对布局
        // 创建字符串数组，保存列表框中的数据
        String[] contents = {"列表1", "列表2", "列表3", "列表4", "列表5", "列表6"};
        JList<String> jl = new JList<>(contents); // 创建列表，并将数据作为构造参数
        JScrollPane js = new JScrollPane(jl);  // 将列表放入滚动面板中
        js.setBounds(10, 10, 100, 109);           // 设定滚动面板的坐标和大小
        cp.add(js);
        JTextArea area = new JTextArea();         // 创建文本域
        JScrollPane scrollPane = new JScrollPane(area); // 将文本域放入滚动面板中
        scrollPane.setBounds(118, 10, 73, 80); // 设定滚动面板的坐标和大小
        cp.add(scrollPane);
        JButton btnNewButton = new JButton("确认"); // 创建"确认"按钮
        btnNewButton.setBounds(120, 96, 71, 23); // 设定按钮的坐标和大小
        cp.add(btnNewButton);
        btnNewButton.addActionListener(new ActionListener() { // 添加按钮事件
            public void actionPerformed(ActionEvent e) {
                // 获取列表中选中的元素，返回java.util.List类型
                java.util.List<String> values = jl.getSelectedValuesList();
                area.setText("");                 // 清空文本域
                for (String value : values) {
                    area.append(value + "\n");    // 在文本域中循环追加List中的元素值
                }
            }
        });
        setTitle("在这个窗体中使用了列表框");
        setSize(217, 167);
        setVisible(true);
        setDefaultCloseOperation(EXIT_ON_CLOSE);
    }
    public static void main(String args[]) {
        new JListTest();
    }
}
```

运行结果如图12.16所示。

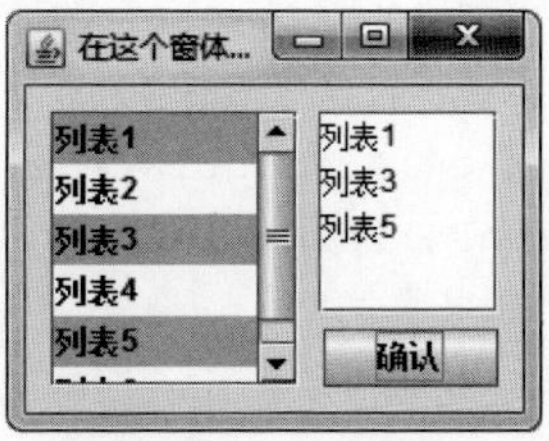

图 12.16　运行结果

12.8 文本组件

文本组件（尤其是文本框组件和密码框组件）在开发 Swing 程序的过程中经常被用到。使用文本组件可以很轻松地操作单行文字、多行文字、口令字段等文本内容。

12.8.1 文本框

文本框由 JTextField 对象表示。JTextField 类的常用构造方法如下。

- public JTextField()：创建一个文本未被指定的文本框。
- public JTextField(String text)：创建一个指定文本的文本框。
- public JTextField(int fieldwidth)：创建一个指定列宽的文本框。
- public JTextField(String text, int fieldwidth)：创建一个指定文本和列宽的文本框。
- public JTextField(Document docModel, String text, int fieldWidth)：创建一个指定文本模型、文本和列宽的文本框。

如果要为一个文本未被指定的文本框设置内容，那么需要使用 setText() 方法。setText() 方法的语法如下。

```
public void setText(String t)
```

参数 t 表示文本框要显示的文本内容。

实例12-17 创建 JTextFieldTest 类，并继承 JFrame 类，在窗体中创建一个指定文本的文本框。当单击“清除”按钮时，文本框中的内容将被清除，代码如下。

```
import java.awt.*;
import java.awt.event.*;
import javax.swing.*;
public class JTextFieldTest extends JFrame {
    public JTextFieldTest() {
        Container c = getContentPane();          // 获取窗体主容器
        c.setLayout(new FlowLayout());
        // 设定文本框初始值
        JTextField jt = new JTextField("请点击清除按钮");
        // 设置文本框长度
        jt.setColumns(20);
        jt.setFont(new Font("宋体", Font.PLAIN, 20));  // 设置字体
        JButton jb = new JButton("清除");
        jt.addActionListener(new ActionListener() {    // 为文本框添加回车事件
            public void actionPerformed(ActionEvent arg0) {
                jt.setText("触发事件");           // 设置文本框中的值
            }
        });
```

```
        jb.addActionListener(new ActionListener() {   // 为按钮添加事件
            public void actionPerformed(ActionEvent arg0) {
                System.out.println(jt.getText());     // 输出当前文本框的值
                jt.setText("");                       // 将文本框置空
                jt.requestFocus();                    // 焦点回到文本框
            }
        });
        c.add(jt);                                    // 在窗体容器中添加文本框
        c.add(jb);                                    // 在窗体容器中添加按钮
        setBounds(100, 100, 250, 110);
        setVisible(true);
        setDefaultCloseOperation(EXIT_ON_CLOSE);
    }
    public static void main(String[] args) {
        new JTextFieldTest();
    }
}
```

运行结果如图 12.17 所示。

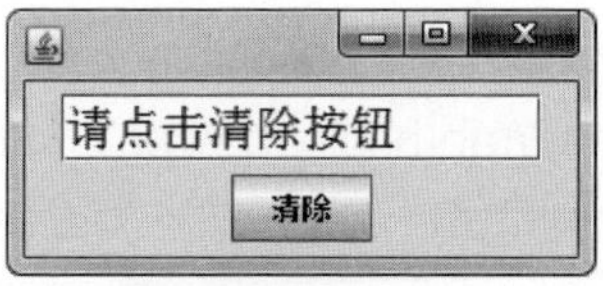

图 12.17　运行结果

12.8.2　密码框

密码框由 JPasswordField 对象表示，其作用是把用户输入的字符串以某种符号进行加密。JPasswordField 类的常用构造方法如下。

- public JPasswordField()：创建一个文本未被指定的密码框。
- public JPasswordFiled(String text)：创建一个指定文本的密码框。
- public JPasswordField(int fieldwidth)：创建一个指定列宽的密码框。
- public JPasswordField(String text, int fieldwidth)：创建一个指定文本和列宽的密码框。
- public JPasswordField(Document docModel, String text, int fieldWidth)：创建一个指定文本模型、文本和列宽的密码框。

JPasswordField 类提供了 setEchoChar() 方法，这个方法用于改变密码框的回显字符。setEchoChar() 方法的语法如下。

```
public void setEchoChar(char c)
```

参数 c 表示密码框要显示的回显字符。

例如，创建 JPasswordField 对象，并设置密码框的回显字符为“#”，关键代码如下。

```
JPasswordField jp = new JPasswordField();
jp.setEchoChar('#');                                    // 设置回显字符
```

那么，如何获取 JPasswordField 对象中的字符呢？关键代码如下。

```
JPasswordField passwordField = new JPasswordField();  // 密码框对象
char ch[] = passwordField.getPassword();            // 获取密码字符串数组
String pwd = new String(ch);                        // 将字符串数组转换为字符串
```

12.8.3 文本域

文本域由 JTextArea 对象表示，其作用是接受用户的多行文本输入。JTextArea 类的常用构造方法如下。

- public JTextArea()：创建一个文本未被指定的文本域。
- public JTextArea(String text)：创建一个指定文本的文本域。
- public JTextArea(int rows,int columns)：创建一个指定行高和列宽但文本未被指定的文本域。
- public JTextArea(Document doc)：创建一个指定文本模型的文本域。
- public JTextArea(Document doc,String Text,int rows,int columns)：创建一个指定文本模型、文本内容以及行高和列宽的文本域。

JTextArea 类提供了一个 setLineWrap(boolean wrap) 方法，这个方法用于设置文本域中的文本内容是否可以自动换行。如果 wrap 参数的值为 true，那么文本域中的文本内容会自动换行；否则，不会自动换行。

此外，JTextArea 类还提供了一个 append(String str) 方法，这个方法用于向文本域中添加文本内容。

实例12-18 创建 JTextAreaTest 类，并继承 JFrame 类，在窗体中创建文本域对象，设置文本域自动换行，向文本域中添加文本内容，代码如下。

```
import java.awt.*;
import javax.swing.*;
public class JTextAreaTest extends JFrame {
    public JTextAreaTest() {
        setSize(200, 100);
        setTitle("定义自动换行的文本域");
        setDefaultCloseOperation(WindowConstants.DISPOSE_ON_CLOSE);
        Container cp = getContentPane();           // 获取窗体主容器
        // 创建一个文本内容为"文本域"、行高和列宽均为 6 的文本域
        JTextArea jt = new JTextArea("文本域", 6, 6);
        jt.setLineWrap(true);                      // 可以自动换行
        cp.add(jt);
```

```
        setVisible(true);
    }
    public static void main(String[] args) {
        new JTextAreaTest();
    }
}
```

运行结果如图 12.18 所示。

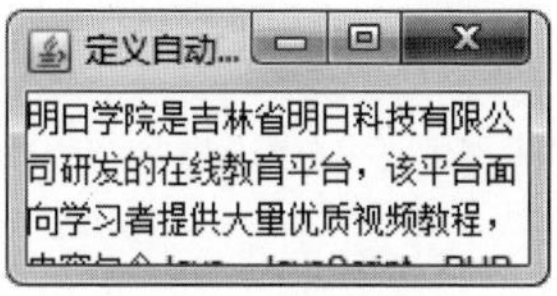

图 12.18　运行结果

12.9　事件监听器

前面一直在讲解组件，这些组件本身并不带有任何功能。例如，在窗体中定义一个按钮，当用户单击该按钮时，虽然按钮可以凹凸显示，但在窗体中并没有实现任何功能。这时需要为按钮添加特定的事件监听器，该监听器负责处理用户单击按钮后实现的功能。本节将着重讲解 Swing 中常用的事件监听器。

12.9.1　行为事件监听器

动作事件（ActionEvent）监听器是 Swing 中比较常用的事件监听器，很多组件的动作（如按钮被单击）会使用它监听。表 12.7 列出了动作事件监听器的信息。

表 12.7　动作事件监听器的信息

事件名称	事件源	监听接口	添加或删除相应类型监听器的方法
ActionEvent	JButton、JList、JTextField 等	ActionListener	addActionListener()、removeActionListener()

下面以单击按钮事件为例来讲解动作事件监听器，当用户单击按钮时，将触发动作事件。

实例12-19 创建 SimpleEvent 类，使该类继承 JFrame 类，在类中创建按钮组件，为按钮组件添加动作监听器，然后将按钮组件添加到窗体中，具体代码如下。

```
public class SimpleEvent extends JFrame{
    private JButton jb=new JButton("我是按钮，单击我");
    public SimpleEvent(){
```

```
        setLayout(null);
        ... // 省略非关键代码
        cp.add(jb);
        jb.setBounds(10, 10,100,30);
        // 为按钮添加一个实现ActionListener接口的对象
        jb.addActionListener(new jbAction());
    }
    // 定义内部类实现ActionListener接口
    class jbAction implements ActionListener{
        // 重写actionPerformed()方法
        public void actionPerformed(ActionEvent arg0) {
            jb.setText("我被单击了");
        }
    }
    ...//省略主方法
}
```

运行本实例，结果如图 12.19 所示。

图 12.19　运行结果

在本实例中为按钮设置了动作监听器。由于获取事件监听时需要获取实现 ActionListener 接口的对象，因此定义了一个内部类 jbAction 以实现 ActionListener 接口，同时在该内部类中实现了 actionPerformed() 方法，也就是在 actionPerformed() 方法中定义了当用户单击该按钮后实现怎样的功能。

12.9.2　键盘事件监听器

当向文本框中输入内容时，将发生键盘事件。KeyEvent 类负责捕获键盘事件，可以为组件添加实现了 KeyListener 接口的监听器类来处理相应的键盘事件。

KeyListener 接口共有 3 个抽象方法，分别在发生击键事件（按下并释放键）、按键被按下（手指按下键但不松开）和按键被释放（手指从按下的键上松开）时触发。KeyListener 接口的具体定义如下。

```
public interface KeyListener extends EventListener {
    public void keyTyped(KeyEvent e);          // 发生击键事件时触发
    public void keyPressed(KeyEvent e);        // 按键被按下时触发
    public void keyReleased(KeyEvent e);       // 按键被释放时触发
}
```

在每个抽象方法中均传入了 KeyEvent 类的对象。KeyEvent 类的常用方法如表 12.8 所示。

表 12.8　KeyEvent 类的常用方法

方法	说明
getSource()	用来获得触发此次事件的组件对象，返回值为 Object 类型
getKeyChar()	用来获得与此事件中的键相关联的字符
getKeyCode()	用来获得与此事件中的键相关联的整数 keyCode
getKeyText(int keyCode)	用来获得描述 keyCode 的标签，如 A、F1 和 HOME 等
isActionKey()	用来查看此事件中的键是不是“动作”键
isControlDown()	用来查看 Ctrl 键在此次事件中是否被按下，当返回 true 时，表示被按下
isAltDown()	用来查看 Alt 键在此次事件中是否被按下，当返回 true 时，表示被按下
isShiftDown()	用来查看 Shift 键在此次事件中是否被按下，当返回 true 时，表示被按下

！多学两招

在 KeyEvent 类中以“VK_”开头的静态常量代表各个按键的 keyCode，可以通过这些静态常量判断事件中的按键是否被按下，并获得按键的标签。

实例12-20 通过键盘事件模拟一个虚拟键盘。首先自定义一个 addButtons() 方法，用来将所有的按键添加到一个 ArrayList 集合中；然后添加一个 JTextField 组件，并为该组件添加 addKeyListener，在事件监听器中重写 keyPressed() 和 keyReleased() 方法，分别用来在按下和释放键时执行相应的操作。关键代码如下。

```
Color green = Color.GREEN;      // 定义Color对象，用来表示按下键的颜色
Color white = Color.WHITE;      // 定义Color对象，用来表示释放键的颜色
// 定义一个集合，用来存储所有的按键ID
ArrayList<JButton> btns = new ArrayList<JButton>();
// 自定义一个方法，用来将容器中的所有JButton组件添加到集合中
private void addButtons() {
    for (Component cmp : contentPane.getComponents()) {  // 遍历面板中的所有组件
        if (cmp instanceof JButton) {      // 判断组件的类型是不是JButton类型
            btns.add((JButton) cmp);       // 将JButton组件添加到集合中
        }
    }
}
public KeyBoard() {                        //KeyBoard的构造方法
    ...//省略部分代码
    textField = new JTextField();
```

```
    textField.addKeyListener(new KeyAdapter() {  // 为文本框添加键盘事件的监听
        char word;                               // 用于记录按下的字符
        public void keyPressed(KeyEvent e) {     // 按键被按下时触发
            word = e.getKeyChar();               // 获取按下键表示的字符
            for (int i = 0; i < btns.size(); i++) {  // 遍历存储按键ID的ArrayList集合
                // 判断按键是否与遍历到的按键的文本相同
                if (String.valueOf(word).equalsIgnoreCase(btns.get(i).getText()))
                {
                    btns.get(i).setBackground(green); // 将指定按键的颜色设置为绿色
                }
            }
        }
        public void keyReleased(KeyEvent e) {   // 按键被释放时触发
            word = e.getKeyChar();               // 获取释放键表示的字符
            for (int i = 0; i < btns.size(); i++) { // 遍历存储按键ID的ArrayList集合
                // 判断按键是否与遍历到的按键的文本相同
                if (String.valueOf(word).equalsIgnoreCase(btns.get(i).getText())) {
                    btns.get(i).setBackground(white); // 将指定按键的颜色设置为白色
                }
            }
        }
    });
    panel.add(textField, BorderLayout.CENTER);
    textField.setColumns(10);
}
```

运行本实例，将鼠标指针定位到文本框组件中，然后按下键盘上的按键，窗体中的相应按钮会变为灰色的；释放按键，相应按钮变为白色的，效果如图 12.20 所示。

图 12.20　效果

12.9.3　鼠标事件监听器

对于所有组件，都能发生鼠标事件。MouseEvent 类负责捕获鼠标事件，可以为组件添加实现 MouseListener 接口的监听器类来处理相应的鼠标事件。

MouseListener 接口共有 5 个抽象方法，分别在鼠标指针移入或移出组件、鼠标按键被按下或释放和发生单击事件时触发。所谓单击事件，就是按键被按下并释放。需要注意的是，如果按键是在鼠标指针移出组件之后才被释放，则不会触发单击事件。MouseListener 接口的具体定义如下。

```
public interface MouseListener extends EventListener {
    public void mouseEntered(MouseEvent e);        //鼠标指针移入组件时触发
    public void mousePressed(MouseEvent e);        //鼠标按键被按下时触发
    public void mouseReleased(MouseEvent e);       //鼠标按键被释放时触发
    public void mouseClicked(MouseEvent e);        //发生单击事件时触发
    public void mouseExited(MouseEvent e);         //鼠标指针移出组件时触发
}
```

在每个抽象方法中均传入了 MouseEvent 类的对象，MouseEvent 类的常用方法如表 12.9 所示。

表 12.9　MouseEvent 类的常用方法

方法	说明
getSource()	用来获得触发此次事件的组件对象，返回值为 Object 类型
getButton()	用来获得代表此次按下、释放或单击的按键的 int 型值
getClickCount()	用来获得单击按键的次数

当需要判断触发此次事件的按键时，可以通过表 12.10 所示的静态常量判断由 getButton() 方法返回的 int 型值代表的键。

表 12.10　MouseEvent 类中代表鼠标按键的静态常量

静态常量	常量值	代表的键
BUTTON1	1	代表鼠标左键
BUTTON2	2	代表鼠标滚轮
BUTTON3	3	代表鼠标右键

实例12-21 演示 MouseListener 接口中各个方法的使用场景，关键代码如下。

```
/**
    * 判断按下的鼠标键，并输出相应提示
```

```
     * @param e 鼠标事件
     */
private void mouseOper(MouseEvent e){
    int i = e.getButton();                          // 通过该值可以判断按下的是哪个键
    if (i == MouseEvent.BUTTON1)
        System.out.println("按下的是鼠标左键");
    else if (i == MouseEvent.BUTTON2)
        System.out.println("按下的是鼠标滚轮");
    else if (i == MouseEvent.BUTTON3)
        System.out.println("按下的是鼠标右键");
}
public MouseEvent_Example() {
    ...                                                    // 省略部分代码
    final JLabel label = new JLabel();
    label.addMouseListener(new MouseListener() {
        public void mouseEntered(MouseEvent e) {          // 鼠标指针移入组件时触发
            System.out.println("鼠标指针移入组件");
        }
        public void mousePressed(MouseEvent e) {          // 鼠标按键被按下时触发
            System.out.print("鼠标按键被按下，");
            mouseOper(e);
        }
        public void mouseReleased(MouseEvent e) {         // 鼠标按键被释放时触发
            System.out.print("鼠标按键被释放，");
            mouseOper(e);
        }
        public void mouseClicked(MouseEvent e) {          // 发生单击事件时触发
            System.out.print("单击了鼠标按键，");
            mouseOper(e);
            int clickCount = e.getClickCount();           // 获取鼠标单击次数
            System.out.println("单击次数为" + clickCount + "下");
        }
        public void mouseExited(MouseEvent e) {           // 鼠标指针移出组件时触发
            System.out.println("鼠标指针移出组件");
        }
    });
    ...                                                    //省略部分代码
```

运行本实例，首先将鼠标指针移入窗体，然后单击，接着双击，最后将鼠标指针移出窗体，在控制台将得到图 12.21 所示的信息。

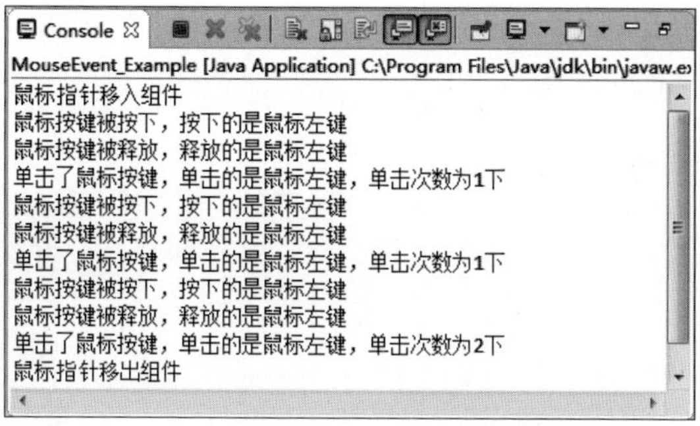

图 12.21 信息

注意

从图 12.21 中可以发现，当双击时，第一次按下鼠标按键将触发一次单击事件。

动手练一练

1. 为文本域设置背景图片，运行结果如图 12.22 所示。

图 12.22 为文本域设置背景图片的结果

2. 使用下拉列表框模拟东三省的省、市联动，运行结果如图 12.23 所示。

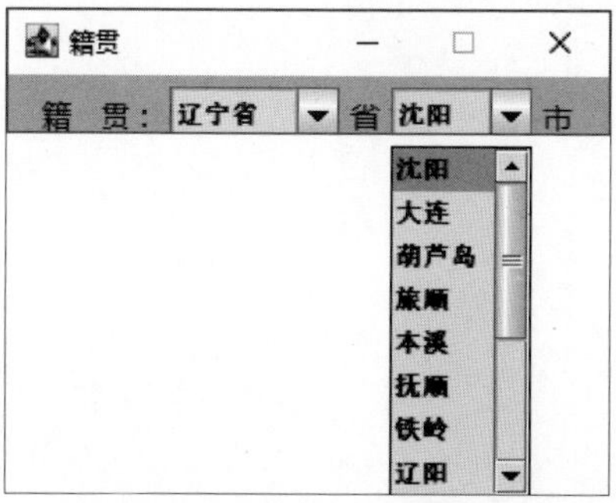

图 12.23 运行结果

3. 使用鼠标指针的移入，实现永远拆不了的红包：当鼠标指针移入红包图片时，红包图片就会移至另一个位置，运行结果如图 12.24 所示。

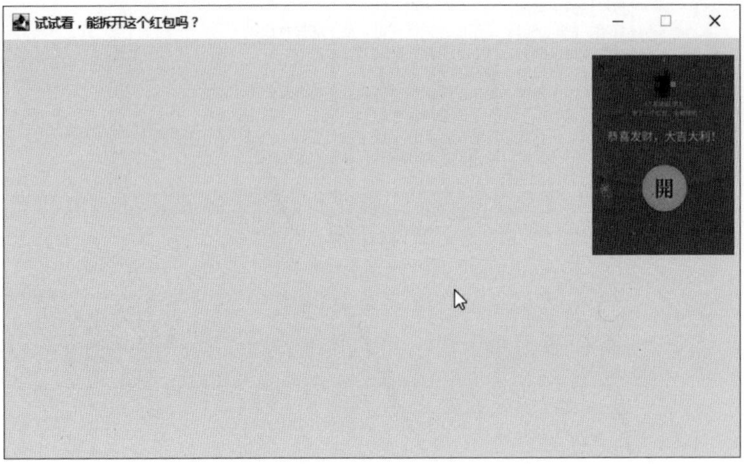

图 12.24　运行结果

4. 当窗体被激活时，失去焦点，信号灯为红灯，行人原地不动；单击窗体使窗体获得焦点后，信号灯转为绿灯，按“→”键控制行人向前移动。运行结果如图 12.25 所示。

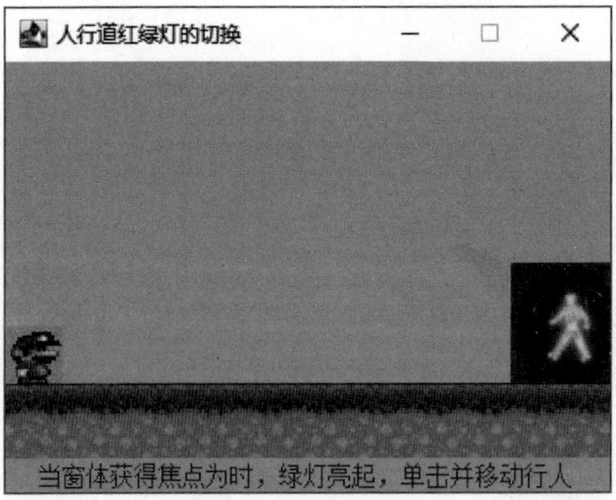

图 12.25　运行结果